5평 텃밭 가꾸기의 모든 것

초보자도 따라 하면 성공하는 사계절 텃밭 매뉴얼

5평 텃밭 가꾸기의 모든 것

초판 1쇄 발행 2024년 03월 25일

지은이 석동연
펴낸이 최현준

책임편집 홍지회
편집 구주연
디자인 박영정

펴낸곳 빌리버튼
출판등록 2022년 7월 27일 제 2016-000361호
주소 서울시 마포구 월드컵로 10길 28, 201호
전화 02-338-9271
팩스 02-338-9272
메일 contents@billybutton.co.kr

ISBN 979-11-92999-34-0 (13590)

초보자도 따라 하면 성공하는 사계절 텃밭 매뉴얼

5평

텃밭
가꾸기의
모든 것

글·그림 석동연

빌리버튼 billybutton

이렇게 기르고 먹어서 건강해지는 튼튼한 채소를 기르려면 먼저 꼭 알아야 할 것이 있다.

채소는 좋은 흙에서 잘 자란다

좋은 흙은 건강한 흙으로, 식물의 양분을 만드는 유익한 미생물이 많이 있고 그 미생물의 먹이가 되는 유기물이 풍족한 흙이다.

유기물은 흙 위아래로 사는 동식물과 미생물 등의 자연스런 생명 활동의 결과물. 서로 먹고 분비물을 배출, 시들고 죽음으로 생기는 유기물들은 곰팡이, 세균, 효모와 같은 미생물들의 먹이가 된다. 유기물을 먹은 미생물은 이후 무기물을 배출하는 데, 이 무기물이 식물 성장의 필수 양분이 된다. 식물의 양분이 풍부한 흙은 좋은 흙냄새가 나고 검은색을 띠고 있다.

또, 좋은 흙은 유기물과 흙 알갱이가 덩어리져 있어 틈새를 많이 만드는 떼알 구조로 되어 있다. 이 떼알 구조의 틈새는 흙 속 다양한 생물들이 서식하고 양분을 저장할 공간이 되며, 공기과 물이 잘 통해 식물의 뿌리도 깊고 넓게 뻗게 한다. 반대로 양분이 적고 단단한 흙 알갱이의 홑알 구조에서는 식물이 제대로 성장하기 어렵다.

아하~ 좋은 흙은 생명 활동이 활발하게 이뤄져 그 유기물을 먹고 식물의 양분을 제공하는 토양 미생물이 많은 떼알 구조의 흙!

건강한 채소가 먹는 것을 알자

채소가 자라는 데 필요한 것은 햇빛, 공기, 물, 그리고 무기영양소! 식물은 잎에서 흡수한 이산화탄소와 뿌리에서 흡수한 물을 원료로 태양에너지를 이용해 기본 에너지인 포도당을 만들어낸다(광합성). 또 식물은 공기와 토양, 빗물 등에서 식물체를 구성하는 필요 성분인 무기질을 흡수해 양분으로 사용한다. 무기양분은 대부분 토양에서 원소 이온 형태로 물과 함께 뿌리를 통해 흡수되는 데, 이 중 식물 성장에 가장 중요한 필수 영양 원소 16가지는 다음과 같다.

산소O, 수소H, 탄소C
- 공기, 물에서 흡수

질소N
- 식물체의 단백질 원료,
잎과 줄기 발육에 가장 필요

인산P - 꽃, 열매, 종자 생성에 필요

칼륨K - 세포분열이 빠르게
일어나는 뿌리채소에 필요

질소, 칼륨, 인산 외에
식물 성장에 많은 양을
필요로 하는 다량원소로는
칼슘Ca, 마그네슘Mg,
황S이 있다.

그 외 적은 양이지만
꼭 필요한 미량원소로는
염소Cl, 붕소B, 철Fe,
망간Mn, 아연Zn, 구리Cu,
니켈Ni, 몰리브덴Mo
이 있다.

좋아, 토양에서 영양을
거의 얻는다했지?! 그럼
남는 화분 흙을 잔뜩 모아
방울토마토를 길러볼까?

양상

이런, 생각만큼
잘 안 자라네!

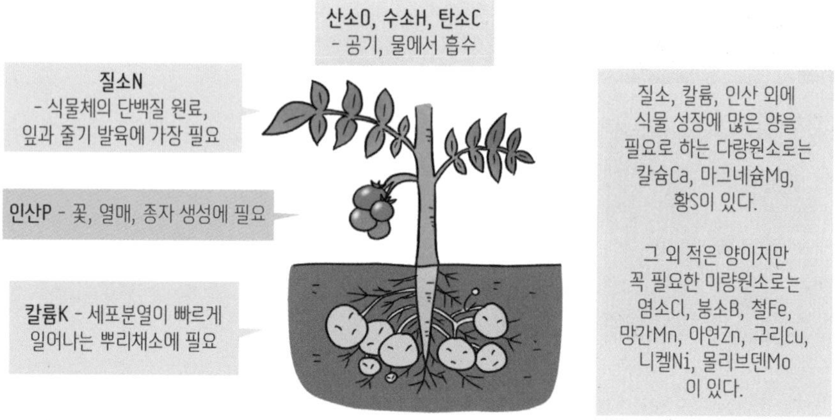

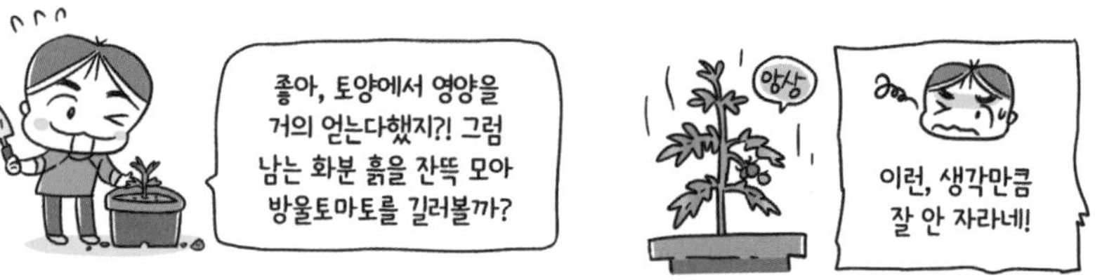

작물은 열매 등과 같이 사람이 필요로 하는 부분을 커지고 더 맛있어지도록 개량한 식물,
그런 작물이 자라려면 양분을 보통보다 더 많이 필요로 한다.
그런데 우리나라 땅은 대부분 유기물 함량이 낮고 영양이 부족한 화강암이 모암인 척박한 땅.

그래서 인위적으로 영양분을 늘리고 보충해
작물이 잘 자라는 흙 환경을 만들어줘야 하는데,
그 방법이 바로 '비료' 주기야!

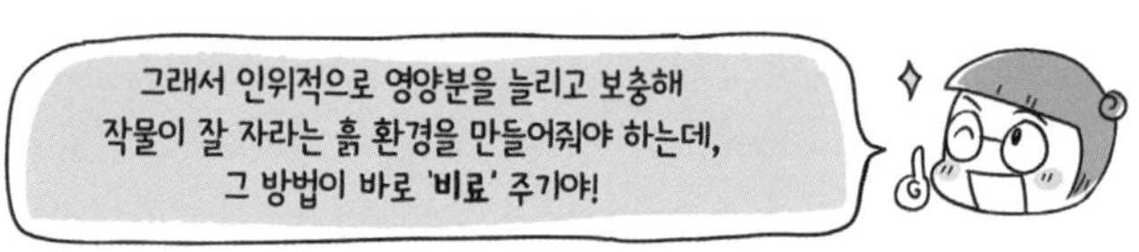

비료의 종류

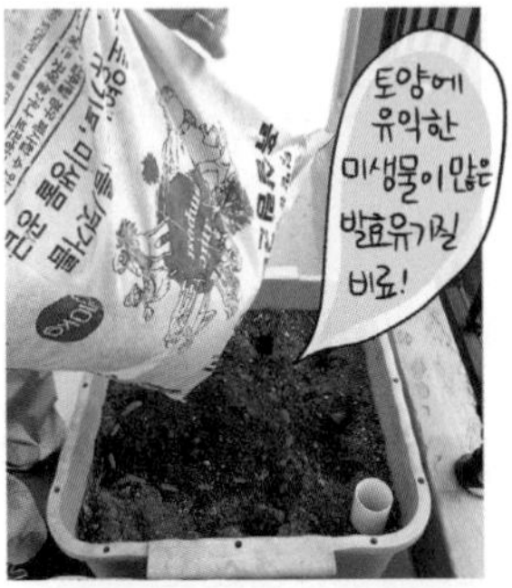

비료는 자연 그대로의 동식물에서 얻는 유기물로 만드는 유기질비료가 있고, 무기 영양소를 화학적으로 뽑아내 만든 화학비료가 있다.

유기질비료는 깻묵, 쌀겨, 가축 퇴비, 풀과 낙엽을 삭힌 부엽토 등을 원료로 하는데, 흙 속 미생물이 이를 분해해 무기질 영양분을 식물에게 제공하기까지 시간이 걸려 효과가 천천히 나타난다. 유기질비료는 땅을 지속적으로 거름지게 하고 영양분을 골고루 제공해 채소의 맛을 더 좋게 한다.

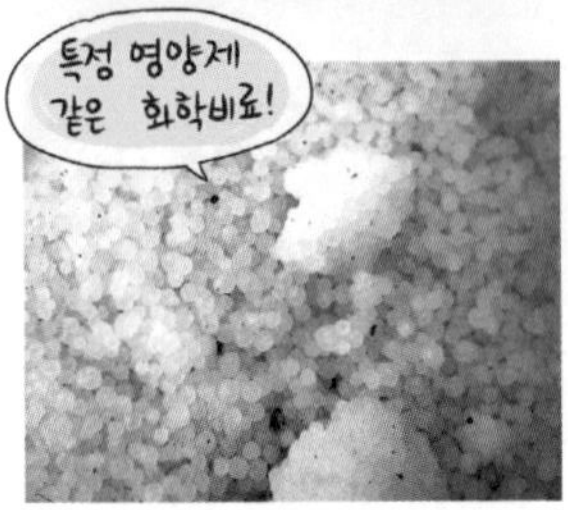

화학비료는 미생물의 도움 없이 바로 무기 영양소가 물에 녹아 작물에 흡수된다. 화학비료는 효과는 빠르지만 사용되지 못한 비료는 토양에 축적, 땅을 척박하고 지하수를 오염시킬 우려가 있어 과용하면 안 된다. 화학비료는 작물의 특정 영양소의 결핍 장애가 보일 때나 소모가 큰 영양소를 웃거름 줄 때 등 부분적으로 사용하는 것이 좋다.

> 살아 있는 건강한 흙으로 가꾸려면 유기질비료를 기본으로, 화학비료는 보조적으로 사용!

거름 만들기

거름 또는 퇴비로도 부르는 유기질비료는 간편하게 시중의 친환경 유기질비료를 사서 써도 되고, 여건과 장소가 가능하다면 직접 만들 수도 있다.

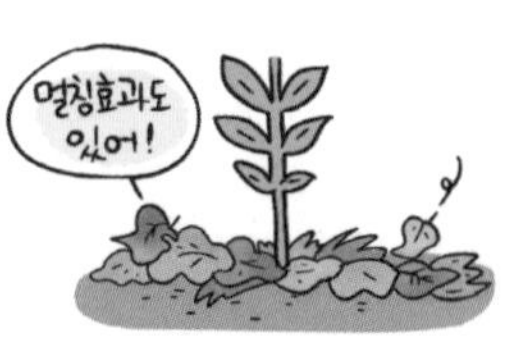

풀거름 만들기
채소 쓰레기나 잡초 등을 밭에 덮어주면 저절로 시들고 삭아 거름이 된다. 병해충에 걸린 잎이나 씨를 맺은 잡초는 사용하지 않는다.

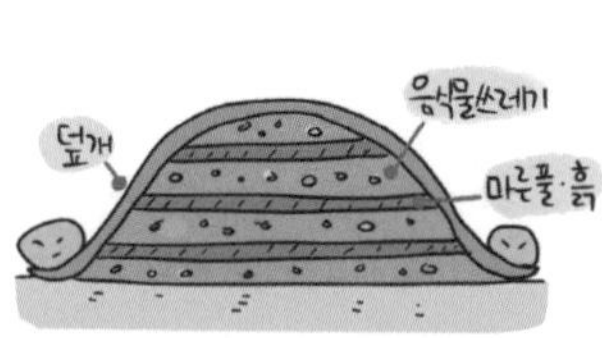

음식물 쓰레기로 만들기
마른풀, 흙과 음식물 쓰레기를 켜켜이 쌓고 빗물이 들어가지 않게 한다. 미생물이 잘 살도록 1~2개월마다 위아래를 뒤집어 공기를 넣어주고 건조하지 않도록 물을 뿌려준다.

기온이 높으면 2~3개월, 낮으면 6개월 정도 검은 흙빛으로 발효되면 거름 완성!

거름 주는 방법

거름을 줄 때는 꼭 흙으로 덮거나 섞어주어야 한다. 그 이유는 첫째, 거름 성분이 밖으로 노출되어 공기 중 산화, 손실됨을 막기 위함이고, 둘째, 잘 섞어주면 거름 성분이 흙 알갱이와 잘 결합해 흙 속 양분 보유력이 높아지고 공기와 수분이 잘 통하는 떼알 구조가 되기 때문이다. 거름은 작물을 심기 전 밑바탕으로 주는 밑거름이 있고, 자라는 중간중간 주는 웃거름이 있다.

🌱 밑거름 주기
밑거름은 밭을 만들 때 미리 흙과 섞어 놓는 기초 거름으로 완숙 퇴비와 석회, 재, 숯가루 등이 사용된다. 밑거름은 꼭 작물 심기 한 달 ~2주 전에 넣어 안전하게 발효를 마치게 한다. 완숙되지 못한 퇴비는 발효되면서 나오는 열과 가스로 작물에 해를 입히니 주의!
시중에서 파는 퇴비는 짧은 시간 숙성된 경우가 많아 2~3개월 전 구입해 숙성시켜 사용하는 것도 좋다.

🌱 웃거름 주기
재배 기간이 긴 작물은 중간중간 양분이 떨어져갈 때쯤 웃거름을 두어 차례 준다. 웃거름을 줄 때는 작물의 뿌리가 직접 닿지 않는 곳에 골을 내어 완숙 퇴비를 한 주먹씩 넣고 흙으로 덮어준다.

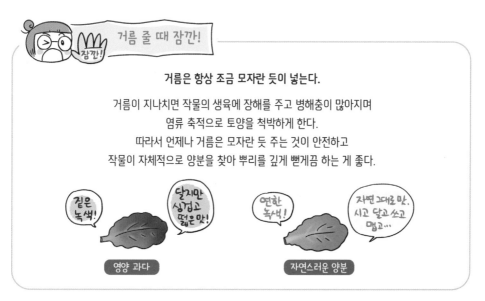

거름 줄 때 잠깐!

거름은 항상 조금 모자란 듯이 넣는다.

거름이 지나치면 작물의 생육에 장해를 주고 병해충이 많아지며
염류 축적으로 토양을 척박하게 한다.
따라서 언제나 거름은 모자란 듯 주는 것이 안전하고
작물이 자체적으로 양분을 찾아 뿌리를 깊게 뻗게끔 하는 게 좋다.

영양 과다

자연스러운 양분

재배 계획 짜기

작물을 기르기 전 어떤 작물을 선택하고 어떻게 기를지, 어디에 배치할지 미리 계획을 짜고 시작하자.

🪴 무슨 채소를 기를까

채소를 잘 기르려면 작물마다의 재배 방법을 꼭 알아야 하는데, 재배법에는 난이도가 있어 초보자라면 재배하기 쉽고 병충해에 강한 작물부터 심어 경험을 쌓아가는 것이 좋다.

처음부터 어려운 작물을 심어 실패하면 재미가 떨어져.

쉬운 ─ 상추, 깻잎, 부추, 바질, 고구마, 알타리무, 옥수수 등

중간 어려운 ─ 대파, 쪽파, 감자, 콩, 무, 생강, 당근, 땅콩, 가지 등

어려운 ─ 토마토, 고추, 파프리카, 양배추, 배추, 오이, 애호박 등

또 작은 규모의 텃밭이라면 수확이 늦어 오랫동안 자리를 차지하는 것보다 바로바로 수확하는 작물 위주로 정하고,

중간 규모의 텃밭이라면 관리가 쉬운 작물 순으로 종류를 늘린다.

오늘도 수확!

바로바로 수확작물

상추 / 깻잎 / 바질 / 부추 / 고추 / 쪽파 / 방울 토마토

아, 편하다

관리가 쉬운 작물

고구마 / 감자 / 당근 / 땅콩 / 생강

8

 씨를 뿌릴까, 모종을 심을까?

채소 중에는 씨로 뿌려야 하는 것이 있고, 또 모종으로 길러야 하는 것이 있는데 미리 잘 숙지하고 선택하면 좋다.

상추, 아욱, 시금치 등의 잎채소류는 처음부터 씨를 뿌려 쉽게 기를 수 있다. 또, 모종을 내어 기르면 뿌리 부분의 기형이 올 수 있어 본밭에 바로 씨를 뿌려 길러야 하는 당근, 무와 같은 뿌리채소류도 씨를 구입해 심는다.

채소 씨앗을 살 때는 씨앗 포장지 뒷면에 재배 특성, 주의 사항 등이 쓰여 있는데, 그중 **재배적기표**와 **포장년월**을 꼭 확인해야 한다.

재배적기표에는 씨앗을 뿌려야 하는 적정 시기와 수확 시기가 표시되어 있는데, 같은 작물이라도 품종에 따라 다양한 재배 시기가 있으니 꼭 확인한다.

또 씨앗을 채종한 포장년월을 확인, 보통 씨앗의 발아 보증 시한은 2년임을 감안하고 가장 최근의 날짜로 된 것을 확인하고 구입한다.

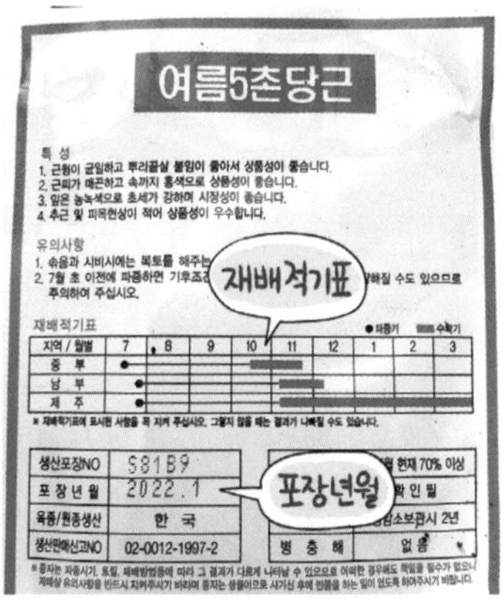

씨앗은 서늘한 그늘에 보관해야 발아율을 유지할 수 있다. 쓰고 남은 씨앗은 다음 계절에 뿌릴 수 있도록 비닐에 밀봉하여 냉장고 안쪽에 보관하자.

실내 재배 시 햇빛이 부족하면 씨앗을 뿌려 난 싹이 해를 찾느라 키가 웃자라 쓰러져 죽는 경우가 많다.
이때는 씨앗을 뿌리기보다
튼튼한 모종을 사서 기르는 것이 안전!

봄가을 쌈채소 모종

9

모종으로 기르기

모종은 주로 4월~5월과 8월~9월 정도에 화원이나 종묘상, 인터넷 등에서 구입할 수 있다.

토마토, 고추, 오이 같은 열매채소류는 씨로 기르면 전문적인 관리가 필요하기 때문에 보통 일반인은 모종을 구입해 기른다. 상추 같은 잎채소류도 모종을 구입해 심으면 관리가 편하고 조금 더 이르게 수확할 수 있다.
모종을 고를 때는 웃자라지 않아 줄기가 굵고 마디 사이가 짧은 것으로, 떡잎이 붙어 있고 누렇게 변한 잎이 없는 것으로 고른다.

유용한 텃밭 도구

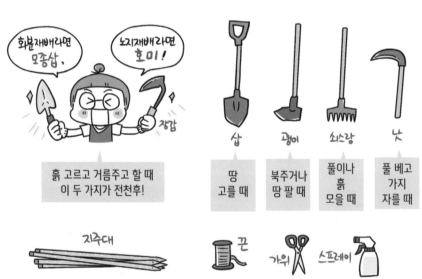

도구는 사용 후 잘 챙겨 비 맞지 않는 곳에 세워서 보관한다.

텃밭 배치도 그리기

작물을 심기 전 작물이 잘 자라는 조건과 일의 효율성 등을 따져가며 미리 배치도를 그려보면 좋다. 특히 해가 들고 그늘이 지는 곳을 잘 살펴 작물 배치에 참고한다.

강한 햇빛이 필요해!

토마토, 감자, 가지, 고추, 애호박
고구마, 무, 딸기, 당근, 콩 등

약한 햇빛도 괜찮아

양상추, 엔다이브, 부추, 파, 미나리,
바질, 생강, 참나물 등

큰 텃밭 배치

넉넉한 규모인 텃밭의 경우 자주 수확하는 작물은 밭 입구에,
수확이 늦어 가을까지 오래 자리를 차지하는 작물은 밭 뒤로 배치한다.

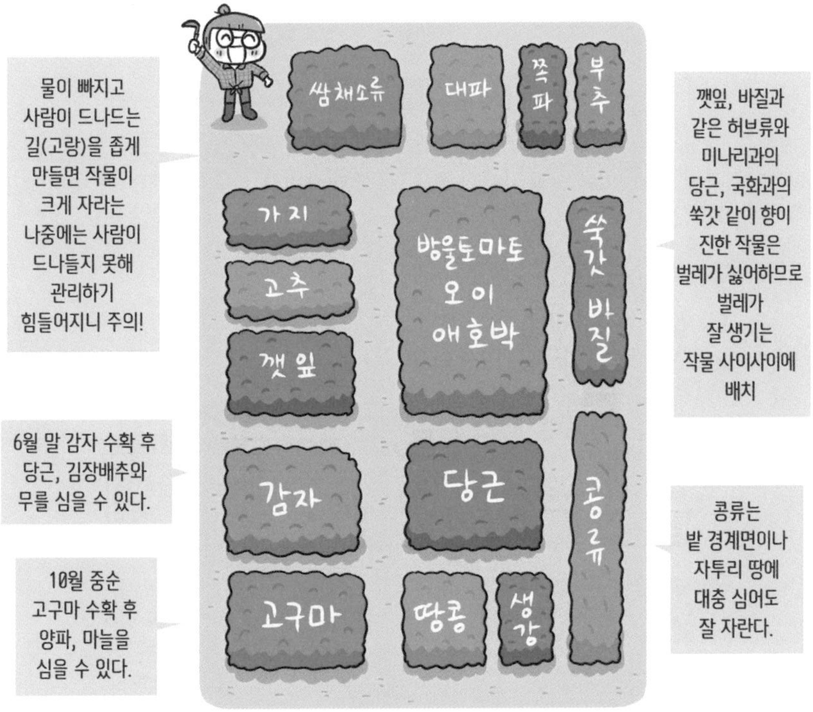

물이 빠지고 사람이 드나드는 길(고랑)을 좁게 만들면 작물이 크게 자라는 나중에는 사람이 드나들지 못해 관리하기 힘들어지니 주의!

쌈채소류   대파   쪽파   부추

가지
고추
깻잎

방울토마토
오이
애호박

쑥갓
바질

깻잎, 바질과 같은 허브류와 미나리과의 당근, 국화과의 쑥갓 같이 향이 진한 작물은 벌레가 싫어하므로 벌레가 잘 생기는 작물 사이사이에 배치

6월 말 감자 수확 후 당근, 김장배추와 무를 심을 수 있다.

감자   당근   콩류

10월 중순 고구마 수확 후 양파, 마늘을 심을 수 있다.

고구마   땅콩   생강

콩류는 밭 경계면이나 자투리 땅에 대충 심어도 잘 자란다.

작은 텃밭에서는 수확까지 오래 텃밭을 차지하는 것보다
자주 수확할 수 있는 것 위주로 작물을 선택한다.

지주를 사용하는 키 큰 작물은 모아서 배치

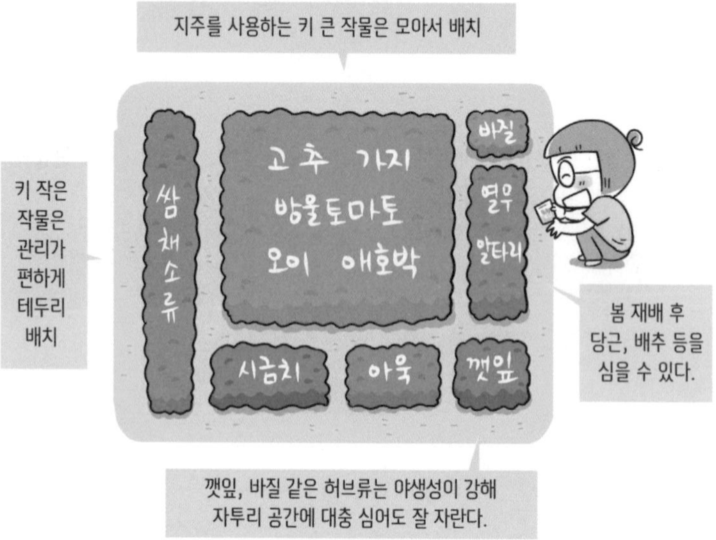

키 작은
작물은
관리가
편하게
테두리
배치

봄 재배 후
당근, 배추 등을
심을 수 있다.

깻잎, 바질 같은 허브류는 야생성이 강해
자투리 공간에 대충 심어도 잘 자란다.

베란다, 옥상 등 집 안 안뜰으로 많이 쓰는 작물 위주로 화분 텃밭을 만들면 요리하다
바로바로 따서 쓸 수 있어 효율적이다. 화분 재배는 무엇보다 작물이 자라는 덩치에 따라
화분 크기를 잘 선택해야만 제대로 된 수확을 할 수 있다.

15cm 이상 깊이 화분
- 뿌리를 얕게 뻗는
상추 등의 쌈채소류

25cm 이상 깊이 화분
-뿌리 깊은 시금치,
덩치 큰 깻잎, 아욱,
방울토마토 등의
열매채소류

35cm 이상 깊이 화분
- 오이, 애호박 같은
덩굴성 채소
대파와 뿌리채소

12

1년 재배 시기

씨뿌리기　모종 심기　수확

채소 \ 월	1월	2월	3월	4월	5월	6월	7월	8월	9월	10월	11월	12월
감자												
상추												
쑥갓												
깻잎							*들깨씨 받기					
바질												
방울토마토												
토마토												
부추										*월동 후 수시로 수확		
고추												
대파			*실파 심기							*월동		
오이												
고구마			*고구마 순 심기						*서리 오기 전에 수확			
열무, 알타리무			*열무 *알타리무									
가지												
수세미												
당근		*봄 재배 당근 품종										
생강									*서리 오기 전에 수확			
애호박												
땅콩												
쪽파										*월동		
배추					*캐내어 보관					*월동 후 봄동		
시금치										*월동 가능		
콩				*노란콩 *서리태								
아욱												

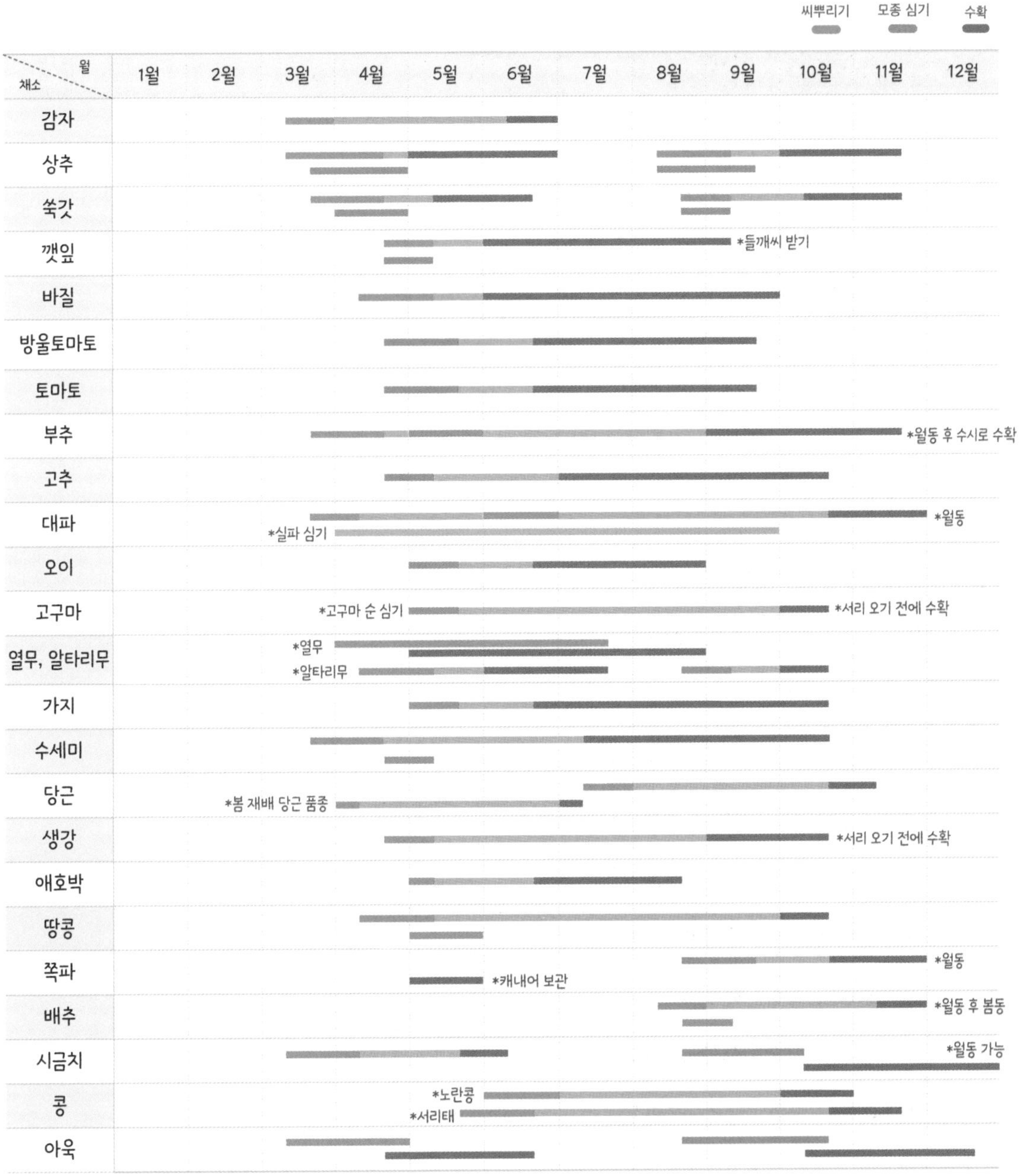

*기후에 따라 따뜻한 남부지방은 좀 이르게, 중부지방은 좀 늦게 심는다.
　품종에 따라 재배 시기가 다르니 씨앗 봉투의 재배적기표를 꼭 확인!

차례

채소 기르기 전 꼭 알아야 할 텃밭 가이드

- 채소는 좋은 흙에서 잘 자란다 ···4
- 건강한 채소가 먹는 것을 알자 ···5
- 비료의 종류 ···6
- 거름 만들기 ···6
- 거름 주는 방법 ···7

- 재배 계획 짜기 ···8
- 씨앗으로 기르기 ···9
- 모종으로 기르기 ···10
- 유용한 텃밭 도구 ···10
- 텃밭 배치도 그리기 ···11
- 1년 재배 시기 ···13

Chapter 01. **밭 만들기** _흙 향기는 천연 항생제 ···16

Chapter 02. **감자 기르기** _하늘 본 감자는 먹지 마라 ···26

Chapter 03. **상추 기르기** _천연 우울증 치료제 ···36

Chapter 04. **쑥갓 기르기** _쑥갓 씨를 왕창 뿌린 이유 ···44

Chapter 05. **깻잎 기르기** _손바닥만 한 깻잎을 기르는 비결 ···52

Chapter 06. **바질 기르기** _텃밭의 미스터리 허브 ···62

Chapter 07. **방울토마토 기르기** _텃밭 최고 재미 ···72

Chapter 08. **토마토 기르기** _짭짤이, 대추 등 여러 가지 토마토 ···82

Chapter 09. **부추 기르기** _세상 게으름뱅이의 풀 ···92

Chapter 10. **고추 기르기** _비타민 C가 제일 많은 채소 ···102

Chapter 11. 대파 기르기 _흰 대를 길게 길게 최상급 대파 만들기 ···114

Chapter 12. 오이 기르기 _천국과 지옥을 오가는 오이 ···126

Chapter 13. 고구마 기르기 _척박할수록 잘 자라는 고구마 ···136

Chapter 14. 열무, 알타리무 기르기 _솎아주기가 중요한 열무, 알타리무 ···146

Chapter 15. 가지 기르기 _가지를 노리는 범인을 찾아라 ···154

Chapter 16. 수세미 기르기 _마시고 바르고 쓰임이 다양한 수세미 ···164

Chapter 17. 당근 기르기 _처음부터 끝까지 너무 예쁜 당근 ···174

Chapter 18. 생강 기르기 _1년 양념과 약차로 쓰는 생강 ···184

Chapter 19. 애호박 기르기 _그때 그 호박은 누가 따갔나 ···194

Chapter 20. 땅콩 기르기 _땅속에서 나는 콩 ···206

Chapter 21. 쪽파 기르기 _여름잠을 자고 다시 나는 쪽파 ···218

Chapter 22. 배추 기르기 _벌레와의 먹이 전쟁 ···228

Chapter 23. 시금치 기르기 _찬바람에 더 달고 맛있는 시금치 ···240

Chapter 24. 콩 기르기 _눈도 못 뜰 경험, 노란 콩 검은 콩 ···250

Chapter 25. 아욱 기르기 _사립문을 걸어두고 먹는다는 아욱 ···264

에필로그

● 텃밭 이웃으로 만나요! ···274

암
입니다.

네?

에?

갑자기 찾아온
아빠의 암 소식.

나는
울다 울다

아니야! 안 좋은 거 빨리 고치고
몸 관리 잘해서, 더 건강
해지라는 의미일 거야!

긍정적으로 생각하기로 했다.

무사히 암 수술을 마치고 1년 후,

대장암 1기

아빠, 이제 몸에
좋은 것만 하고,

아빠 하고싶던 그림도
배우러 다니고,

그리고
운동 겸 놀이 삼아...

우리 같이
텃밭 해요!

텃밭?!

Chapter 01

밭 만들기
흙 향기는 천연 항생제

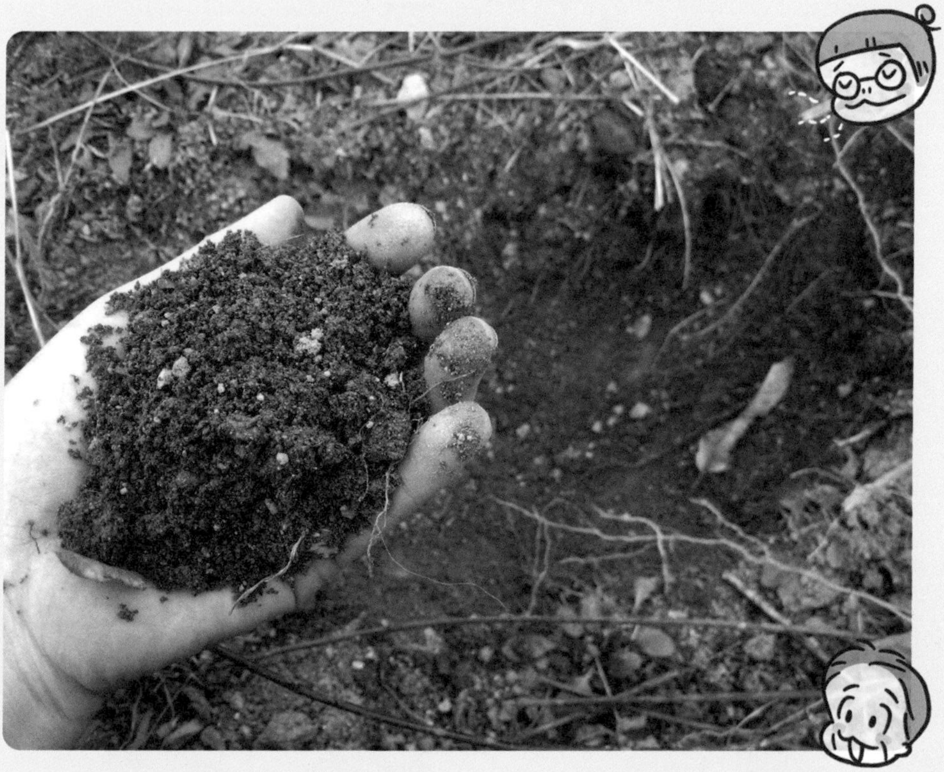

🌱 시 분양 텃밭 - 매년 추첨을 통해 저렴한 비용으로 시에서 분양.

🌱 시중에서 파는 유기질 비료는 발효가 덜 되어 작물에 해로울 수 있으니, 한 달이나 최소 2주 전에 미리 흙에 섞어 안전하게 발효시킨다.

그럼 어디 땅심을 함 받아볼까.

🌱 땅심 - 땅의 기운과 활력.

아빠, 깨진 유리라도 있으면 어쩌려구. 장갑이라도.

괜찮아 괜찮아

밭 만들기

우리 땐 다 밭일 했어.

아빠 어릴 땐 다 그렇게 했나 봐.

1
잡초를 뿌리째 뽑아 제거하고, 땅을 30~ 40cm 깊이로 뒤집듯 파 엎어 부순다.

2 뿌리 성장에 방해되는 돌과 식물 잔해 등을 제거하고, 작물의 양분이 되는 밑거름을 전체적으로 뿌려준 후 골고루 섞는다.

3 부드러워진 흙을 모아 두둑하게 쌓으면서 흙의 표면을 고른다.

보통 1㎡당 1~3kg , 흙 표면을 슬쩍 덮는 정도 뿌리고 섞음.

거름

거름이 지나치면 작물에 해가 되고 병충해도 많아지니, 거름은 적은 듯이 주는 것이 안전!

와~ 예쁘고 정갈한 밭두둑 완성!

🌱 두둑 - 두둑하게 흙을 쌓아 작물을 심는 곳.

"사실 기분 좋은 흙냄새는
정말 사람을 건강하게 한다."

흙냄새는 토양속 대표적인 미생물인 방선균이
만들어내는 **지오스민**이라는 물질의 냄새!

대부분 토양 상층에 있는데, 비가 오면
흙먼지가 튀면서 지오스민이 공기 중으로
퍼져나가 더 뚜렷이 잘 맡을 수 있다.

흙향기인 지오스민은 초조 불안을 완화하고,
우울증 치유에도 효과가 있는 것으로 밝혀졌다.

또, 흙냄새를 만드는 **방선균**은 다량의 천연 항생
성분을 생성하는 데, 이 물질이 전 세계의 항생제,
항암제 등 의약품 원료의 70%를 차지한다는 사실!

텃밭 일지

4월의 텃밭

3월 말부터 잎채소 씨뿌리기,
4월 초 잎채소 모종 심기,
4월 말 열매채소 모종 심기!

5월의 텃밭

상추 등 쌈채소 수시로 수확,
열매채소 줄 매주고
가지 정리!

6월의 텃밭

감자 수확 후
실파, 당근 등 심기!
열매채소 수확 시작과
웃거름 주고 병충해 관리!

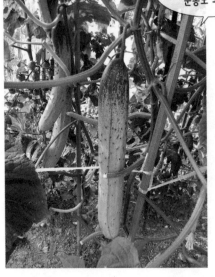
건강을 위한
운동도 되고!

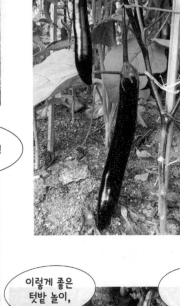
기르는 재미도 얻고!

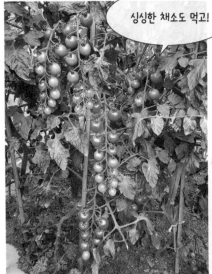
싱싱한 채소도 먹고!

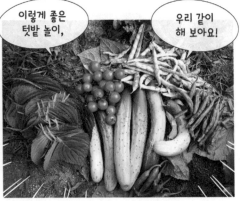
이렇게 좋은
텃밭 놀이,
우리 같이
해 보아요!

집 안 화분 텃밭 만들기

화분 텃밭은 집 마당이나 옥상, 테라스 등
해를 바로 받고 비를 맞을 수 있는
야외 공간이 최적의 장소다.
집 안의 베란다에서도 가능하지만 햇빛이
내내 비추고 통풍이 잘 되는 곳이어야 한다.

1

한정된 공간에서 작물을 키우는 만큼
양분을 얻을 수 있는 흙을 담는 화분은
넉넉히 클수록 수확이 좋다.

2

산, 들의 깨끗한 겉흙을 퍼와
유기질 완숙 거름과 섞어 넣는다.
모래나 나뭇재 등을 조금씩 섞어줘도 좋다.

3

인터넷, 화원에서 유기질 흙을 살 수도 있지만,
퇴비 성분이 1년 안팎이니
친환경 퇴비를 함께 구비하여 웃거름용이나
다음 절기 재배에 사용한다.

집 안 텃밭 최고의 조건 순위

4위 해가 내내 잘 드는 창 넓은 베란다

3위 해와 비를 바로 받을 수 있는 테라스나 발코니

2위 자유로이 쓸 수 있는 옥상

1위 집에 마당이 있어요!!

나는 현재 옥상텃밭!

마당 이즈 월들~

부럽!!

해가 잘 들지 않는 베란다는 웃자라고 허약, 수확이 좋지 않다는 것을 명심!

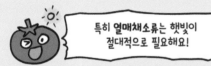

특히 **열매채소류**는 햇빛이 절대적으로 필요해요!

폭 50cm, 깊이 35cm의 옥상 텃밭 화분. 대파, 감자, 당근 등 깊고 넓은 면적을 필요로 하는 작물용!

옥상에 화분을 놓을 때는 화분 아래 구멍으로 물이 고이면 습해져 방수 페인트가 상할 수 있으니, 벽돌 등의 받침대로 바닥을 띄워놓아야 한다.

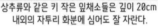

상추류와 같은 키 작은 잎채소들은 깊이 20cm 내외의 자투리 화분에 심어도 잘 자란다.

보온, 보습에 좋은 스티로폼 상자를 재활용하여 화분으로 이용해도 좋다.

아래 물 빠질 구멍을 여러 군데 뚫고 양파망 등을 깐 후 흙을 채운다.

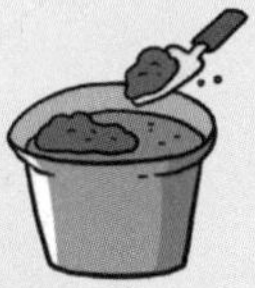

음, 오늘도 지하수 맛이 끝내주네!
어제 흙탕물 맛도 좋았어!
흥, 이 어둡고 축축한 지하 깜방 같은 곳이 뭐가 좋다고!
역시 이 맛에 흙 속에 살지!
두고 봐, 난 이 굴레와 속박을 벗어던지고 햇빛 쏟아지는 땅 위에서 떵떵거리고 살 거라구!!
팍!
파바박!
드디어 빛, 빛이다!!
쏙!
핫!
에비,
감잔 하늘 보면 안 되지.
다독 다독
허억!

Chapter 02

감자 기르기
하늘 본 감자는 먹지 마라

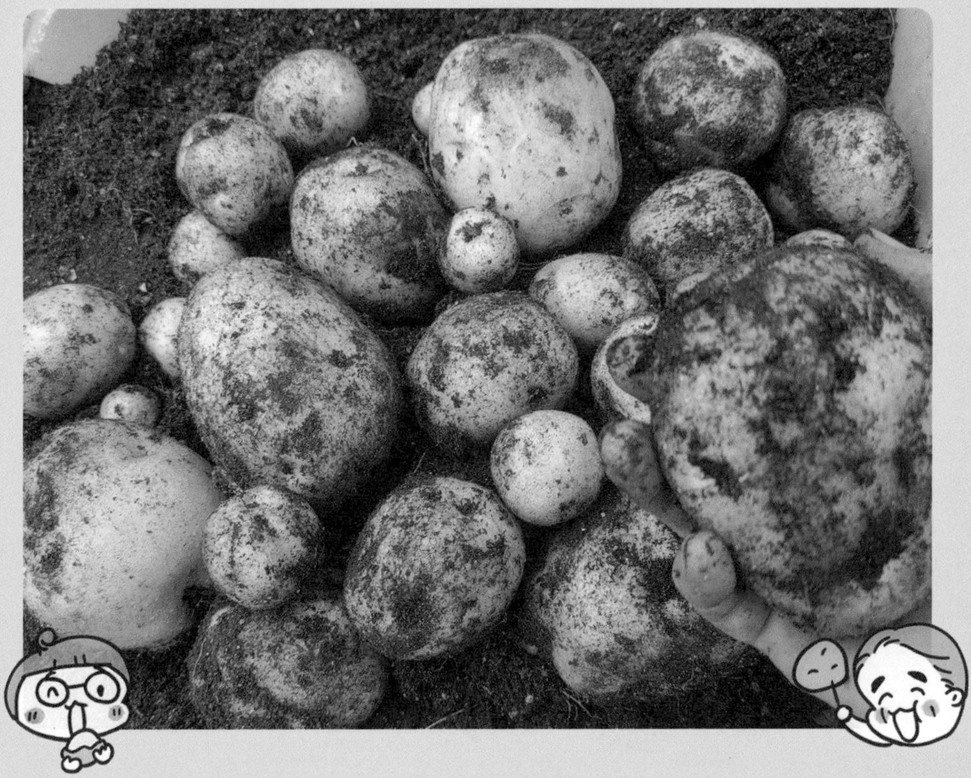

봄이 되면 제일 먼저 심는 것이 바로 감자, 오늘은 이 씨감자를 심어요!

집에서 잘라왔구나!

🌱 씨감자 - 바이러스를 제거한 우량 품종 감자.

감자는 씨를 뿌리지 않고, 이 씨감자로 심어요!

감자 씨 주세요.

없어요.

아니, 감자 심으려는데 씨는

없어요.

종묘상

감자 씨는 없지만 이 '씨감자'는 있지!

감자는 씨로 기르면 씨감자로 심었을 때보다 수확량이 적고 품질이 떨어져, 감자 씨는 연구실에서 품종 개량을 할 때만 쓰인다.

냉장고 속 싹난 감자

씨감자

그냥 싹이 난 감자를 심어도 되지만, 씨감자용 감자가 수확이 **4배** 정도 더 많아요.

씨감자는 달걀 반 개 정도 크기로 잘라서 심지.

불로 소독한 칼로.

요 울퉁불퉁 들어간 곳이 감자 싹이 나올 곳, 이 싹눈이 3개 이상 있도록 잘라요.

자른 면이 부패, 감염되지 않도록 그늘에서 하루 이틀 말려 상처를 아물리고 난 후 심는다.

심기 전 감자알이 자랄 높고 긴 두둑을 만들고,

20cm

50cm

20~25cm 간격으로, 씨감자의 자른 면을 아래로 해서 심고 물주며 기르다보면,

10-5cm

20-25cm

한 달 안 되었을 때 굵은 싹 여러 개가 쑤욱~

다 기르면 감자알이 작아지니 굵은 싹
1~2개만 남기고 나머지 싹은 손으로
아래를 펴 누르고서 뽑아낸다.

뽁!

싹쑥기

그리고 감자 기를 때 가장
중요한 '북주기'!! 꼭
위로 위로 흙을 더 쌓아줘야 해!

🌱 북주기 - 뿌리나 줄기 위로 흙을 두둑하게 모아 덮어주는 것.

맞아요, 감자는
땅속줄기 끝에 양분이 모여
비대해진 덩이줄기!

어라?

감자는 위로 밀어 올라오면서 자라는 데,
그러다 보면 흙 위로 모습을 보일 수가 있다.

이때 줄기의 일부인 감자는 햇빛을 보고
광합성을 해 녹색으로 변한다.

녹색으로 변하면 먹지 못하거나
그 부분을 깊이 도려내고
먹어야 해!

바로 매운맛이 나는
'솔라닌'이라는
유독 성분이 많아지기 때문!

*솔라닌
현기증, 구토,
설사 등의
중독 증상을
일으키고,

400mg
이상
먹으면
목숨을
잃는다.

솔라닌은 벌레나 동물로부터 감자의 싹을
보호하기 위해 생긴 것으로, 감자에 싹이 나거나
껍질이 녹색으로 변하면 그 양이 증가한다.

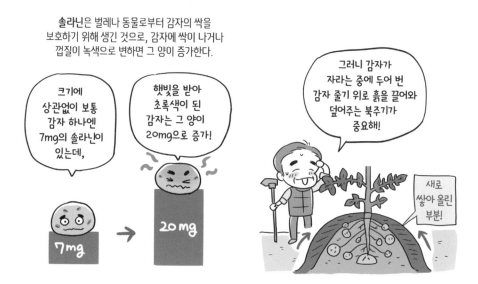

크기에
상관없이 보통
감자 하나엔
7mg의 솔라닌이
있는데,

햇빛을 받아
초록색이 된
감자는 그 양이
20mg으로 증가!

7mg → 20mg

그러니 감자가
자라는 중에 두어 번
감자 줄기 위로 흙을 끌어와
덮어주는 북주기가
중요해!

새로
쌓아 올린
부분!

6월 중순

감자
수확!!

북주기를 잘하면
땅속줄기가 많아져
감자알도 많이 생겨!

자유다!

화분에서 감자 기르기

심기

3월 중하순

수확

6월 중하순

3달 만에 감자 기르기 끝!

남미 안데스산맥의 고산지대가 원산지인 감자는 봄에 가장 먼저 심는 작물로, 낮에는 해가 쨍쨍하고 밤에는 서늘한 고랭지에서 잘 자란다. (재배 적정 온도는 15~21도.)

자른 면에 나뭇재를 묻히거나, 심을 곳에 재를 한주먹 넣고 심으면 균을 예방할 수 있다.

1

3월 중하순, 2주 전 미리 밑거름을 흙과 함께 섞어 넣은 30cm 정도 깊이의 크고 넓은 화분에, 준비한 씨감자를 20~25cm 간격으로 심는다.

실내 화분에 한 줄로 늘어놓고 흙을 1~2cm 덮은 후 스프레이로 습기를 유지해주면 싹과 뿌리가 쏙!

2

3월 초부터 미리 따뜻한 실내 화분에서 싹과 뿌리를 키운 씨감자, 미리 싹을 틔워서 심으면 생육기간이 길어져 수확량이 늘어난다.

4월 중순, 감자 싹이 여러 대가 올라오면 굵은 싹 1~2대만 남기고 모두 뽑아내 솎는다.

화분의 경우 처음부터 흙의 양을 2/3 정도만 채워 시작했다가, 중간에 나머지 흙을 채워주면 편해요.

5월 중순 무성해진 감자 화분, 키가 한 뼘 이상 자라기 시작할 때부터 두어 번 북을 준다.

5월 말, 감자꽃이 필 즈음 물을 충분히 많이 주어야 감자알이 커진다. 화분 밑으로 물이 스며들 정도로 넉넉히 준다.

6월 중하순, 잎줄기 양분이 감자알로 모두가 잎이 누렇게 마르면 맑은 날에 수확!
* 포기째 뽑아올리고 땅속 숨은 감자를 상처 없이 조심해서 캔다.

냉장고 속 싹 난 감자 2개를 심어 키운 새 감자 알들!

캐낸 감자는 그늘에서 2~3일 말린 후, 서늘하고 어두운 곳에 저장!

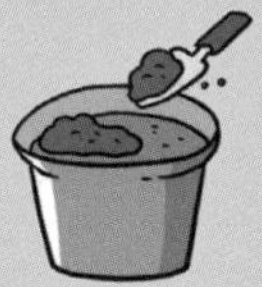

아빠, 기억나요?

나 10대 때 어느 여름날 친구가 집에 놀러 왔잖아.

그때 아빠가 내어준 점심 밥상.

점심 먹어야지.

당시 초미남;;

그득 담은 고봉밥에 얼굴보다 더 큰 상추와 고추장!

넘 맛있어!!

상추쌈만 해서 둘이 그 많은 밥을 다 먹었지.

그때 그 친구가 아직도 그 상추 밥상을 기억하고 자주 말해.

신기하게 그렇게만 먹는데도 너무 맛있었어!!

그래?

그 후 그 친구가 그토록 신기해하는 이유를 알았지만.

장어

불고기

잡채!

오늘 잔칫날이었어?

우린 평소에 이렇게 차려.

엄마가 요리왕!

친구네 9첩 밥상

Chapter 03

상추 기르기
천연 우울증 치료제

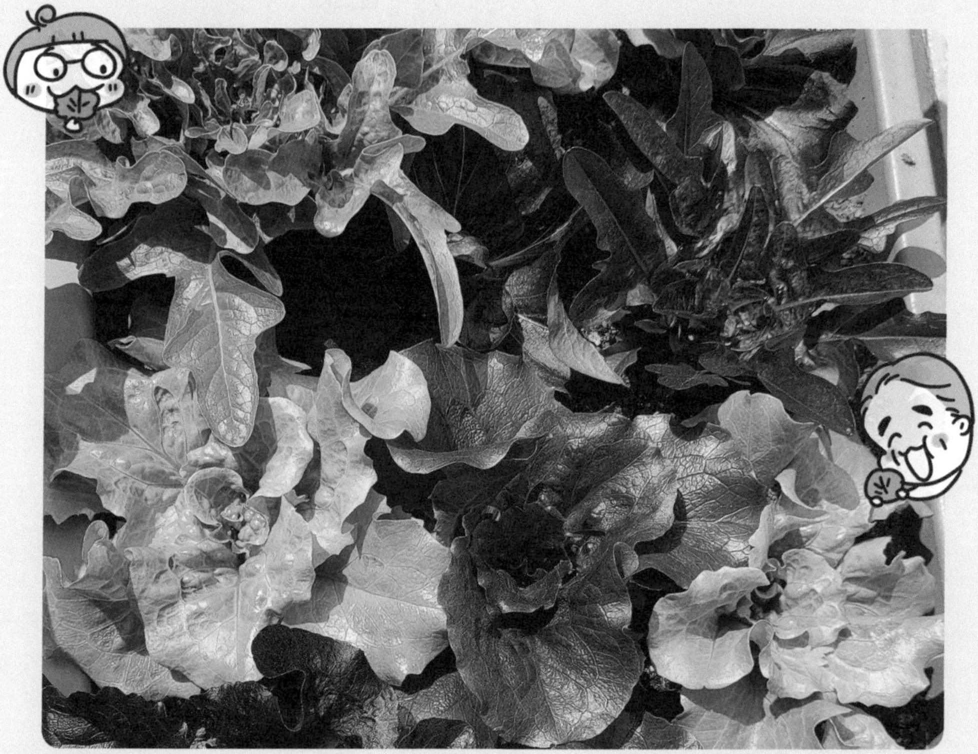

🌱 4인 가족 기준, 상추 모종 15~20개 정도면 충분!

🌱 키 작고 자주 수확하는 잎채소류는
손 닿는 밭 가장자리에 배치!
지주를 사용하는 키 큰 열매채소류는
따로 모아서 배치!

🌱 상추의 서로 간 간격은 10~15cm.

그렇게 큰 쌈을 먹을 때
눈을 부릅뜨고 먹어서,
옛날엔 상추를
우리말로 '부루'라고 불렀대!!

그러고 보니 우리도 일이 잘 안 풀리고 하면 일부러
상추쌈 먹고 스트레스 풀곤 해.

아우~ 오늘 저녁
상추쌈 어때?

좋아! 입이 미어져라
아주 그냥

고기도!

북한, 제주도
에서는 아직도
상추를 '부루'
라고 한다.

"그런데 정말로 상추는
스트레스로 인한 우울증이나
통증에 효과가 있다!"

고려시대 이전부터 즐겨 길러 먹었던 상추는
고문헌에 여러 기록으로 남아 있는데
중국의 고서 <천록지여>에서는,

그중 <동의보감>에서는
상추가 화병 등에
약효가 있다고 쓰여 있다.

"고려 상추는 맛 좋기로
소문이 나서 천금을 줘야
씨앗을 구할 수 있다.
그래서 고려 상추를
천금채라 불렀다."

고려상추
맛 최고!!

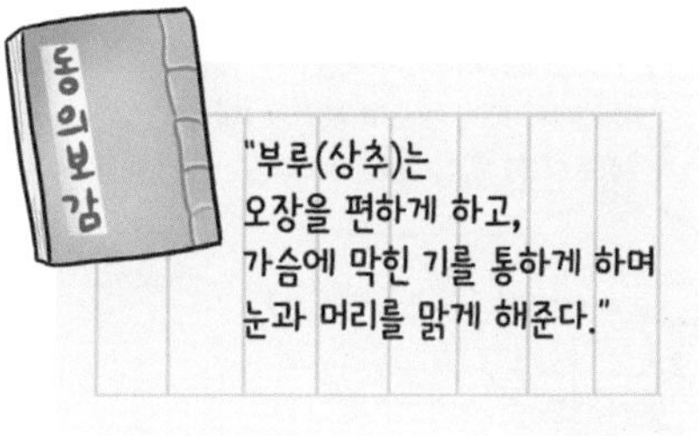

"부루(상추)는
오장을 편하게 하고,
가슴에 막힌 기를 통하게 하며
눈과 머리를 맑게 해준다."

이렇게 상추에는 스트레스와 우울증 등을
완화해주는 성분이 있는데,

그 성분이 바로
상추 줄기를
잘랐을 때 나오는
이 하얀 유액,
'락투신'

자른
상추 줄기
에서
나오는
이 우윳빛
흰 액이
락투신
이구나!

신경을
안정시키는
진정,
진통 효과
가 있대요.

항스트레스 성분인 락투신은 수면 유도
효과도 있어 숙면과 긴장 완화에 좋다.

배부르고
졸려.

뭐, 과식으로
졸린 것도 있어.

그런데!

요새는 락투신이 적은
함량으로 품종 개량된
상추가 많이 길러지는 데,
그건 바로 락투신의
쓴 맛 때문!

쓴쓸 쌉쌀한 맛도
자연스러운
맛인데!

그래도 하우스재배보다
야외에서 햇빛 받으며 자랐을 때
락투신 흰 액이 많이 나온대요.

옥상 화분에서
햇빛 받으며 키운 상추!

야외에서 햇빛 받고 자연스럽게
자라면 하우스보다 락투신 30배!!

상추 잎만 잘라도 락투신
흰 액이 방울방울 나오네!

최근엔 일부터 락투신 함량이 높은 상추 품종을 만들어 성분을 추출해, 천연 수면차 등 불면증 개선 상품으로 시중에 내놓고 있다.

일반 상추보다 락투신 100배 이상 개량한 상추!

락투신 차
알약
분말

락투신 쓴 액은 벌레가 싫어해, 상추는 벌레가 거의 생기지 않아요!

그래서 상추는 더 기르기 쉬워!

째,써!

한 달 후

턱

텃밭에 갔다 오면 매번 상추 한두 봉다리 가득!

아유~ 내가 좋아하는 상추! 넘 잘 길렀네!!

에헴!

🌱 모종 심고 한 달 전후부터 수시로 수확 가능!

5월 중순, 그때 텃밭의 상추!

화분에서 상추 기르기

심기	수확
3월 중순 ~ 4월 중순	5월 초 ~ 6월
8월 중순 ~ 9월 초	10월 초 ~ 11월 중순

🌱 상추는 1년에 2번, 봄과 가을 재배가 가능!

너무 이르게 심으면 추운 날씨에 자라지도 못하고,

너무 늦게 심어 더우면, 싹이 안 나거나 꽃대를 빨리 내버려.

추워...

서서 못먹어ㅠ

🌱 상추는 낮 기온 15~25도일 때가 씨뿌리기, 모종 심기의 적기!

1 상추는 뿌리를 얕게 뻗으니 깊이 15cm 정도의 화분이면 충분, 심기 2주 전 밑거름을 미리 넣어 섞어놓는다.

15cm

2

상추 기르기 초보라면 씨보다 상추 모종을 사자!

누렇게 변한 잎이 없으며, 웃자라 키가 크지 않은 것으로!

🪴 3~4개에 1,000원! 모종 가게 등에서 종류별, 색깔별로 고를 수 있다.

3 미리 자리를 잡아놓고 심으면 편하다.
화분 재배 시 상추 간격은 10cm 이상!

중요!
초보도 세상 수운 상추지만,
가장 주의해야 할 것이 바로
'상추간 간격'!!

10~15cm

적은 공간에 3개를 키우느니
1개를 키우는 게 더 수확이 좋다는 것을 **명심!**
(모든 채소 키우기의 핵심!!)

자랄×

정상크기

④ 심을 곳에 모종 크기의 구멍을 파서 물을 주고 스며들 때까지 기다린다.

⑤ 모종 뒤의 물구멍에 손가락을 넣어, 흙이 부서져 잔뿌리가 다치지 않게 조심스럽게 꺼낸다.

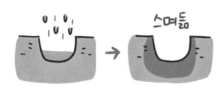

⑥ 상추의 간격은 10~15cm로 모종을 너무 깊지 않게 심고, 물을 조심스럽게 충분히 준다. 이 후, 하루 1번 흠뻑 물을 주고, 더운 날씨에는 아침, 저녁으로 준다.

⑦ 한꺼번에 너무 많이 따면 그루가 약해지므로, 안에 5~6장은 남겨놓는다.

지난 겨울, 멀리 외출을 하고 돌아온 아빠.
오, 너 왔구나.
얼마나 추웠으면 얼굴이 빨갛게 얼었네?!
새로 그림 공부 하는 곳이 좀 멀여.
어? 발음이?! 아빠 술 드신 거예요?
드시면 안 된다니까!
아냐 안 먹었져.
감긴가? 몸살도 나고 머리도 아프네.

이틀 후

가만!
발음이 어눌하고 몸살, 두통…
아빠, 혹시…
뇌졸중
어, 지금 감긴 줄 알고 동네 병원 왔더니 큰 병원 응급실을 가라네?!
에?
뇌졸중 이었다.

Chapter 04

쑥갓 기르기
쑥갓 씨를 왕창 뿌린 이유

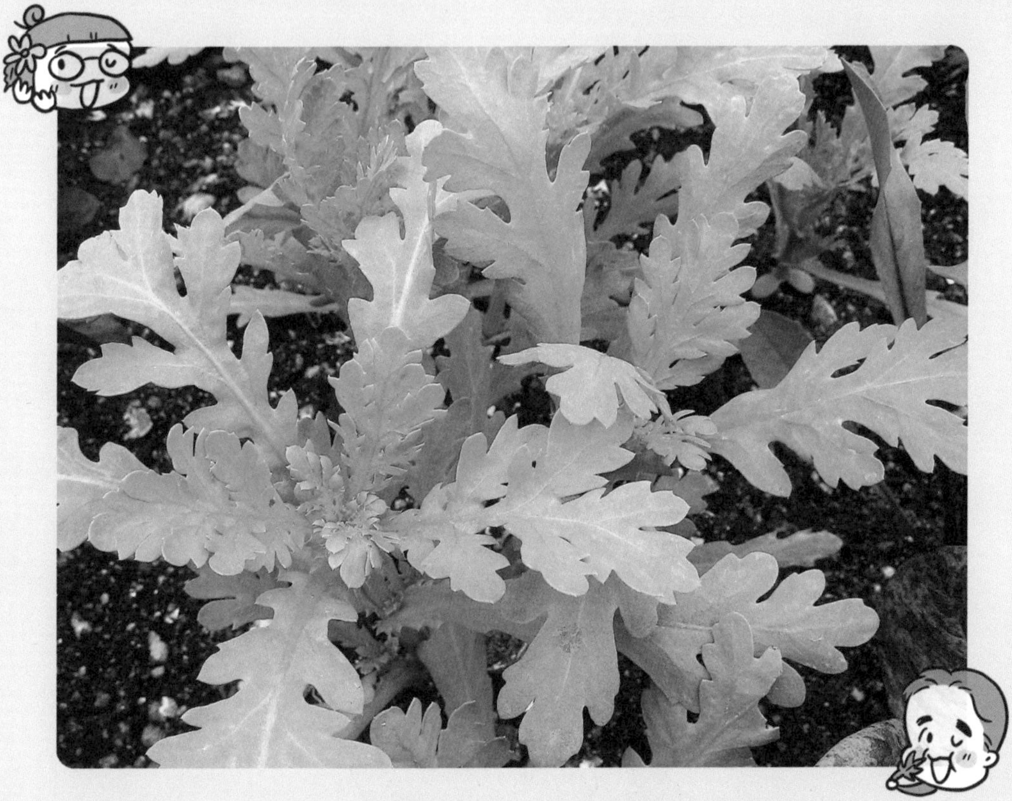

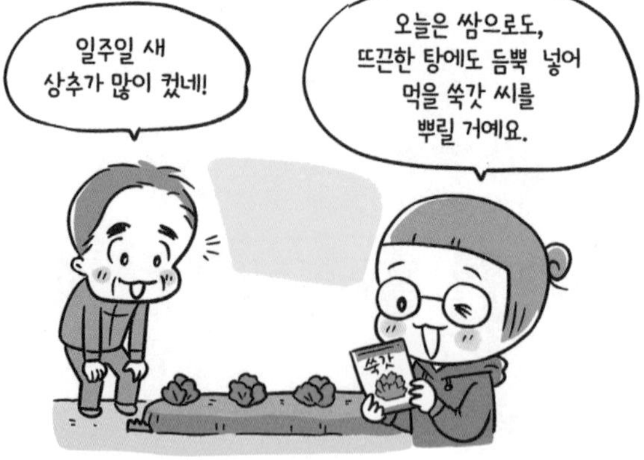

아빠의 지난 뇌졸중은 작은 뇌 손상을 만들긴 해도
치료 후 큰 문제는 없었는데,
특이하게도 쑥갓의 의미를 잊었다.

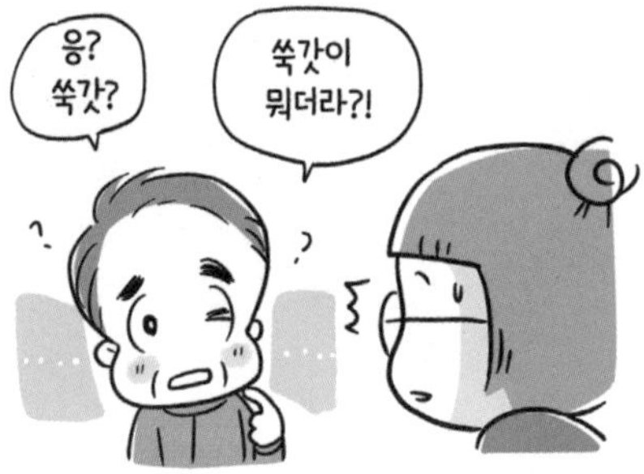

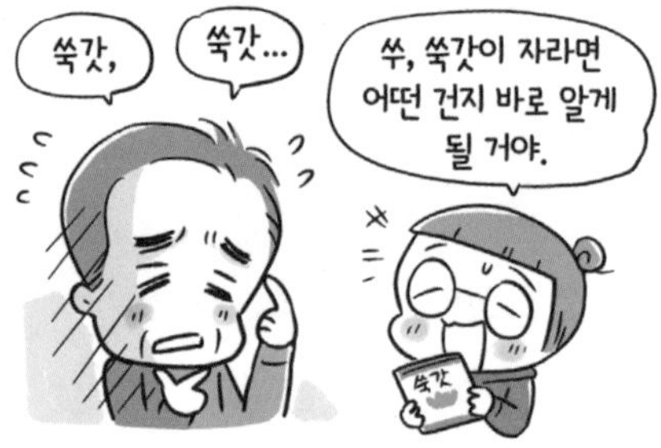

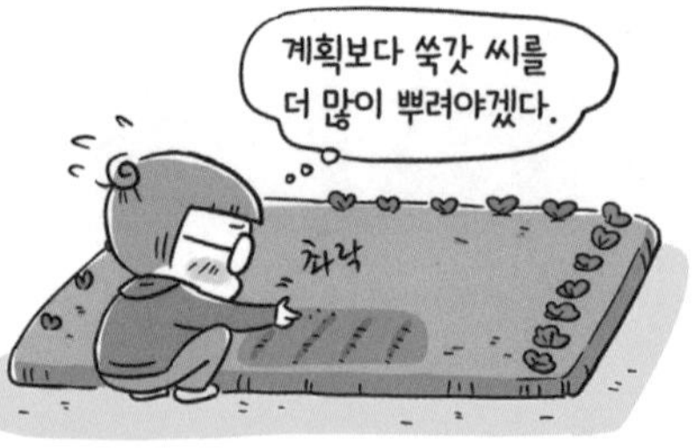

쑥갓은 씨로, 또 모종으로 기를 수 있어요!

씨로 기르기

1. 쑥갓은 대엽, 중엽, 소엽이 있는데 그중 중엽종이 많이 재배된다.

2. 2주 전 밑거름을 섞어준 밭두둑에 10cm 이상 간격으로 줄을 긋고 씨를 뿌린 후, 씨앗 크기의 2~3배 두께의 흙을 덮고 물을 준다.

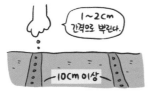

❧ **줄뿌리기** - 호미 등으로 땅에 줄을 긋고 한 줄씩 뿌림.

3. 잎이 나면 서로 간의 최종 간격 10cm 이상 되도록 중간중간 솎아줘 자리를 넓혀준다.

❧ **솎아내기** - 씨를 뿌릴 때 발아가 안 됐을 때를 대비해 넉넉히 뿌린 후, 작물이 자라면서 밀식된 부분을 뽑아 정상 간격으로 넓혀줌.

모종으로 기르기

1. 상추와 같이 모종을 사서 기르면 재배도 더 쉽고 빨리 수확할 수 있다.

2. 10cm 이상 간격으로 모종 크기의 구멍을 파서 물을 주고 스며들 때까지 기다린다.

3. 모종을 조심스럽게 꺼내어 심은 후 물을 충분히 준다. 간격이 좁으면 덩치가 작게 자라 수확이 적으니 작은 화분에 심더라도 간격을 꼭 지켜준다.

심고 한 달 후, 키가 15cm 정도 되면 수확 시작!

이야~ 무성하게 잘 자랐네.

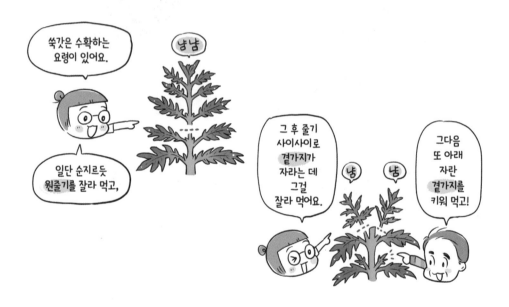

쑥갓은 수확하는 요령이 있어요.

일단 순지르듯 원줄기를 잘라 먹고,

냠냠

그 후 줄기 사이사이로 곁가지가 자라는 데 그걸 잘라 먹어요.

냠 냠

그다음 또 아래 자란 곁가지를 키워 먹고!

그런데 좀 아까운데, 조금 더 키우고서 그때 잘라 먹을까?

아냐아냐!

순을 지르지 않고 수확을 늦추면
쑥갓은 더운 날씨에 금세 꽃을 피워요.

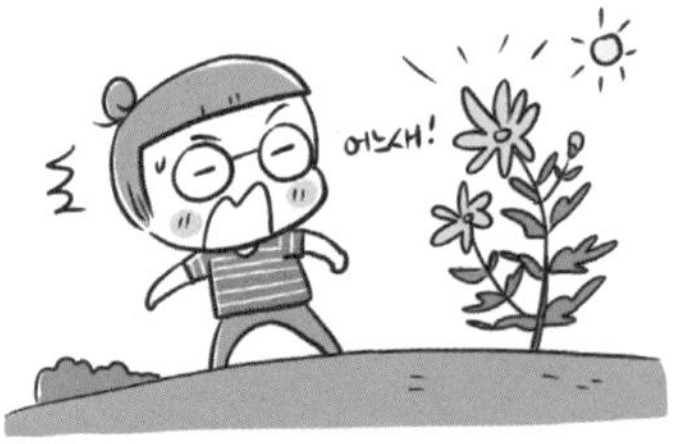

🌱특히 봄 재배 시 더워지는 날씨에 꽃대를 빨리
낼 수 있으니 파종 시기가 늦지 않도록 주의!

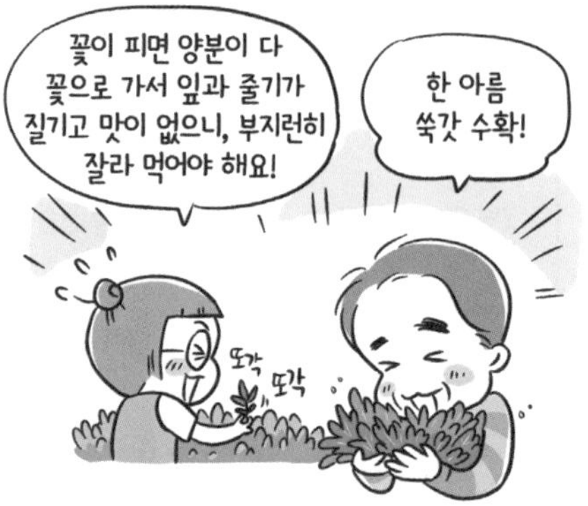

꽃이 피면 양분이 다
꽃으로 가서 잎과 줄기가
질기고 맛이 없으니, 부지런히
잘라 먹어야 해요!

한 아름
쑥갓 수확!

똑각
똑각

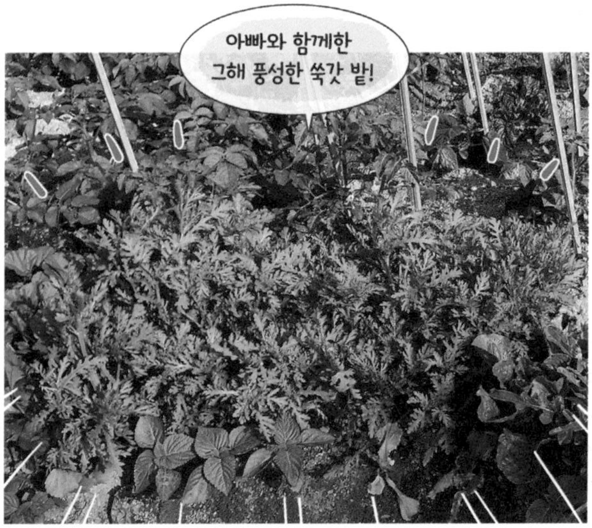

아빠와 함께한
그해 풍성한 쑥갓 밭!

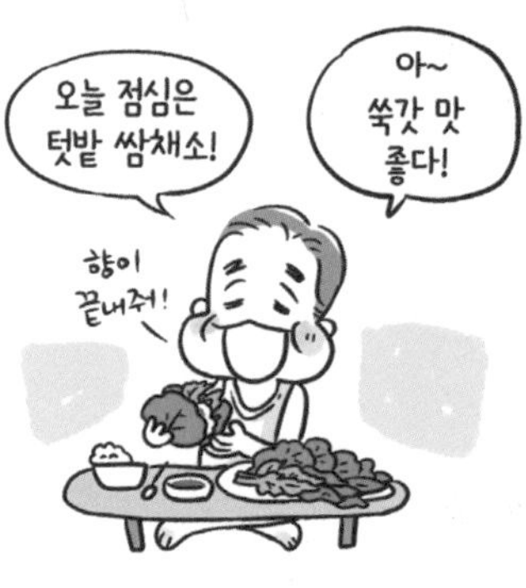

오늘 점심은
텃밭 쌈채소!

아~
쑥갓 맛
좋다!

향이
끝내줘!

심기	수확
3월 말 ~ 4월 중순	5월 중순 ~ 6월 중순
8월 말 ~ 9월 초	10월 중순 ~ 11월 중순

상추와 같이 서늘한 기후(15~20도)를 좋아하는 쑥갓은 1년 2번, 봄가을 재배가 가능하다.

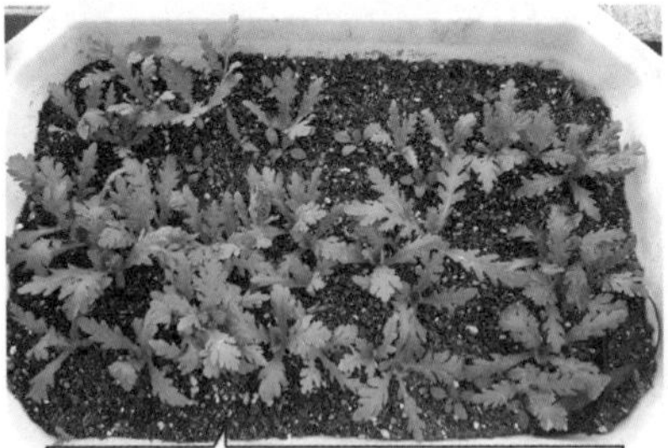

4월 중순 본잎이 나온 쑥갓, 최종 간격 10cm 이상 되도록 중간중간 솎아준다.

1

2주 전 밑거름을 한 화분에 쑥갓 씨를 1~2cm 간격으로 뿌리고 흙을 덮고 물을 준다. 좁은 화분에서는 줄뿌리기보다 흩어뿌려도 좋다.

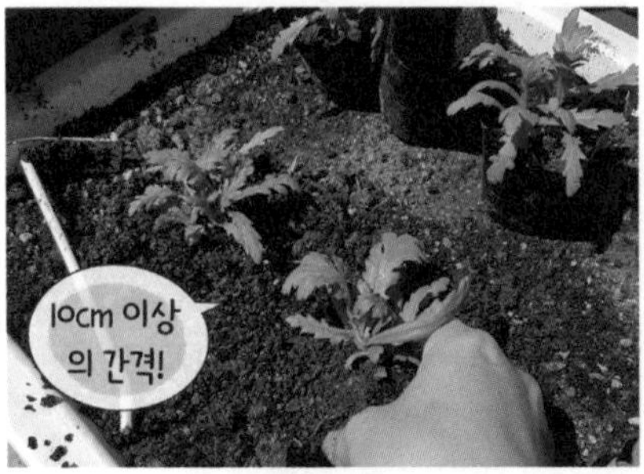

10cm 이상의 간격!

2

모종 재배 시에는 최소 10cm 간격으로 충분히 띄워 모종을 심고 물을 준다. 자라는 동안 겉흙이 마르지 않도록 매일 물을 준다.

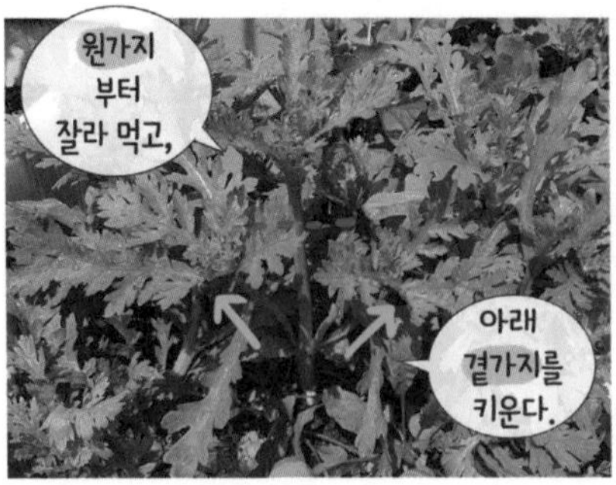

원가지부터 잘라 먹고,

아래 곁가지를 키운다.

3

5월부터 원가지와 곁가지를 질러가며 부지런히 수확한다.

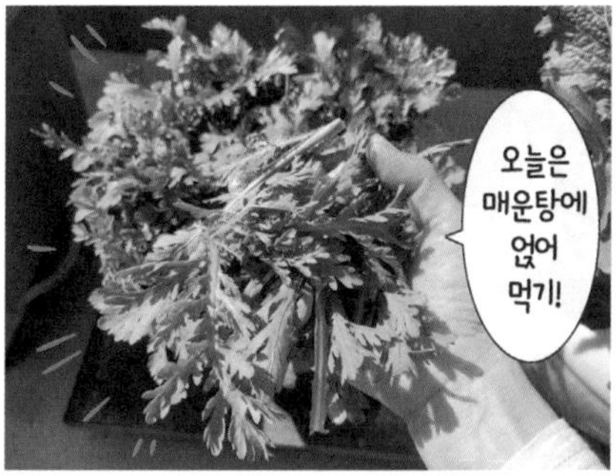

오늘은 매운탕에 얹어 먹기!

작은 화분에서 3~4일에 1번은 한 움큼씩 수확, 필요할 때마다 바로바로 잘라 먹는다.

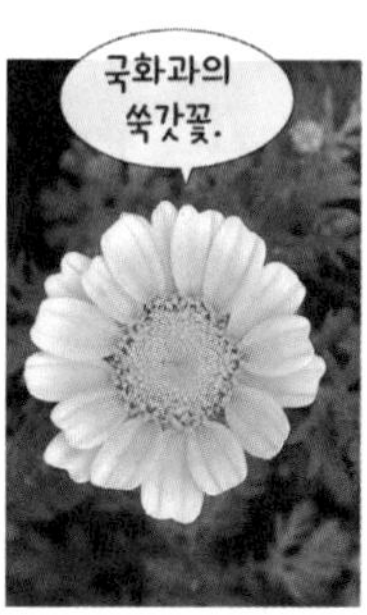

국화과의 쑥갓꽃.

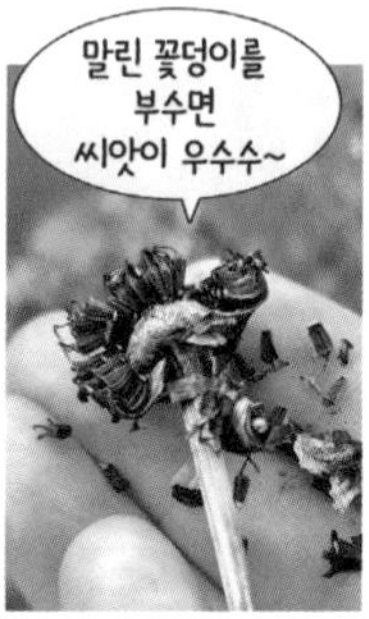

말린 꽃덩이를 부수면 씨앗이 우수수~

6월 중순이 되면 꽃이 피는 데, 쑥갓꽃은 집 안 화병에 꽂아두면 국화과 꽃답게 오래간다.
꽃이 시들면 바짝 말려 씨앗을 받을 수 있다. 씨앗은 잘 밀봉해 서늘한 곳에서 보관하여 다음 해 종자로 쓴다.

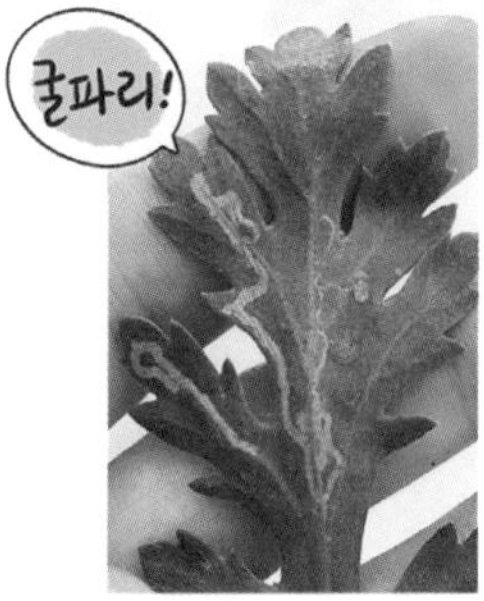

굴파리!

❦병충해 관리
쑥갓의 오래된 잎 안에 들어가 갉아먹는
'굴파리' 유충이 생길 수 있는데,
그냥 두면 근처에서 또 번식하니 발견 즉시
따서 멀리 버린다.

앗, 상추, 여기야!
삼겹살, 오랜만이네!
고추랑 마늘도 왔구나!
오랜만의 삼겹살 주최 파티인데 빠질 수 있나.
가만, 그런데 한 친구가 빠진 것 같은데?!
소주?
뭔가 허전해.
글쎄 말이야, 누가 빠졌지?
깻잎…
고기쌈에 깻잎이 빠지다니 뭔가 아주 서운한 느낌!
깻잎을 깜빡했네.

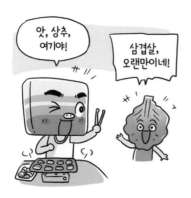

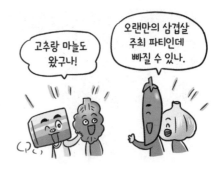

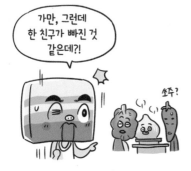

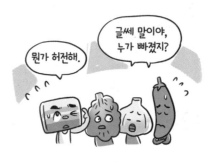

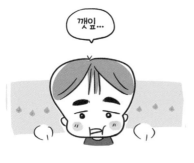

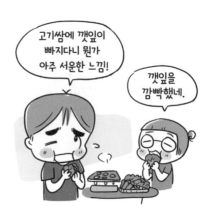

깻잎 기르기
손바닥만 한 깻잎을 기르는 비결

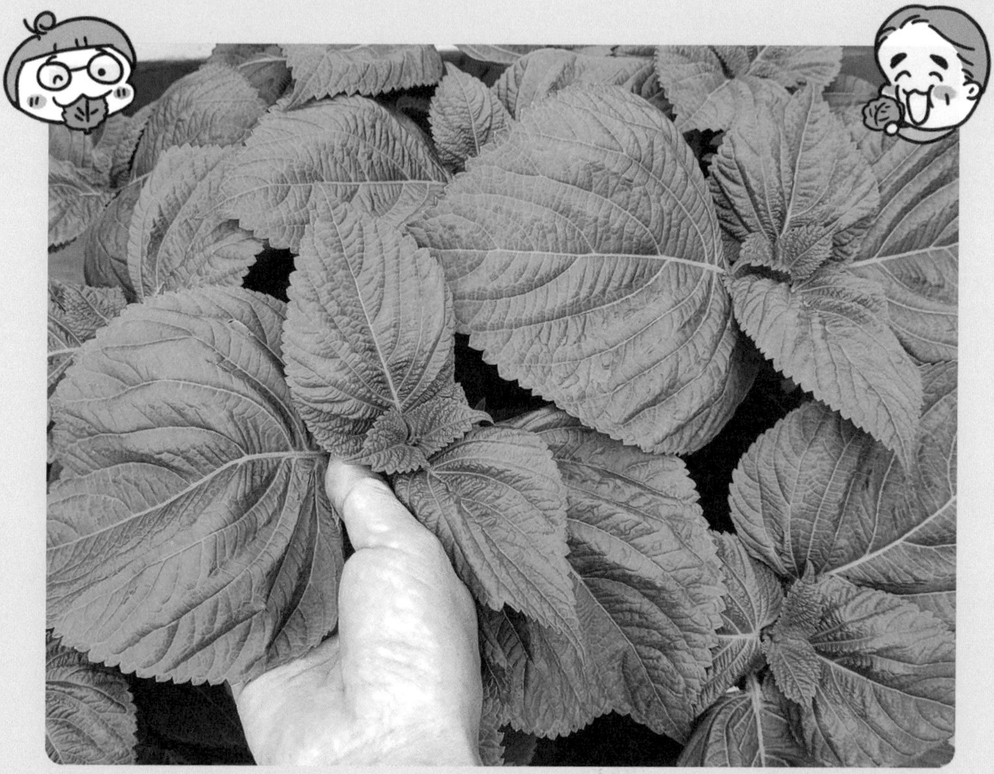

🌱 들깨는 야성이 강해 밭두둑 자투리 공간에
대충 심어도 잘 자란다.

전천후 매일 반찬으로 쓰임이 많은 깻잎이기에
매년 집 옥상의 가장 큰 화분에 깻잎을
따로 또 심는다.

4월 중순

🌱 깻잎 씨, 모종 심기 - 4월 하순~5월 초.
수확 - 6월 초~9월 초.

열흘 후

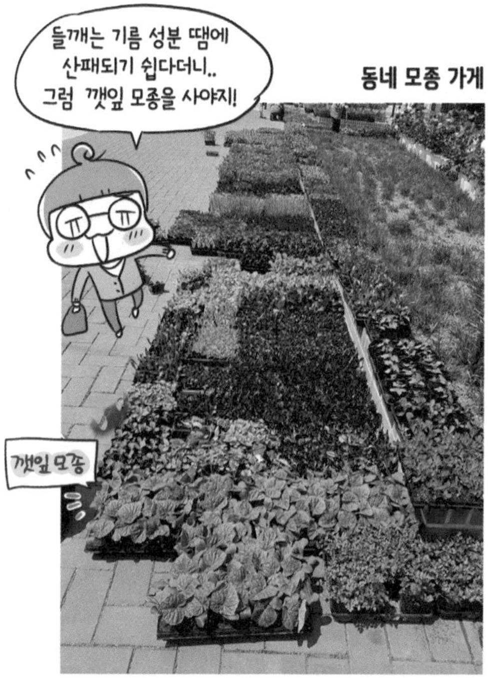

들깨는 기름 성분 땜에
산패되기 쉽다더니..
그럼 깻잎 모종을 사야지!
동네 모종 가게
깻잎 모종

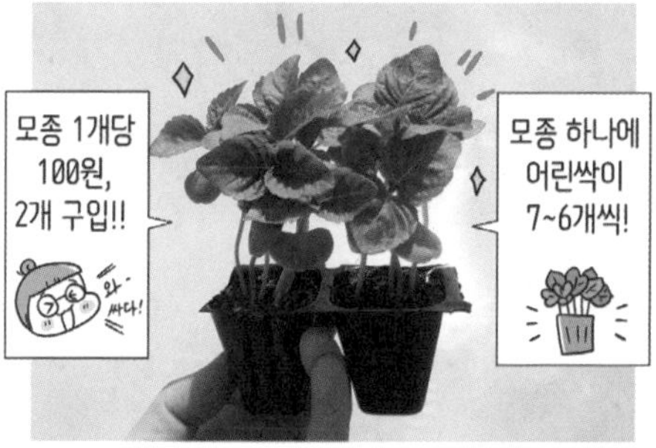

모종 1개당
100원,
2개 구입!!
와-
싸다!
모종 하나에
어린싹이
7~6개씩!

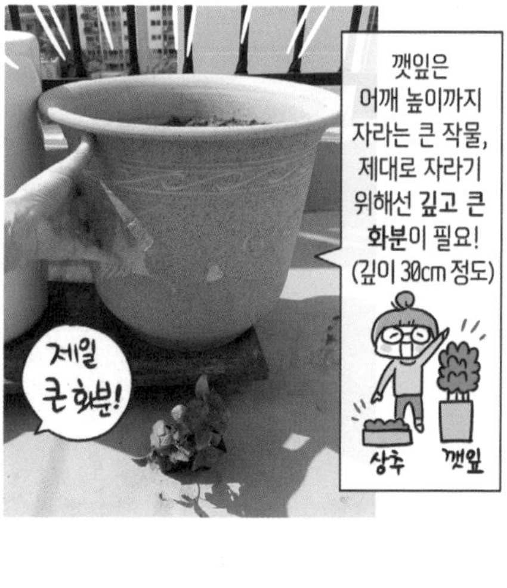

깻잎은
어깨 높이까지
자라는 큰 작물,
제대로 자라기
위해선 **깊고 큰**
화분이 필요!
(깊이 30cm 정도)
상추
깻잎
제일
큰 화분!

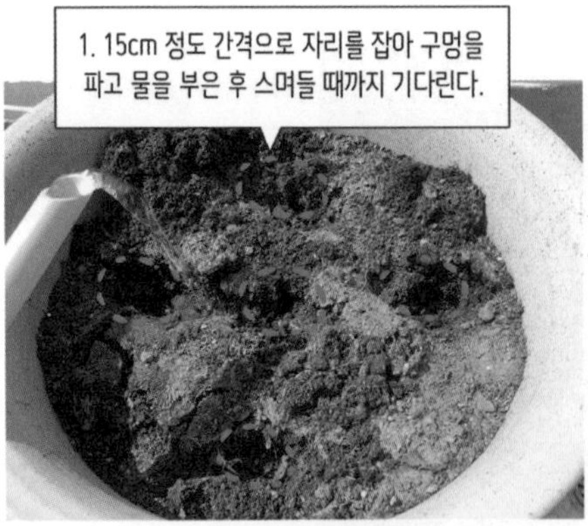

1. 15cm 정도 간격으로 자리를 잡아 구멍을 파고 물을 부은 후 스며들 때까지 기다린다.

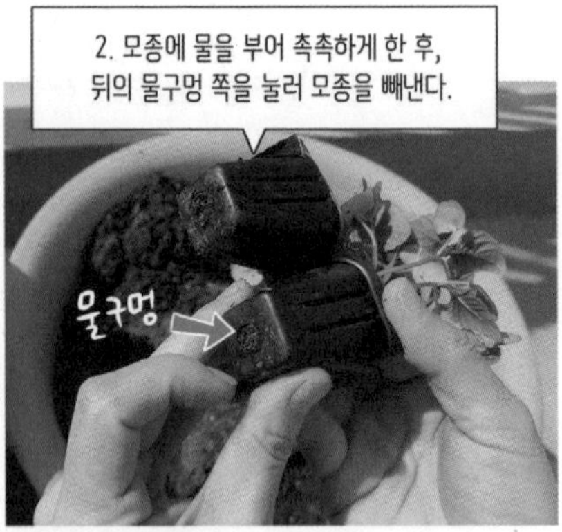

2. 모종에 물을 부어 촉촉하게 한 후, 뒤의 물구멍 쪽을 눌러 모종을 빼낸다.

물구멍

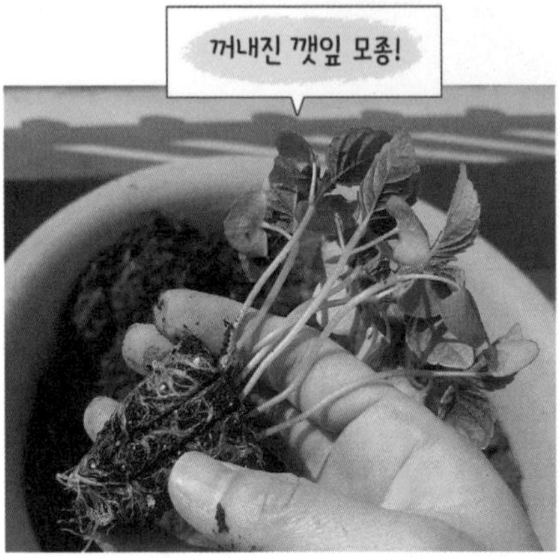

꺼내진 깻잎 모종!

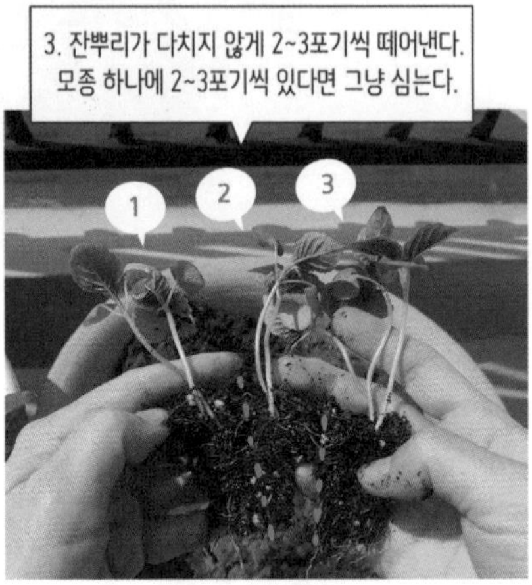

3. 잔뿌리가 다치지 않게 2~3포기씩 떼어낸다. 모종 하나에 2~3포기씩 있다면 그냥 심는다.

1   2   3

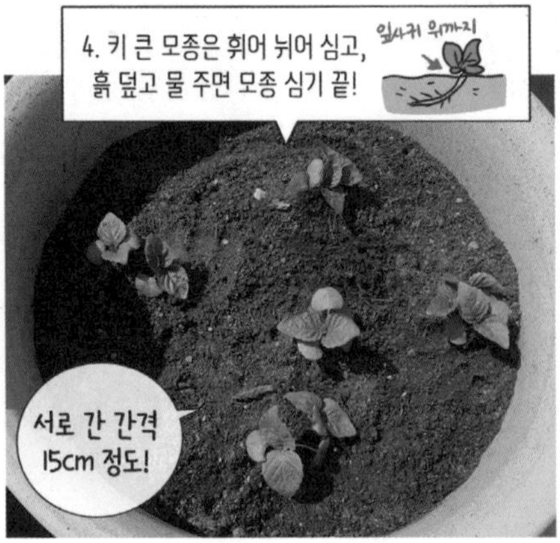

4. 키 큰 모종은 휘어 뉘어 심고, 흙 덮고 물 주면 모종 심기 끝!

잎사귀 위까지

서로 간 간격 15cm 정도!

🌱 씨를 뿌려 기른다면 깻잎 간 간격 15~20cm는 되도록 중간중간 솎아준다.

보름 후

그새 화분이 꽉 차게 자랐구나!

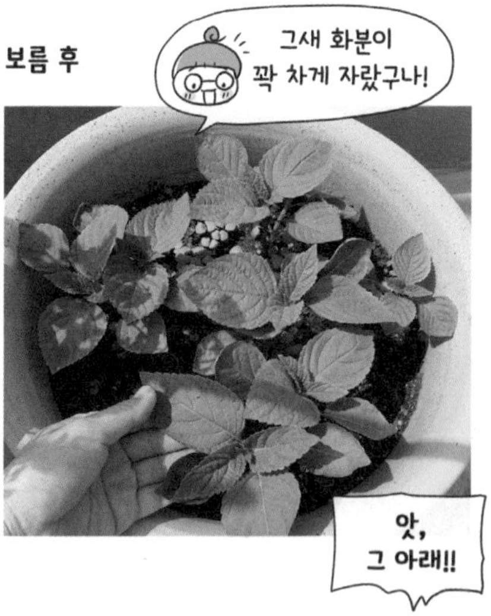

앗, 그 아래!!

전에 뿌린 씨앗이 이제야 싹이 돋았네!

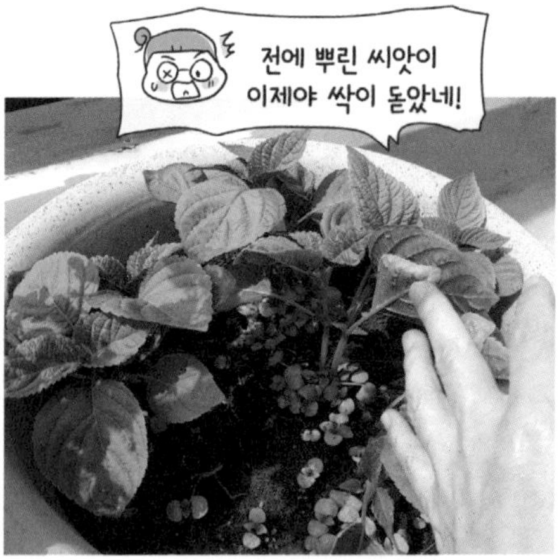

🌱 깻잎은 땅 온도 20도 이상으로 충분히 날이 따뜻해야 싹이 난다.

작물은 심는 시기를 꼭 맞춰줘야 되는데,

항상 맘이 급해서 이런 실수를 해!

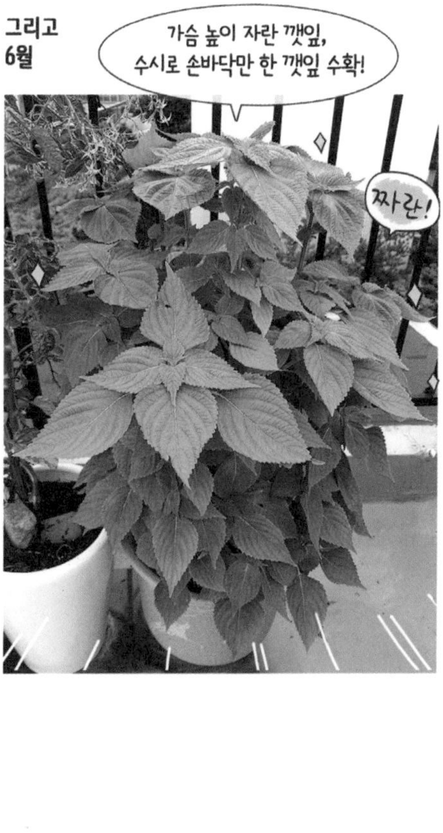

그리고 6월

가슴 높이 자란 깻잎, 수시로 손바닥만 한 깻잎 수확!

짜잔!

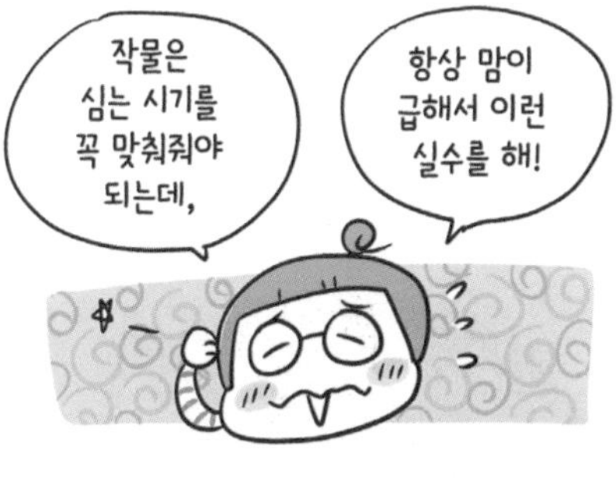

수확 1

깻잎 수확

제일 위의 크게 자란 잎부터 딴다.
6월 초~9월 초까지
일주일 간격으로 수확할 수 있다.

위쪽 보기 좋게 크게 자란 잎을 따면
바로 위 새잎이 또 크게 자란다.

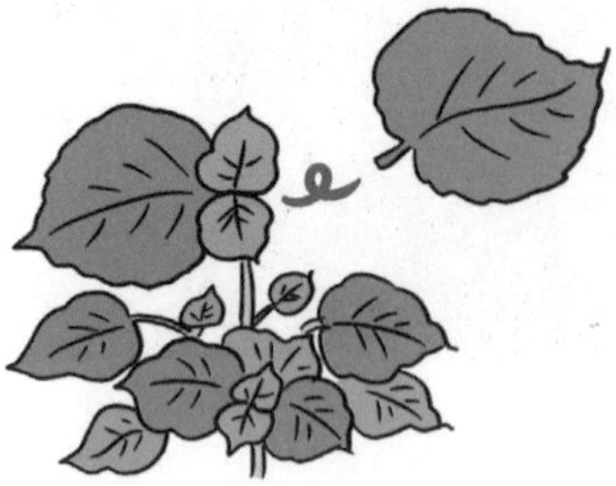

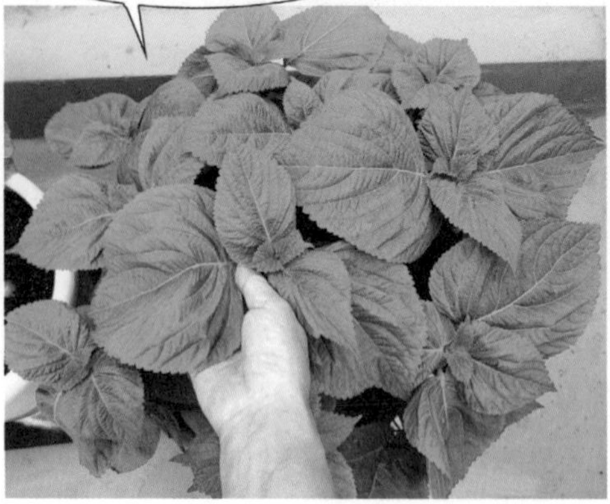

오랜 기간 자라고 수확하니 중간중간
오줌 액비 같은 질소질 웃거름을 주면 좋다.

수확 2

깻잎순 수확

밑의 곁가지를 따주면
위의 잎을 더 크게 키울 수 있다.

따낸 깻잎순,
곧 곁가지에서 다시 새순이 자라는 데
또 따서 나물로 먹는다.

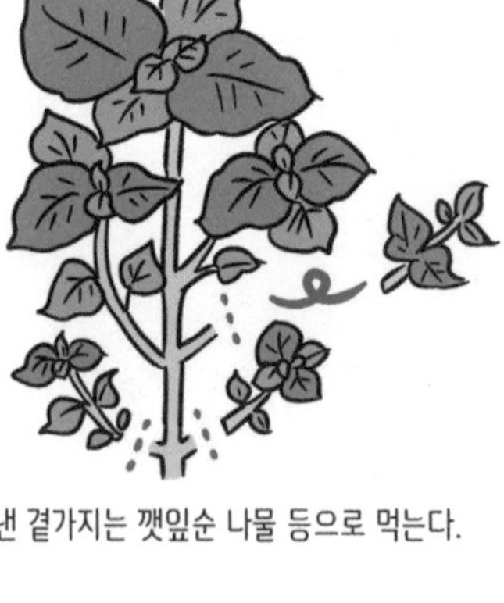

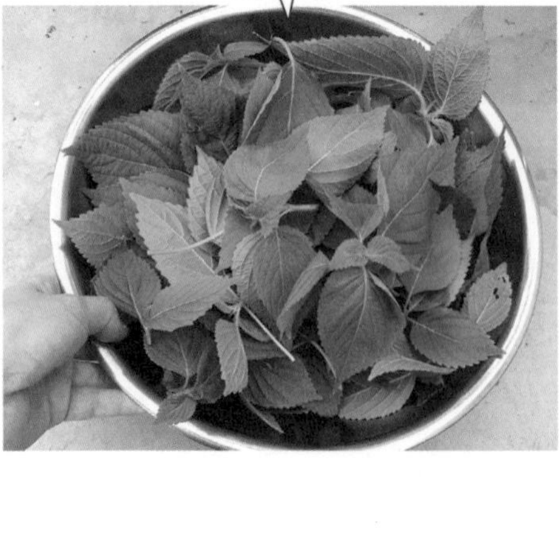

따낸 곁가지는 깻잎순 나물 등으로 먹는다.

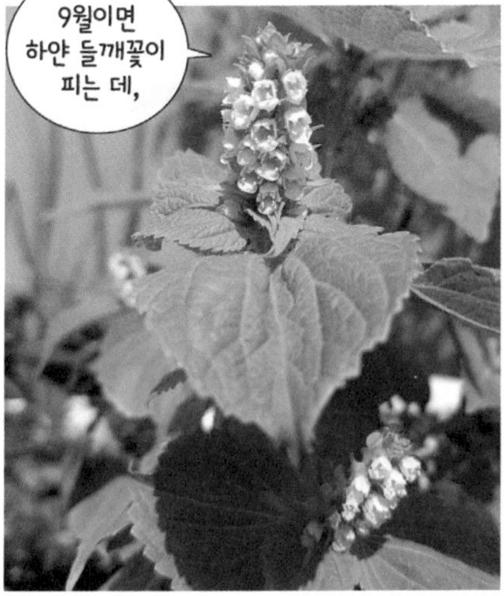

9월이면
하얀 들깨꽃이
피는 데,

꽃이 시들면 바짝 말려 부수어 **들깨**를 얻을 수 있다.
냉장 보관하여 다음 해 씨앗으로 쓴다.

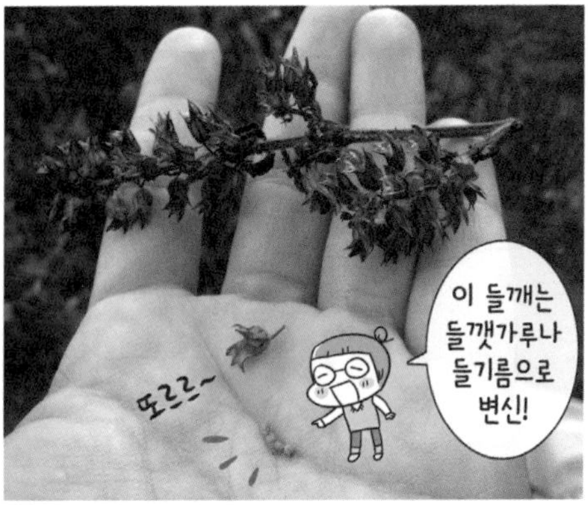

또르르~

이 들깨는
들깻가루나
들기름으로
변신!

🌱 들기름을 받으려면 깻잎을 20평 이상은 지어야 한다.

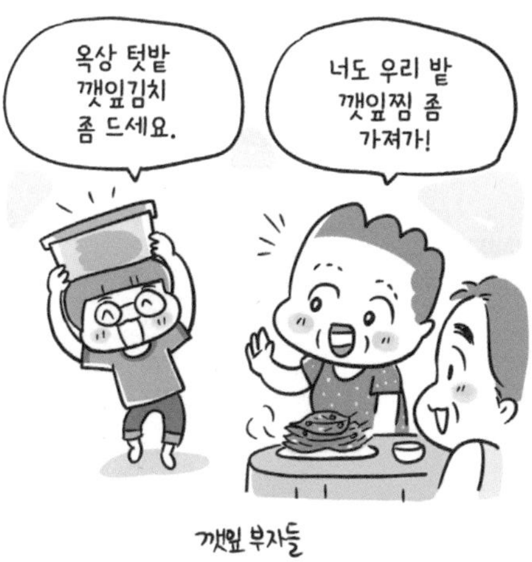

옥상 텃밭
깻잎김치
좀 드세요.

너도 우리 밭
깻잎찜 좀
가져가!

깻잎 부자들

손쉽게 만드는 액체 비료, 오줌 액비 만들기

사람이 음식을 먹으면 30%만 흡수하고 나머지는 다 배출, 그래서 똥오줌이 먹는 것보다 영양분이 더 많대요!

그래서 예로부터 발효된 똥오줌은 최고의 거름으로 귀하게 여겼어!

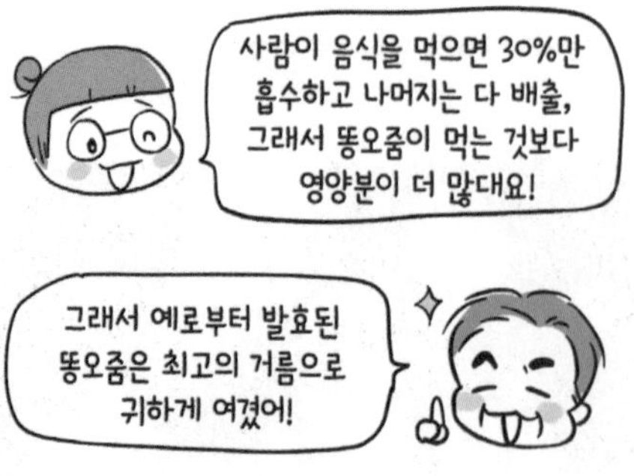

그중 집에서 만들기 쉬운 오줌 액비는 줄기와 잎의 성장을 돕는 질소질뿐 아니라 인산, 칼륨 등 작물에 필요한 무기질이 많이 들어 있다.

특히 파류와 잎채소류에 효과만점!! 대파·부추·배추·상추·쑥갓

오줌액비는 만들기도 쉬워!

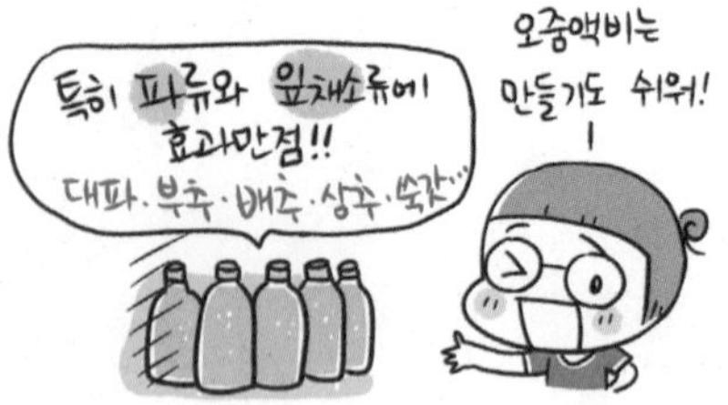

1. 재활용 통에 오줌을 받아 마개를 닫은 후 2주 동안 그늘진 곳에 둔다.

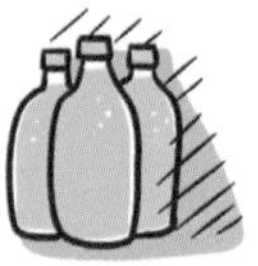

2주 동안 혐기성 발효를 한 오줌 액비는 요산이 중화되어 악취가 나지 않는다.

2. 물과 오줌 액비를 5:1로 섞어 사용하는 데, 어린 작물은 물을 더 섞어준다.

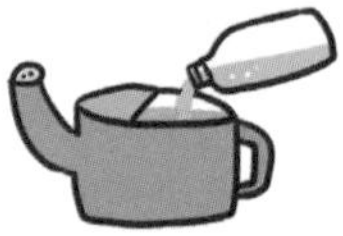

원액이 작물에 바로 닿으면 독해 잎이 타들어 갈 수 있으니 주의!

3. 1~2주에 1번씩 작물 사이사이에 준다. 바로 수확을 앞둔 작물엔 사용하지 않는다.

전 거름이 부족해 연두색 잎이 된 깻잎.

후 오줌 액비 웃거름 후 다시 자연스러운 녹색 잎으로!

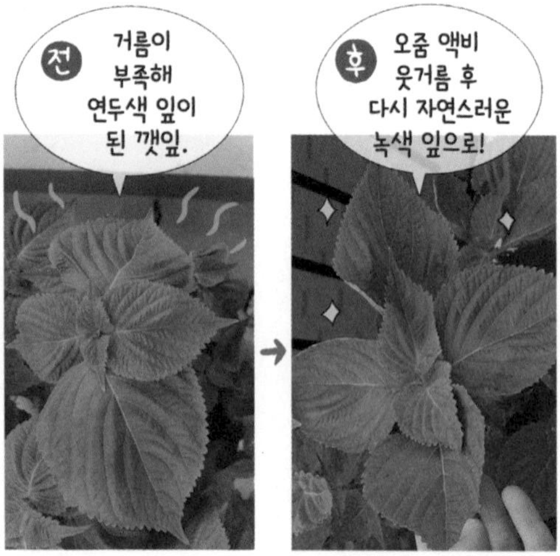

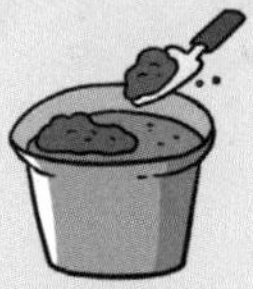

5월 어느 날

상추가 이제 크게 잘 자랐어요!

응!

저번에 뜯어가 먹었더니 얼마나 연하고 맛있던지!

세상에, 이런 맛이! 시장에서 산 거랑 맛이 달라!

그죠, 하우스가 아닌 이렇게 햇빛과 비를 직접 맞고 유기질 거름으로 자라면 맛이 정말 풍부해요!

* 자연스럽게 자란 맛
달고 시고 쓰고 맵고!

* 하우스 재배
달지만 싱거운 맛!

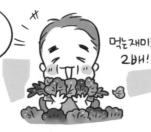

상추가 종류와 색깔별로 다양하게 자랐어!

먹는재미도 2배!

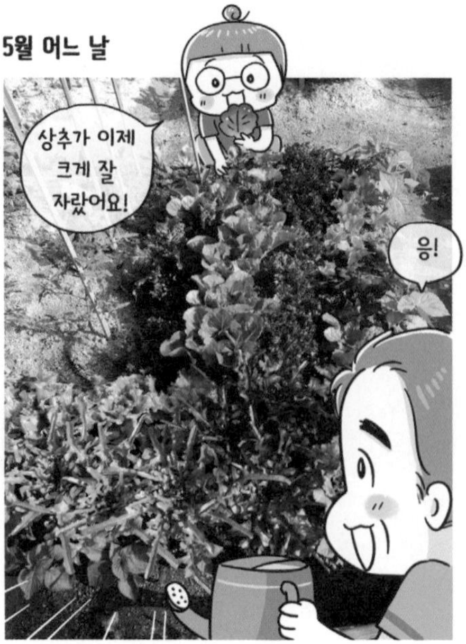

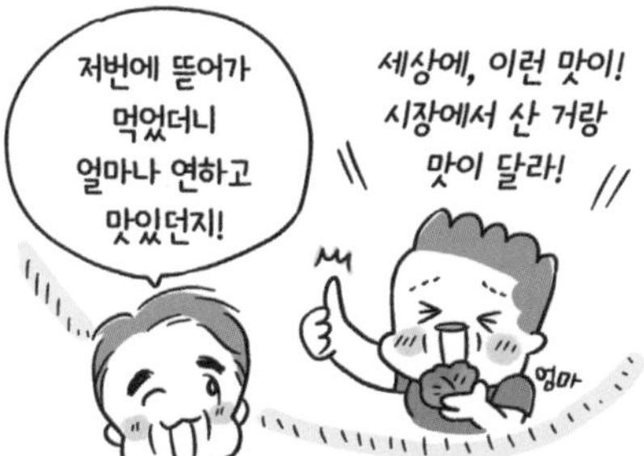

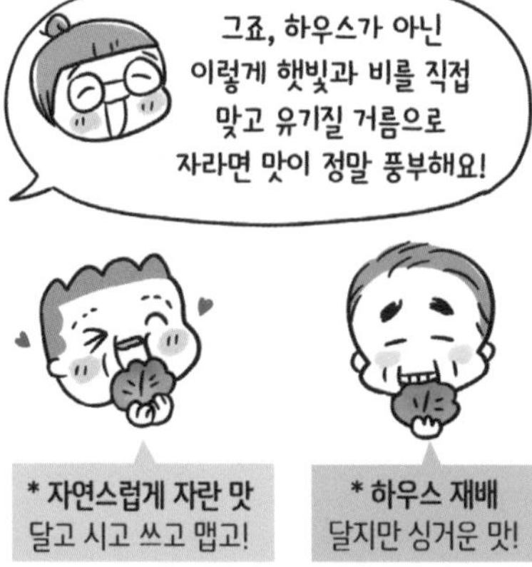

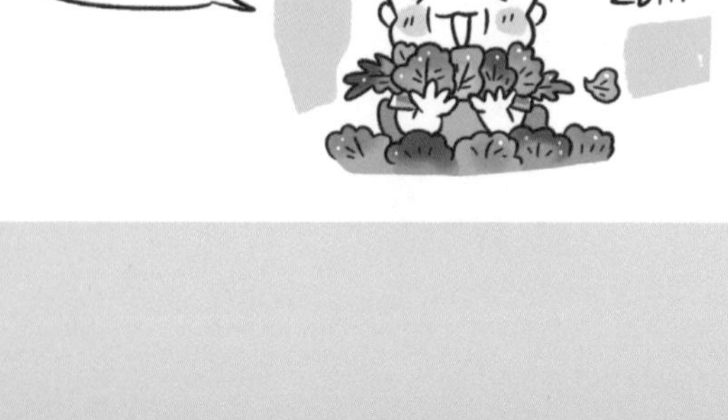

🌱 모종 가게에서 종류별로 골라 살 수 있다.
씨로 심을 때 6~10종류의 모듬 상추류 혼합 씨앗을 사면 좋다.

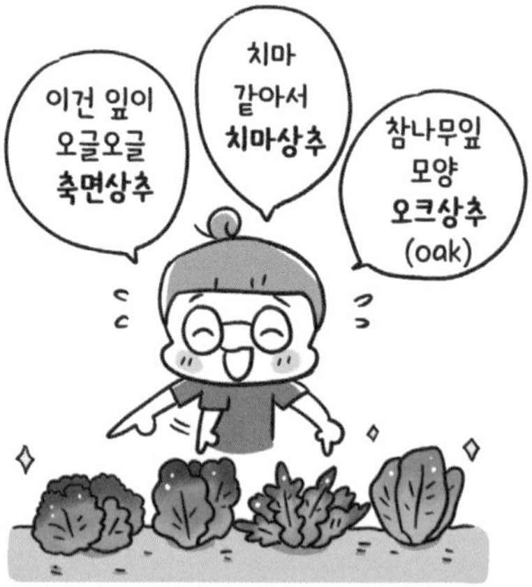
이건 잎이 오글오글 축면상추
치마 같아서 치마상추
참나무잎 모양 오크상추 (oak)

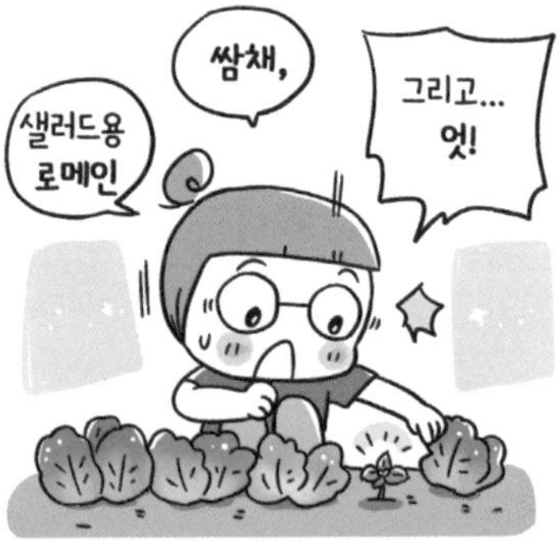
샐러드용 로메인
쌈채,
그리고... 엇!

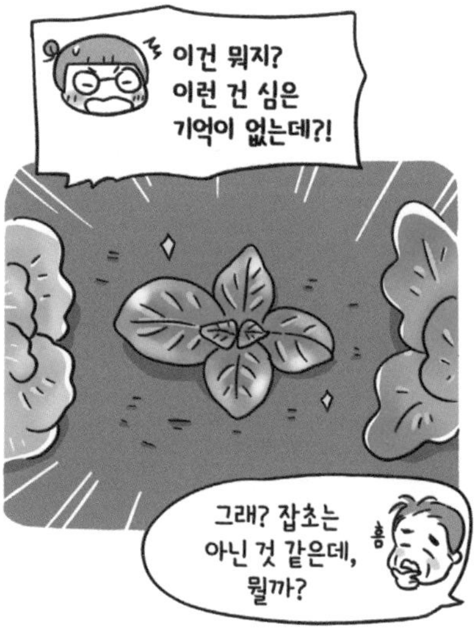
이건 뭐지? 이런 건 심은 기억이 없는데?!
그래? 잡초는 아닌 것 같은데, 뭘까?
흠

두 달 후 7월

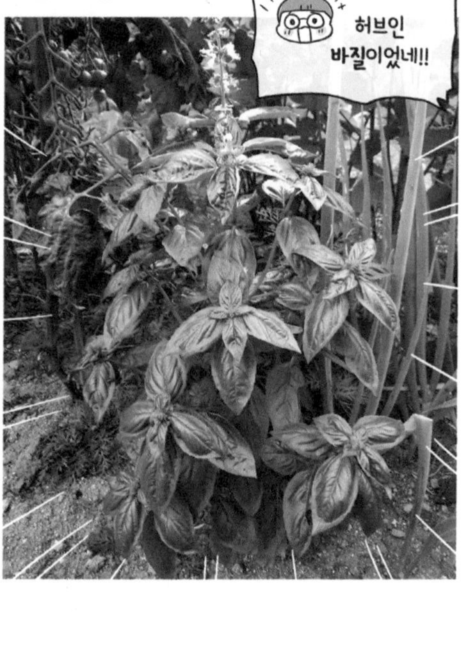
허브인 바질이었네!!

Chapter 03

바질 기르기
텃밭의 미스터리 허브

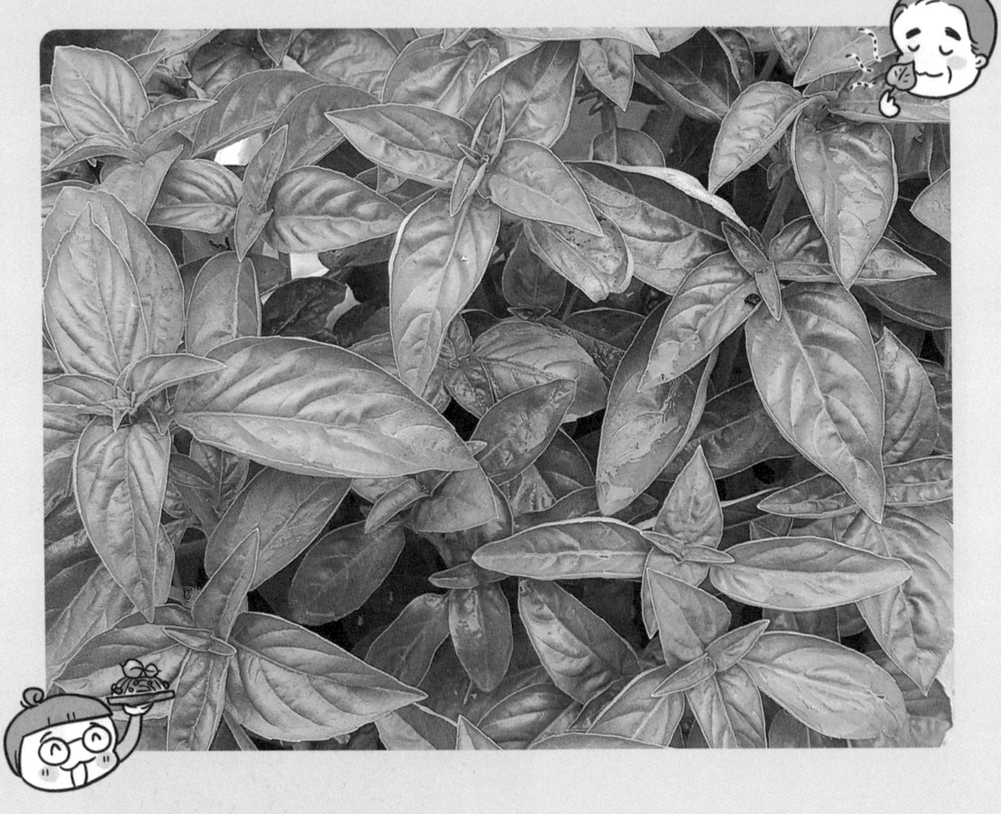

씨앗이 바람에 날아왔나?
옆 밭에서 몰래 나눠줬나?

오, 향이
독특하구나.

또각
또각

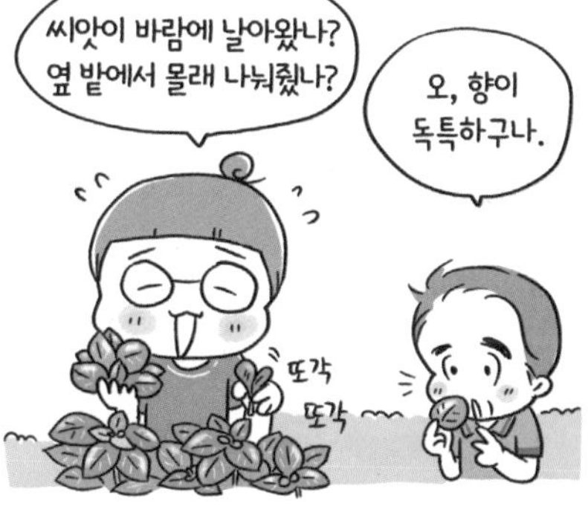

바질은 인도가 원산지인 허브! 고대 그리스 때
왕족이나 귀족들만 상처 치료에 쓰는
귀한 약초여서 바질이라 이름 붙여졌다.

황제가 쓰는 약초
그리스어로 황제는
바실레우스(basileus)

→

바질
(basil)

지금은 바질이 서양 요리에 쓰임이 많아
'주방의 황제'라는 별명으로 불린다.

스파게티
에도 넣고,

피자에도
넣고!

이렇게 향이 나는
서양 식물을
허브라고 하지?

아니 아니~
서양의 허브 식물을 이용하면서
허브 단어가 알려져 그렇지,
허브의 원래 뜻을 알면 우리
가까운 데 허브가 많아요.

원래 허브는 '풀'의 뜻인
라틴어 '헤르바'에서 나온 말인데,
이 단어는 식물, 잡초, 약초를 뜻해요.

라틴어
Herba
헤르바

→

Herb
허브

약초!

네, 고대 서양에서 약초와 향료를
허브라 했는데, 지금은 사람에게
유용하게 쓰이는 향기 있는 식물을
통틀어 허브라 해요.

전 세계
2,500여 종의
허브 식물

약초
향채류
향신료
차
화장품 등으로 이용

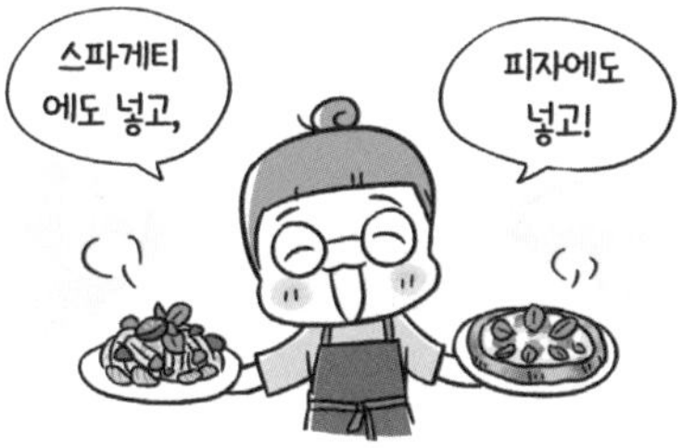

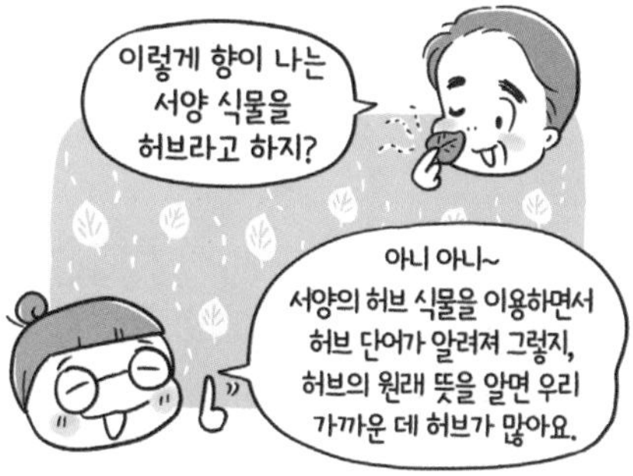

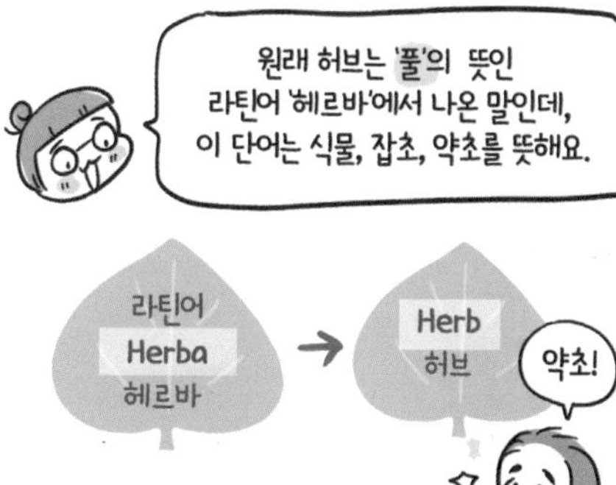

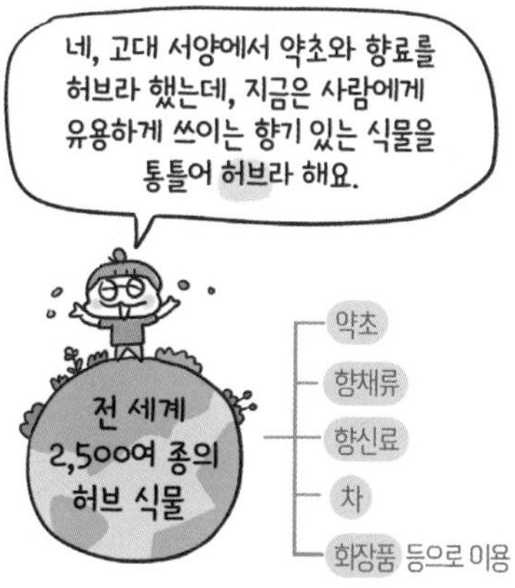

사람에게 유용하게 쓰임 되는 거라면, 우리나라에 약초며 나물이며 얼마나 많게요.

오, 산과 들이 토종 허브 동산!

쑥 냉이 달래

우리가 거의 매일 먹는 파, 마늘, 고추 등의 향채류도 허브,

인삼, 생강, 오미자 같이 몸에 이로운 약용 식물들도 허브!!

그럼 우리 밭에도 허브가 있네!

바로 향이 나는 채소, 쑥갓이랑 깻잎!

맞아요!

바질은 쑥갓 키우기와 같아서 꽃이 피기 전에 부지런히 잘라 먹어야 해요!

아, 꽃이 피면 잎이 맛이 없어지니까!

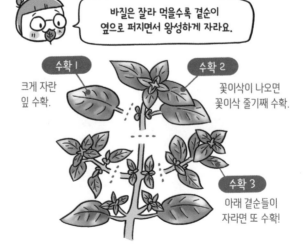

바질은 잘라 먹을수록 곁순이 옆으로 퍼지면서 왕성하게 자라요.

수확 1
크게 자란 잎 수확.

수확 2
꽃이삭이 나오면 꽃이삭 줄기째 수확.

수확 3
아래 곁순들이 자라면 또 수확!

수시로 수확한 바질은 깨끗이 씻어 요리에 생으로 바로 넣어 먹어도 되고,

그늘에서 바짝 말려 가루로 갈아 보관하면 1년 내내 필요할 때마다 쓸 수 있어요.

냉동 보관!

허브류는 잡초같이 번식이 강해서 어디서든 잘 자라요. 여기저기 쑥같이!

그러고보니 우리 점심 도시락도 허브 천지네!

화분에서 바질 기르기

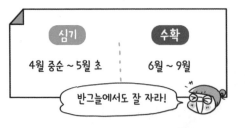

심기	수확
4월 중순 ~ 5월 초	6월 ~ 9월

반그늘에서도 잘 자라!

바질과 같은 허브는 기르기가 쉬워, 어느 정도 해가 비치고 건조하지 않으면 어디서든 잘 자란다.

바질씨.

1

바질은 충분히 날이 따뜻해 진 4월 말쯤 뿌리는 데, 야생성이 강해 자투리 공간에 대충 흩어뿌려 심어도 잘 자란다.

부드럽고 넓은 잎이 특징인 스위트 바질.

2

바질 씨를 화분에 흩어뿌려 심고, 싹이 나면 중간중간 솎아 자리를 넓혀준다. (최종 포기 간격 10~20cm.)

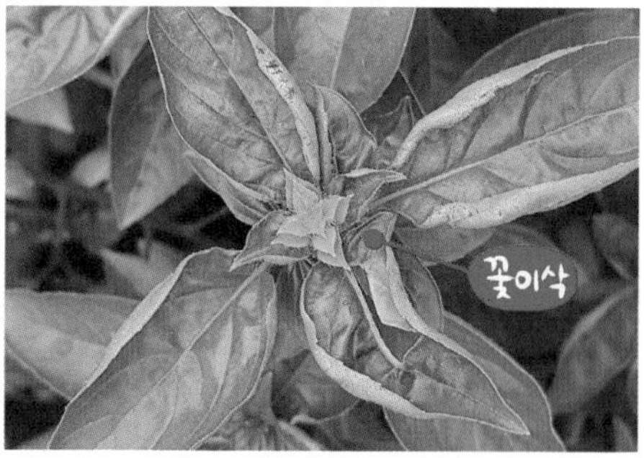

꽃이삭

크게 자란 잎부터 수확한다. 6월부터 꽃이삭이 나오는 데, 꽃이삭 줄기째 순지르기 겸 잘라 수확한다.

* 꽃이 피면 영양이 꽃으로 다 가서 잎이 작아지고 맛과 향도 떨어짐을 명심!

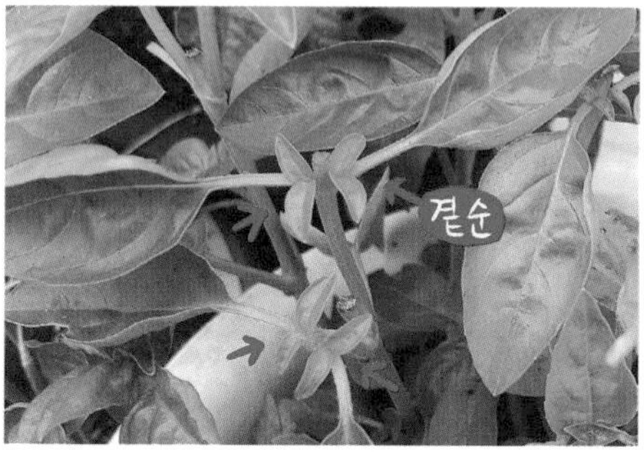

곁순

자른 줄기 사이사이로 곁순들이 곧 크게 자란다. 또 꽃이 피기 전에 줄기째 수확한다.

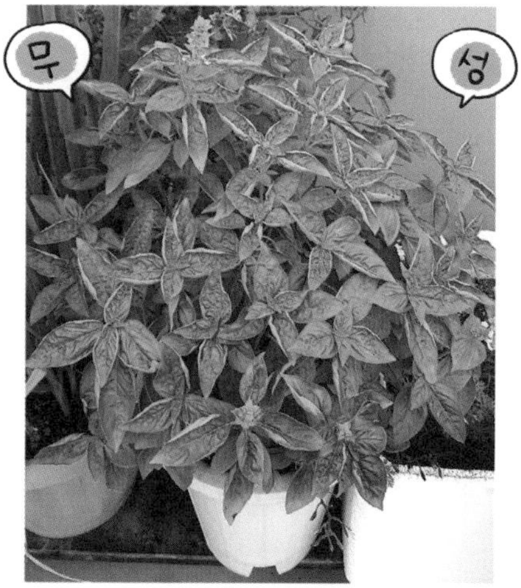

무 성

8월, 곁순들이 왕성하게 자라 덩치는 더욱 커지고 수확량도 많아진다.

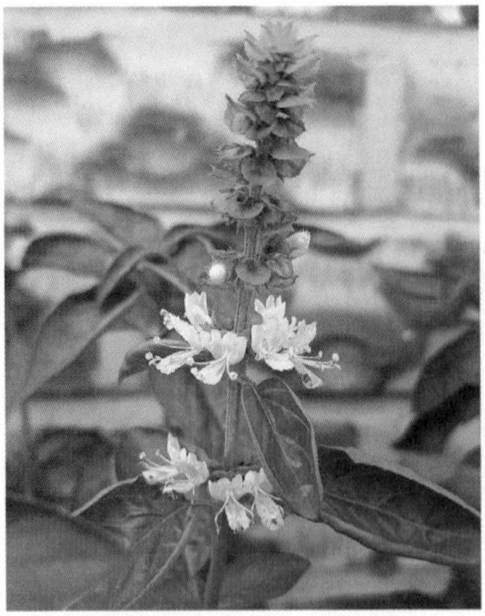

6

9월, 길어진 꽃이삭 아래부터 차례로 피어나는 하얀 바질꽃.

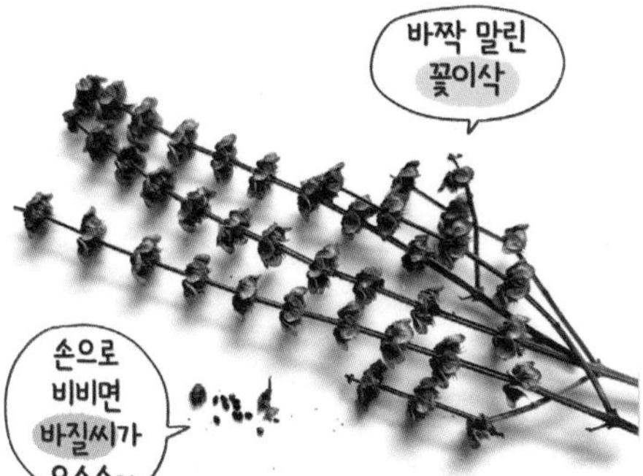

바짝 말린 꽃이삭

손으로 비비면 바질씨가 우수수~

7

11월 초, 꽃이 지고 바짝 갈색으로 마르면 잘라서 밀봉 보관해 다음 해 씨앗으로 쓴다.

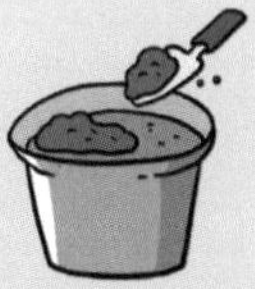

16세기 토마토가
남미에서 유럽으로 전해졌을 때,

유럽인들은 독 열매인 줄 알고
백 년이 넘게 관상용으로
보기만 했다지.

너도 관상용 아니야?

좀 따 먹자!
매일 보기만 하고~

이렇게 예쁜 걸 어떻게 따?
안 해, 못해!!

그렇게 내가 방울토마토를 처음 길렀을 때
기르는 재미, 보는 재미가
너무 커서

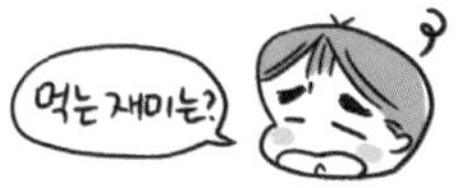

아빠 베란다에 한 포기 심어드렸다.

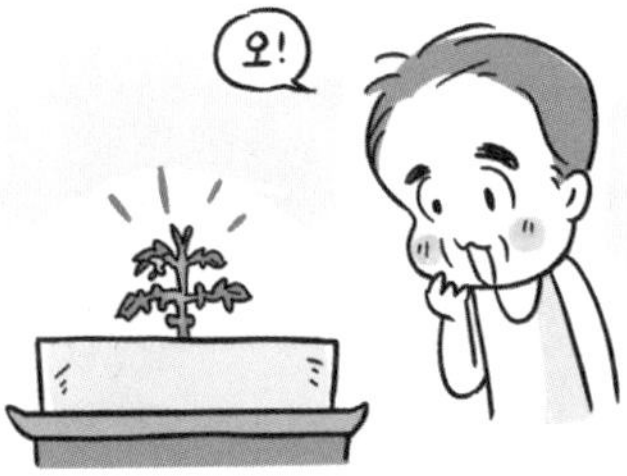

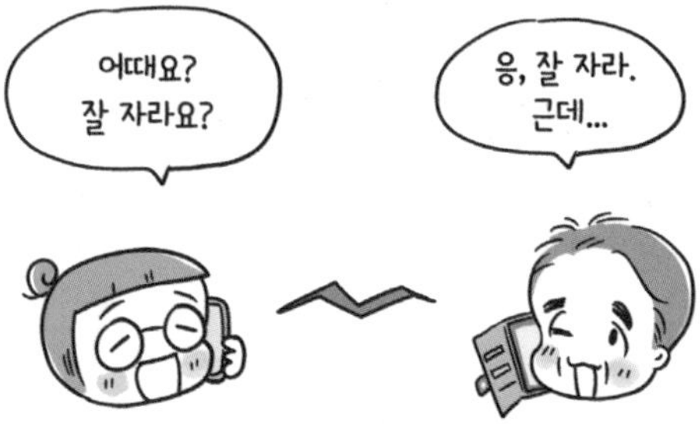

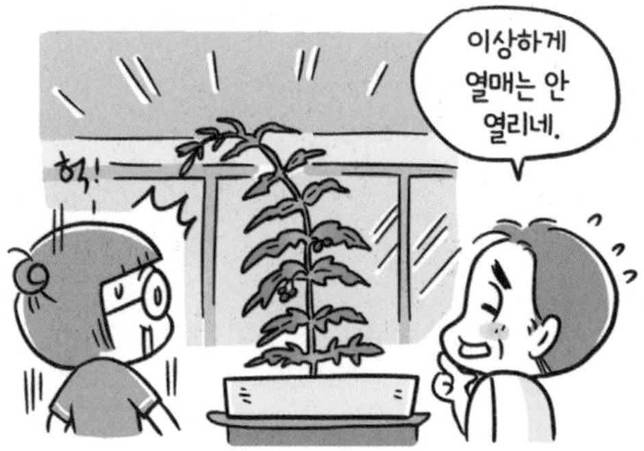

나중에 가서 보니 아빠의 방울토마토는
두어 개 열매만으로 천장까지 닿아 있었다.

Chapter 07

방울토마토 기르기
텃밭 최고 재미

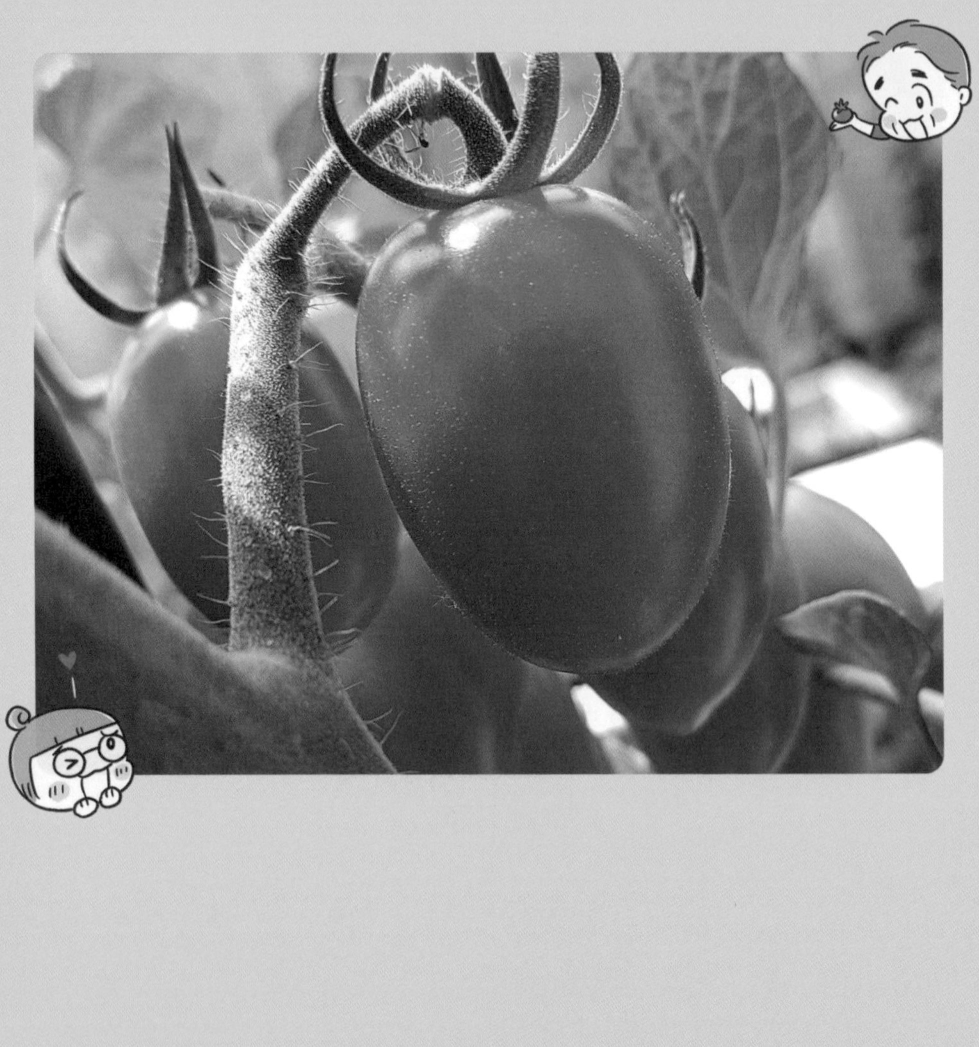

그때 아빠랑 제대로 같이 토마토 길러봤으면 했는데, 이렇게 소원을 푸는 날이 오네!

오, 토마토 모종?!

토마토 같은 열매채소류들은 보통 씨를 뿌리지 않고 모종을 구입해 심어요.

여러 개의 꽃봉오리

짙은 초록 잎

줄기가 굵고 마디 사이가 짧다.

쌍떡잎이 달려 있다.

좋은 모종

토마토, 고추, 오이 같은 열매채소류는 모종까지 기르는 게 2개월 이상 걸리고 전문적인 관리가 필요하기 때문에 일반인은 씨보다 모종부터 시작!

왕토마토 모종

방울토마토 모종

열매 모종은 너무 이르게 심으면 냉해로 약해져 죽을 수 있으니,

꼭 충분히 따뜻해진 재배 적기인 4월 말~5월 중순에 심어야 해요!

← 30~40cm →

🌱 모종 심는 방법은 챕터 3 상추 기르기 참고!

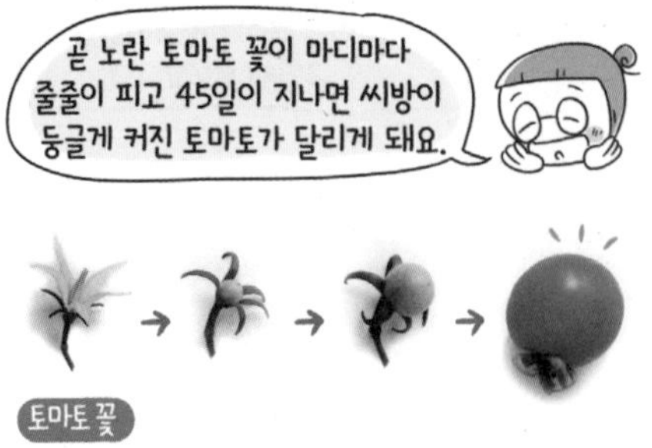

곧 노란 토마토 꽃이 마디마다 줄줄이 피고 45일이 지나면 씨방이 둥글게 커진 토마토가 달리게 돼요.

토마토 꽃

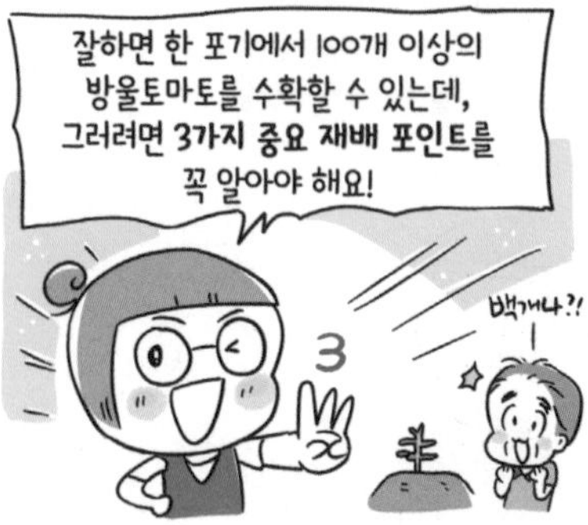

잘하면 한 포기에서 100개 이상의 방울토마토를 수확할 수 있는데, 그러려면 3가지 중요 재배 포인트를 꼭 알아야 해요!

3

백개나?!

I. 지주 세우기

토마토는 스스로 곧게 설 수 없다. 열매를 상하지 않게 기르려면 지주로 유인해 묶어주어야 한다.

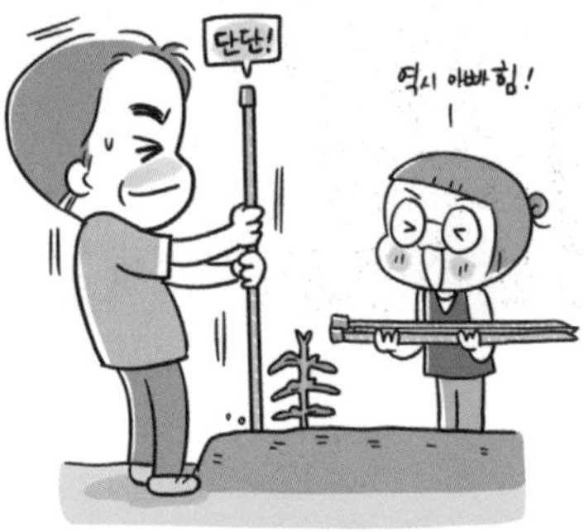

단단!

역시 아빠힘!

모종을 심고 뿌리가 다치지 않을 거리에 1.5m 이상 길이의 지주를 깊이 박는다. 점점 열매가 많아 무거워질수록 지주대를 더 댈 수 있다.

끈으로 묶을 땐 여유 있게 8자로 묶고, 이후 키가 자랄수록 위로 4~5 군데 더 묶어준다.

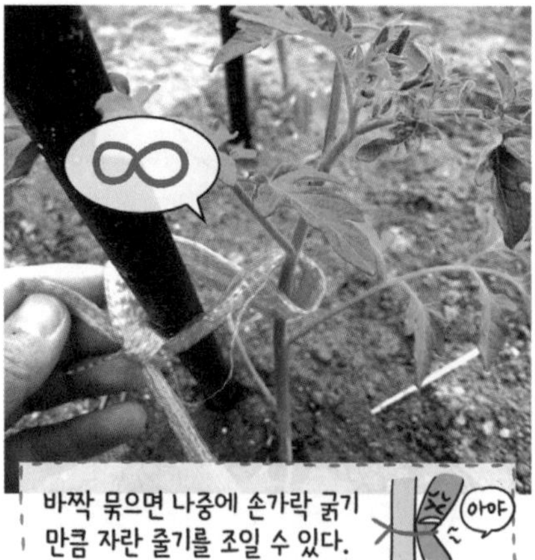

∞

바짝 묶으면 나중에 손가락 굵기 만큼 자란 줄기를 조일 수 있다.

아야

2. 곁순 따기

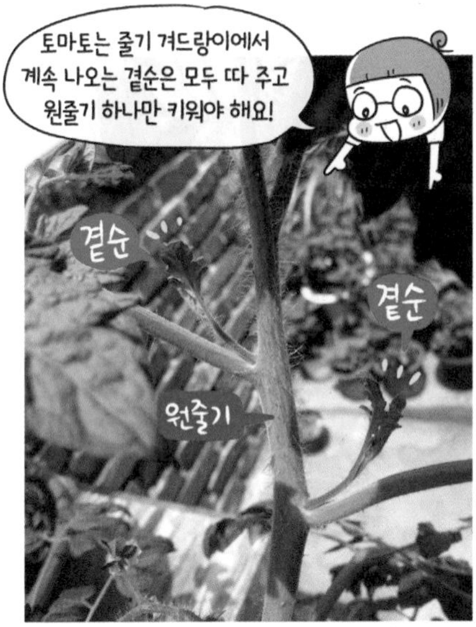

토마토는 줄기 겨드랑이에서 계속 나오는 곁순은 모두 따 주고 원줄기 하나만 키워야 해요!

곁순

곁순

원줄기

곁순을 그냥 두면 잎을 키우느라 양분이 다 소모되어 전체적으로 열매가 적게 달리고 잎만 무성해진다.

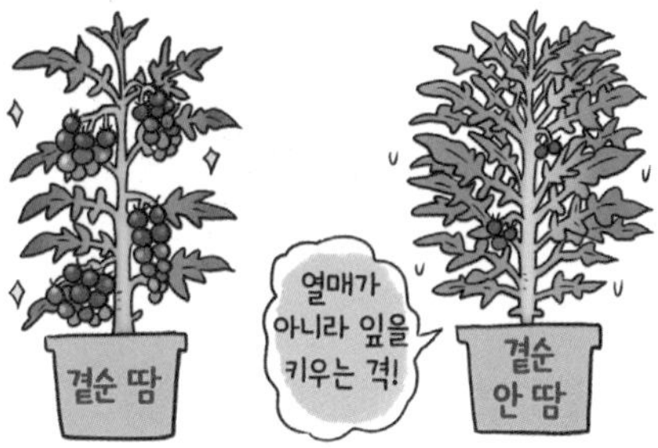

열매가 아니라 잎을 키우는 격!

곁순 땀

곁순 안 땀

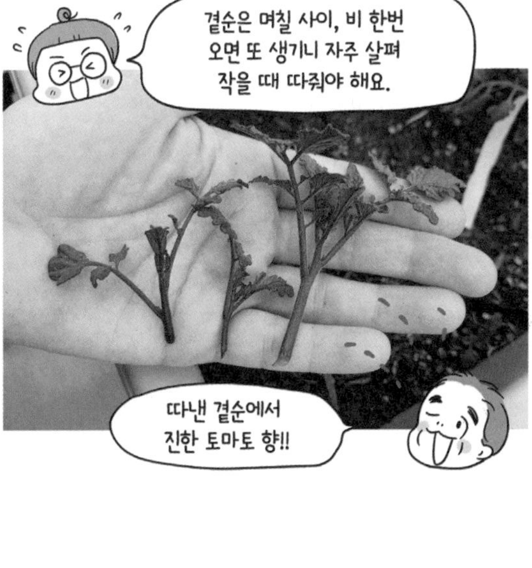

곁순은 며칠 사이, 비 한번 오면 또 생기니 자주 살펴 작을 때 따줘야 해요.

따낸 곁순에서 진한 토마토 향!!

6월 중순

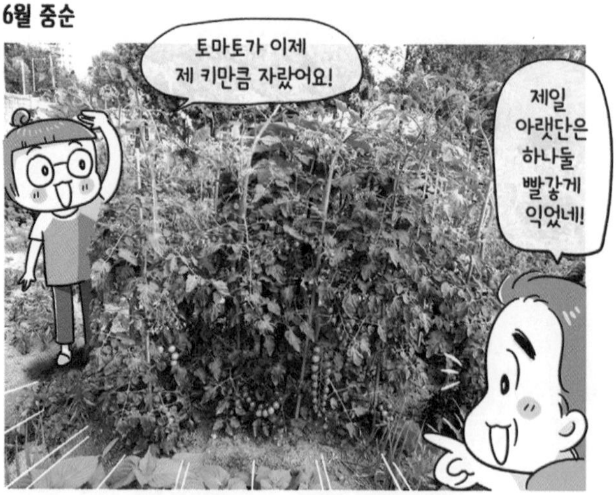

토마토가 이제 제 키만큼 자랐어요!

제일 아랫단은 하나둘 빨갛게 익었네!

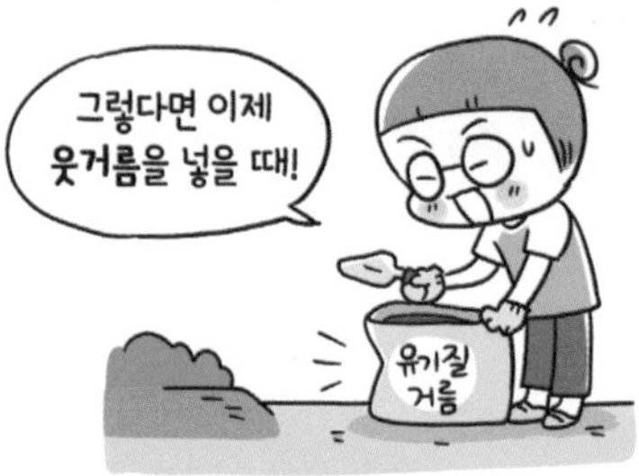

그렇다면 이제 웃거름을 넣을 때!

유기질 거름

토마토 같은 열매채소는 초가을까지 열매가 계속 달리기 때문에 심기 전에 넣은 밑거름만으론 양분이 부족하다.

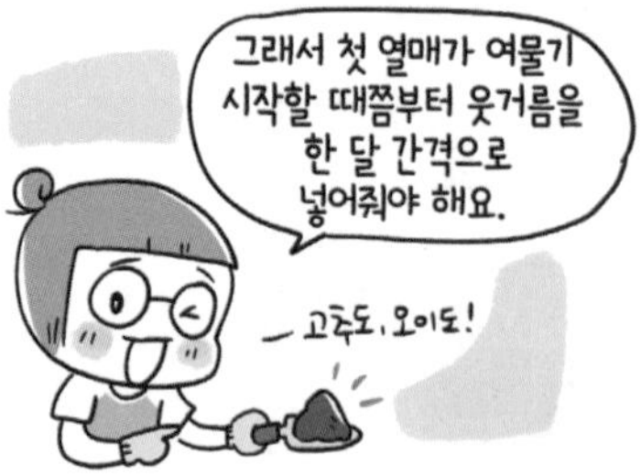

그래서 첫 열매가 여물기 시작할 때쯤부터 웃거름을 한 달 간격으로 넣어줘야 해요.

고추도, 오이도!

❦ 밑거름 - 작물 심기 전 넣는 기초 거름.
　웃거름 - 작물 자라는 중간중간 주는 추가 거름.

웃거름을 줄 때는 작물의 뿌리에 직접 닿지 않는 곳에 골을 내서 완숙 퇴비를 한 주먹씩 넣고 흙으로 덮어준다.

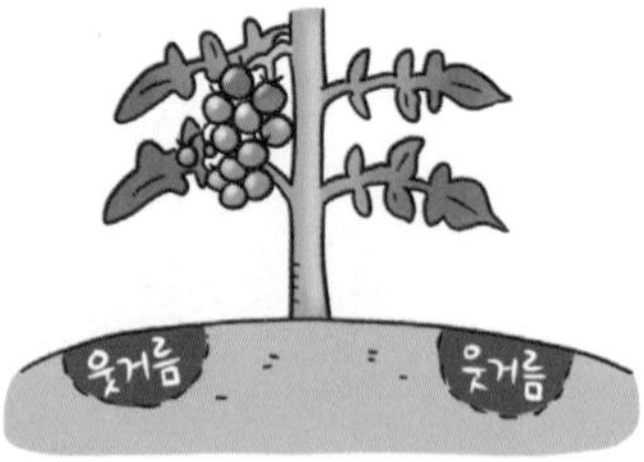

웃거름　　　　웃거름

❦ 거름은 밖으로 노출되면 공기 중 산화, 손실되니 꼭 흙으로 덮거나 섞어주어야 한다.

7월

이야~ 방울토마토가 주렁주렁!

햇빛을 많이 받을수록 붉은색이 선명해지니까 혼잡하게 겹친 아랫잎과 시든 잎을 정리해도 좋아요.

3. 순 지르기

어느 정도 자란 이때쯤 키로 영양이 분산되지 않도록 맨 꼭대기 순을 잘라야 해요.

또각!

5
4
3
2
1

🌱 보통 왕 토마토는 5단, 방울토마토는 7단 정도까지 기르고 원줄기 순을 지른다.

순을 지를 땐 맨 위 2개 정도의 잎을 남기고 원줄기를 잘라내 키를 제한한다.

또각!

아, 예전 내가 베란다에서 길렀을 때 순지르기를 안 하고 천장까지 키를 키워서 열매가 잘 안 맺혔구나!

햇빛이 모자라 웃자랄 수도 있어요. 토마토는 해를 많이 받아야 제대로 자라거든요.

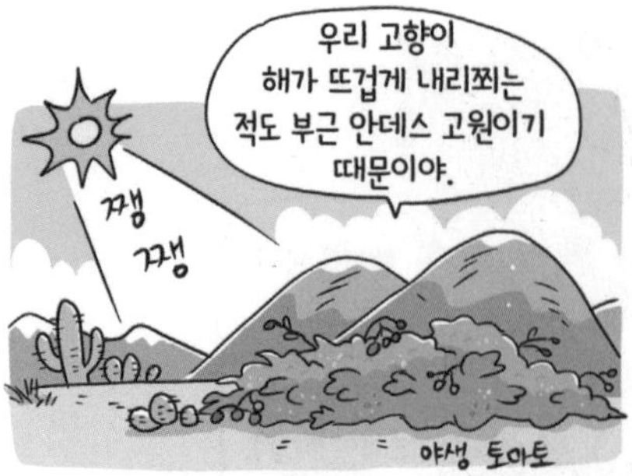

우리 고향이 해가 뜨겁게 내리쬐는 적도 부근 안데스 고원이기 때문이야.

쨍 쨍

야생 토마토

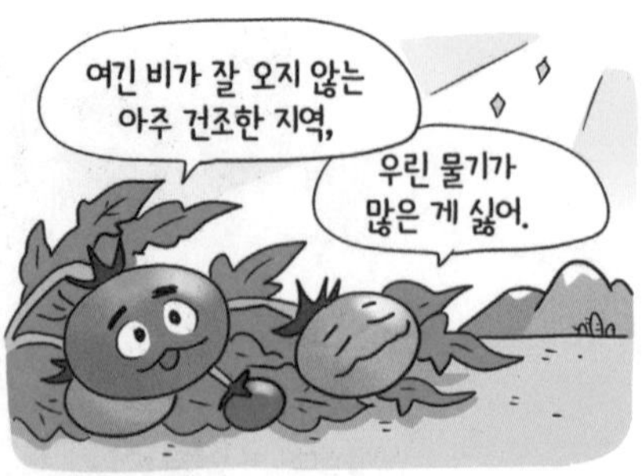

여긴 비가 잘 오지 않는 아주 건조한 지역,

우린 물기가 많은 게 싫어.

그래서 가물다가 물을 많이 주거나 비가 오게 되면 과도한 수분으로 껍질이 터져버리는구나!

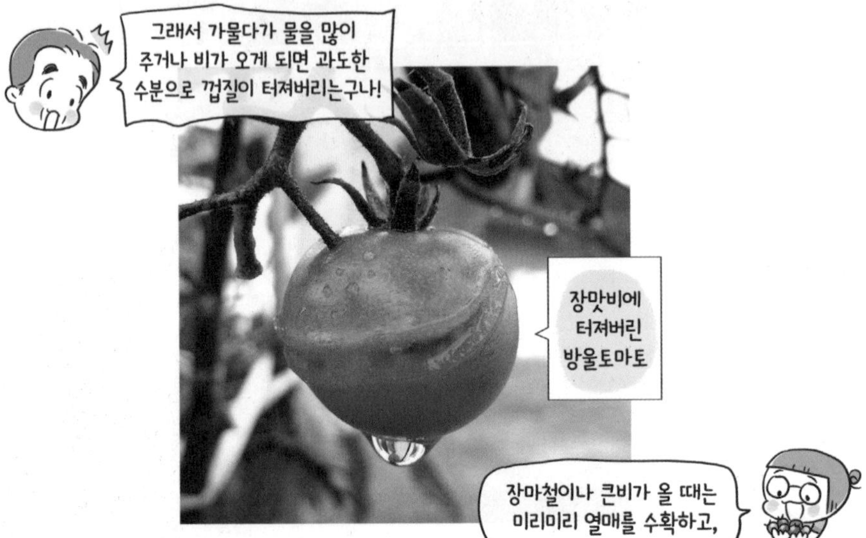

장맛비에 터져버린 방울토마토

장마철이나 큰비가 올 때는 미리미리 열매를 수확하고,

평소 물주기도 겉흙이 바짝 마를 때까지 기다렸다가 주는 게 좋아요.

와, 싱싱해!

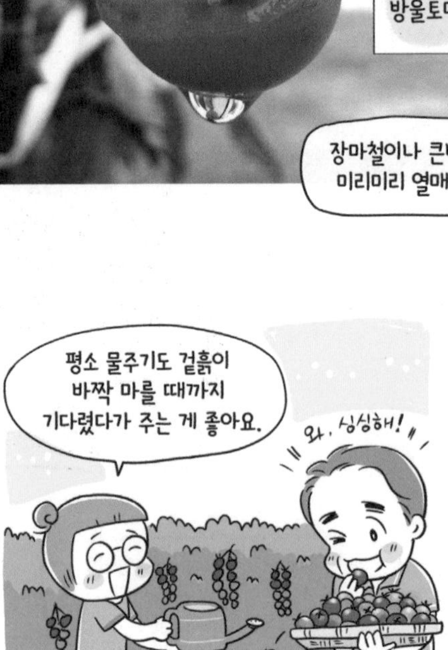

80

텃밭을 하고부터 매일 습관처럼
보게 되는 게 있는데,

그건 바로 일기예보!

거기다 비가 하루 적당히 오면 사람이 며칠
물 주는 것보다 한번에 작물이 쑥 큰다.

오늘 오후에
비가 온대요!

그래?
물 주러
가지 않아도
되겠구나!

비가 오게 되면 무거운 물동이를
들지 않아도 되니 얼마나 편하고 반가운지!

왓, 비 한번에
확 커서 남의 밭 같네!

쑥 쑥—

충분한 수분 공급도
되는 데다,
빗물엔 각종 미네랄과 공기 중
질소 성분이 소량 녹아 있어
식물영양에 좋대요.

어라, 여기!!

토마토 곁순이 그사이
이렇게나 많이 나왔어!

곁순

곁순

곁순

곁순

🌱 질소 - 식물의 잎과 줄기 발육에 가장 많이 필요로
하는 영양소로 식물체의 단백질 원료가 된다.

Chapter 08

토마토 기르기
짭짤이, 대추 등 여러 가지 토마토

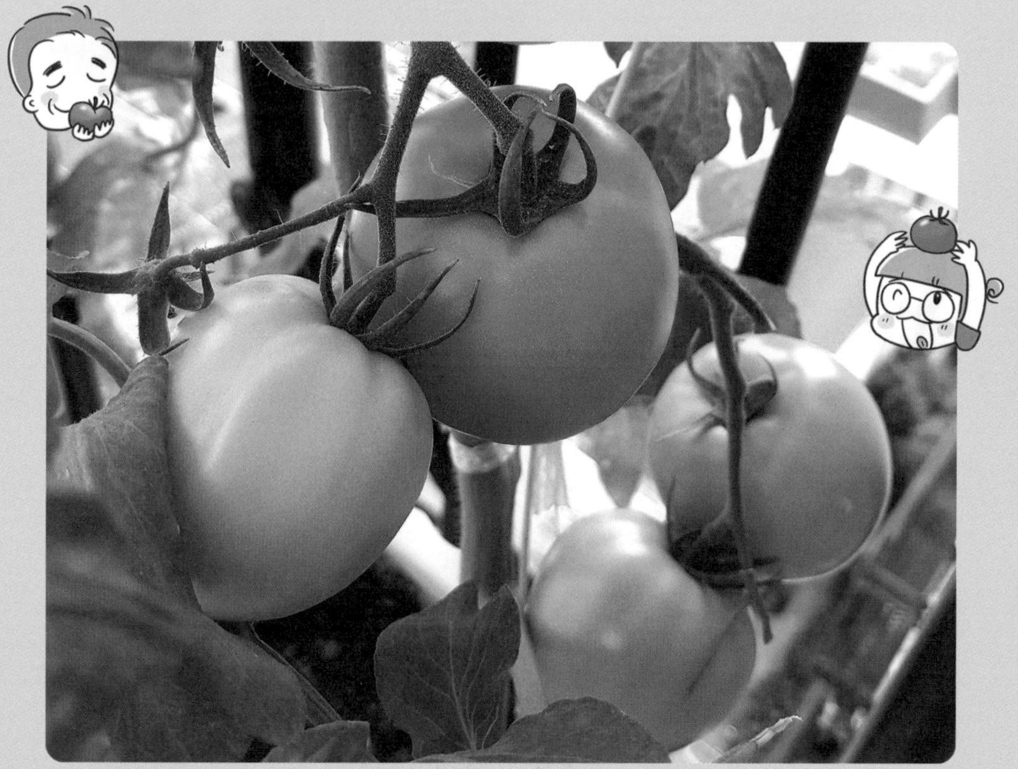

💚 챕터 7 방울토마토 기르기 참고!

💚 여기서 주의!
너무 늦은 시기에
곁순을 기르면
가을 찬 날씨에
열매가 빨개지지 않는다.
토마토의 빨간색 색소는
20~24도에서 발현.

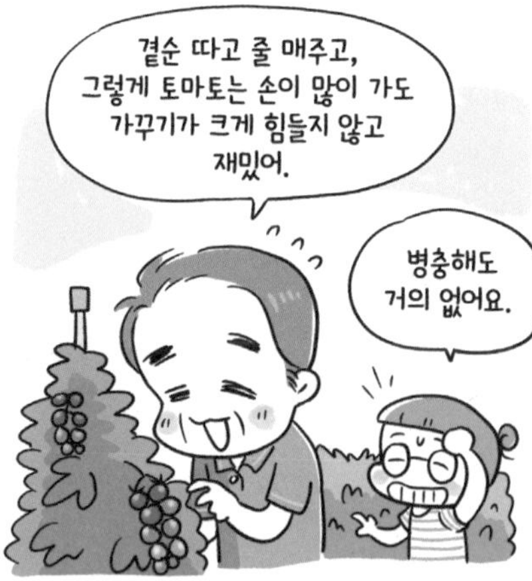

겉순 따고 줄 매주고, 그렇게 토마토는 손이 많이 가도 가꾸기가 크게 힘들지 않고 재밌어.

병충해도 거의 없어요.

거기다 알록달록 다양한 토마토 열매를 수확하고 맛보는 재미까지!

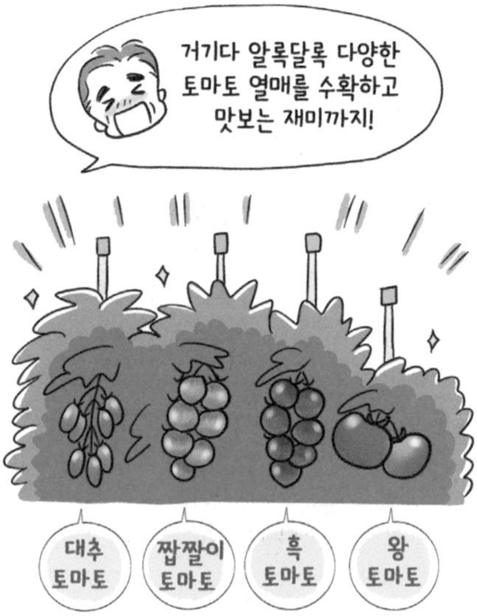

| 대추 토마토 | 짭짤이 토마토 | 흑 토마토 | 왕 토마토 |

대추토마토

길쭉한 원통 모양의 식감과 단맛이 좋은 대추토마토는 방울토마토와 기르는 방법이 같다.

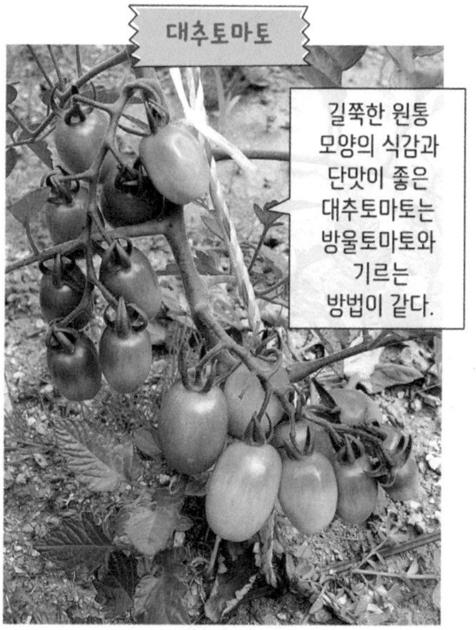

대추토마토는 색도 다양해서 색깔별로 한 포기씩만 길러도 텃밭이 색색의 보석을 달아놓은 것처럼 화사해져요.

주황, 노랑 - 베타카로틴 풍부, 눈 건강, 피부 미용

흑 - 안토시아닌 및 무기질이 풍부

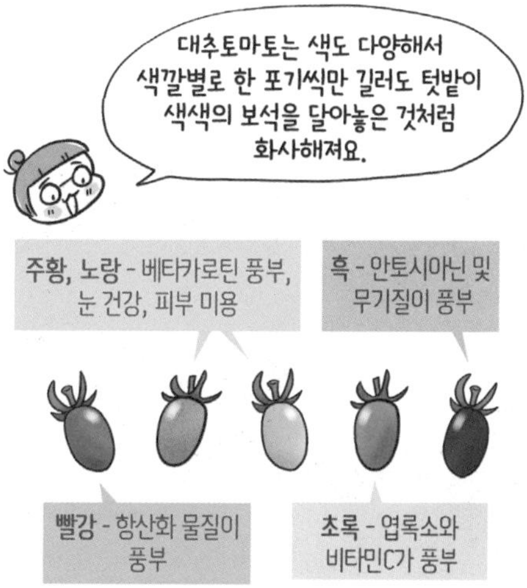

빨강 - 항산화 물질이 풍부

초록 - 엽록소와 비타민C가 풍부

여기 이 중간 크기의 토마토들은 이제 다 자란 거지?

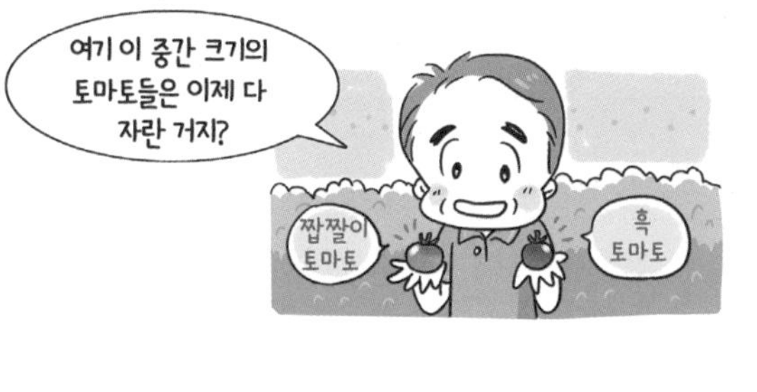

짭짤이 토마토

흑 토마토

짭짤이토마토

짭짤이토마토는 바닷물이 유입되는 토양에서 자라 이름 그대로 맛이 짜고 달고 신 풍성한 맛을 갖고 있다.

짭짤이토마토의 산지가 부산 대저동이라 '대저토마토'라고도 한다.

단단해서 씹는 맛도 좋은 짭짤이토마토는 초록색과 빨간색을 같이 띠고 있을 때가 제일 맛있어요.

너무 빨갛게 익으면 짭짤한 맛과 씹는 식감이 떨어져.

흑토마토

흑색의 흑토마토, 갈라파고스제도에서 자생하는 검은색 토마토를 영국에서 쿠마토라는 상품명으로 품종 개발한 토마토.

속도 검붉은색!

흑토마토는 일반 토마토보다 노화 방지에 좋은 항산화 물질이 2배나 더 많다고 해요.

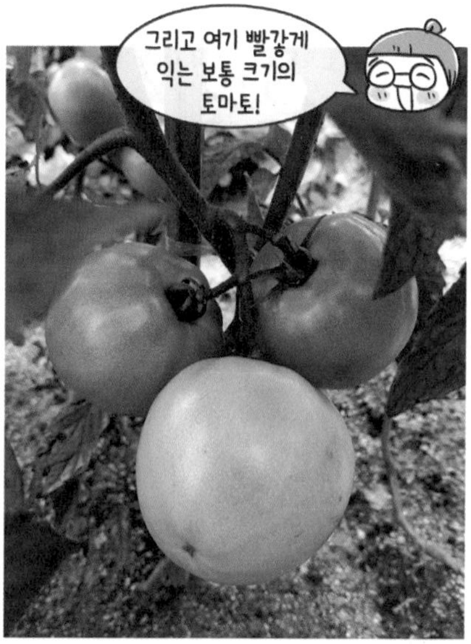

그리고 여기 빨갛게 익는 보통 크기의 토마토!

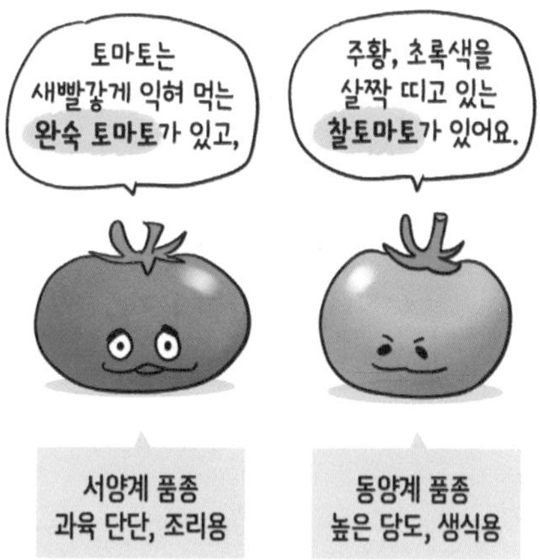

토마토는 새빨갛게 익혀 먹는 완숙 토마토가 있고,

서양계 품종
과육 단단, 조리용

주황, 초록색을 살짝 띠고 있는 찰토마토가 있어요.

동양계 품종
높은 당도, 생식용

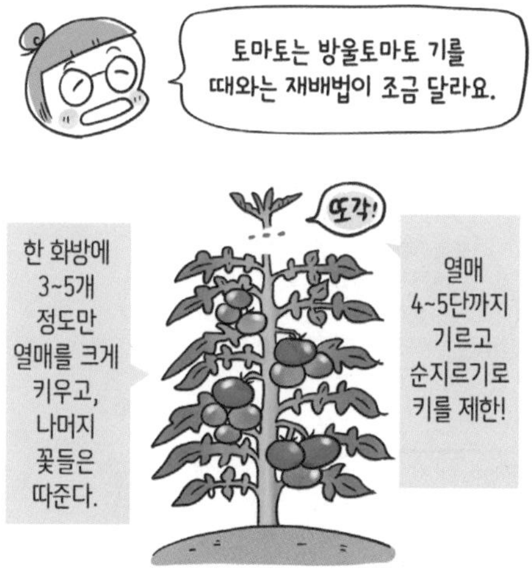

토마토는 방울토마토 기를 때와는 재배법이 조금 달라요.

한 화방에 3~5개 정도만 열매를 크게 키우고, 나머지 꽃들은 따준다.

또각!

열매 4~5단까지 기르고 순지르기로 키를 제한!

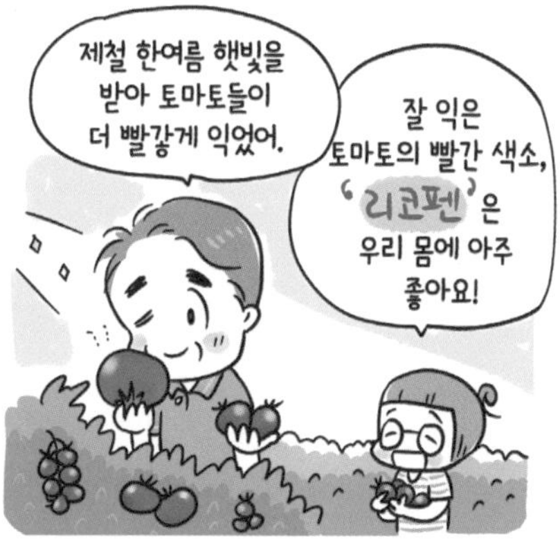

제철 한여름 햇빛을 받아 토마토들이 더 빨갛게 익었어.

잘 익은 토마토의 빨간 색소, '리코펜'은 우리 몸에 아주 좋아요!

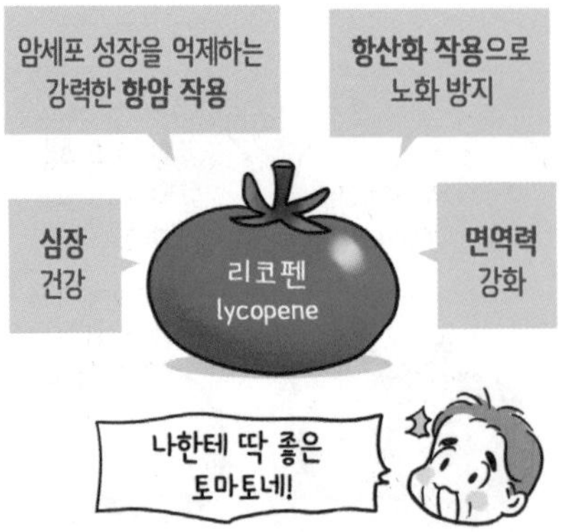

암세포 성장을 억제하는
강력한 **항암 작용**

항산화 작용으로
노화 방지

심장
건강

리코펜
lycopene

면역력
강화

나한테 딱 좋은
토마토네!

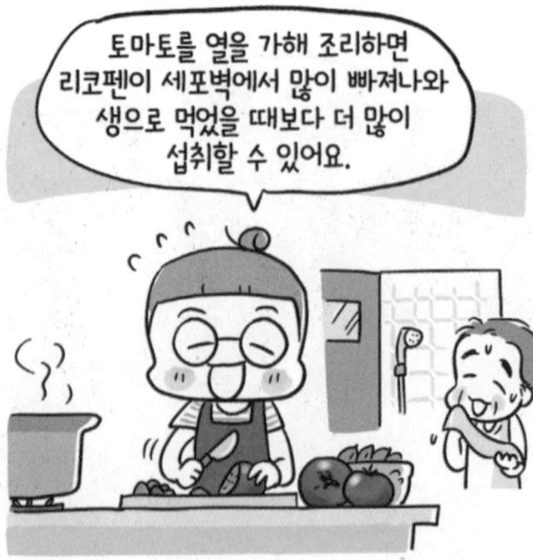

토마토를 열을 가해 조리하면
리코펜이 세포벽에서 많이 빠져나와
생으로 먹었을 때보다 더 많이
섭취할 수 있어요.

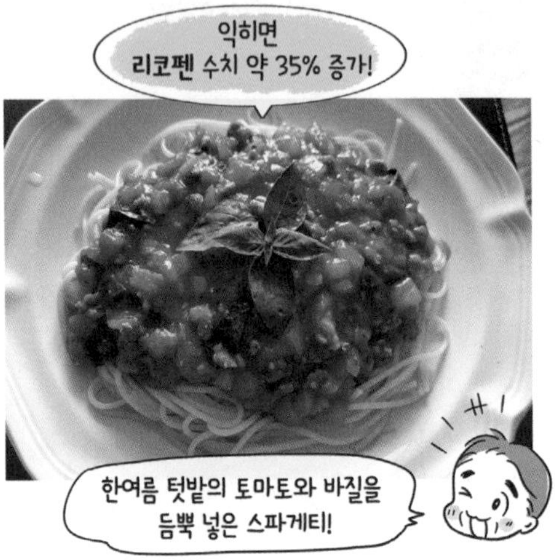

익히면
리코펜 수치 약 35% 증가!

한여름 텃밭의 토마토와 바질을
듬뿍 넣은 스파게티!

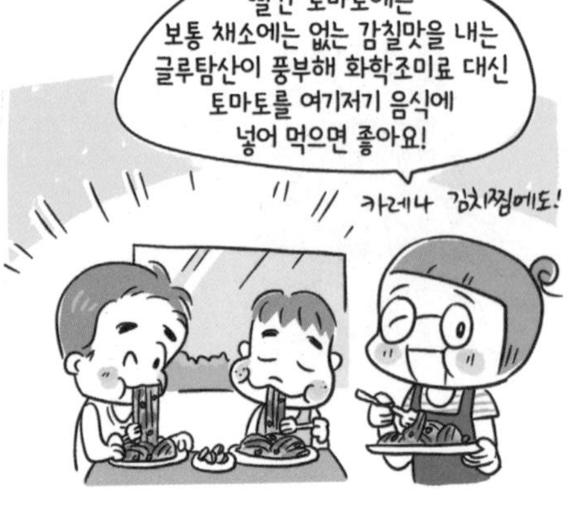

빨간 토마토에는
보통 채소에는 없는 감칠맛을 내는
글루탐산이 풍부해 화학조미료 대신
토마토를 여기저기 음식에
넣어 먹으면 좋아요!

카레나 김치찜에도!

화분에서 토마토 기르기

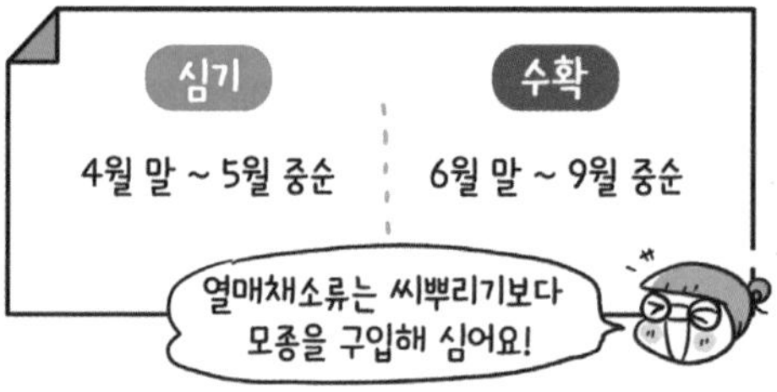

토마토는 종류별, 색깔별로 모종을 골라 심을 수 있는데, 보통 큰 토마토보다 방울토마토가 기르기도 쉽고 수확도 좋다.

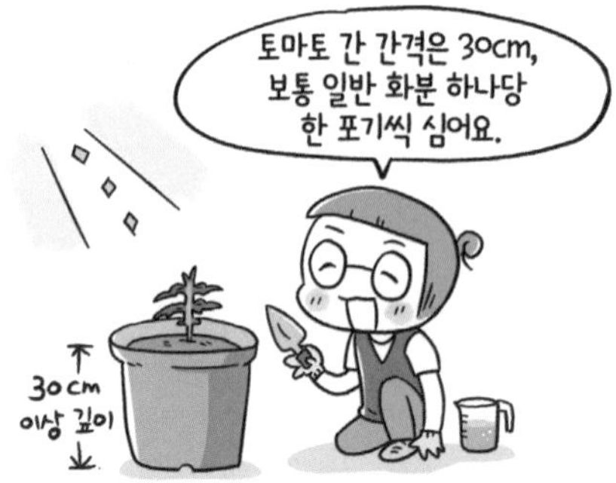

①

토마토는 강한 햇빛을 필요로 하기에 해가 내내 비추는 실외 공간이 좋고, 실내인 경우 햇빛이 하루 6~7 시간은 들어오는 곳이어야 한다.

* 어깨 높이 이상 자라는 덩치 큰 토마토, 뿌리를 깊게 뻗으니 깊고 큰 화분을 준비한다.

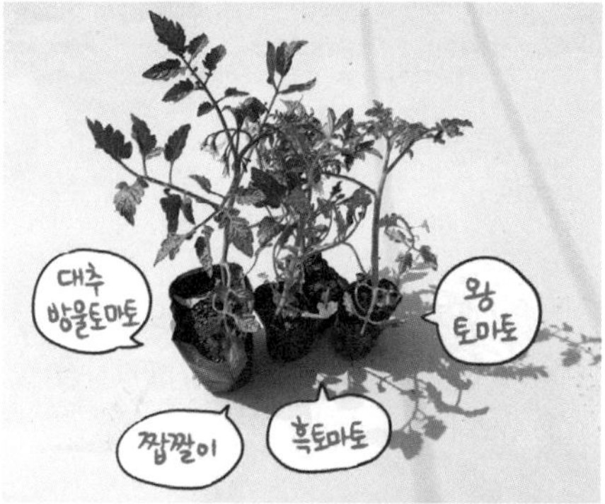

②

밑거름을 충분히 흙과 섞어 놓고 2주 후 모종을 심는다. 모종은 웃자라지 않은 튼튼한 것으로 고른다.

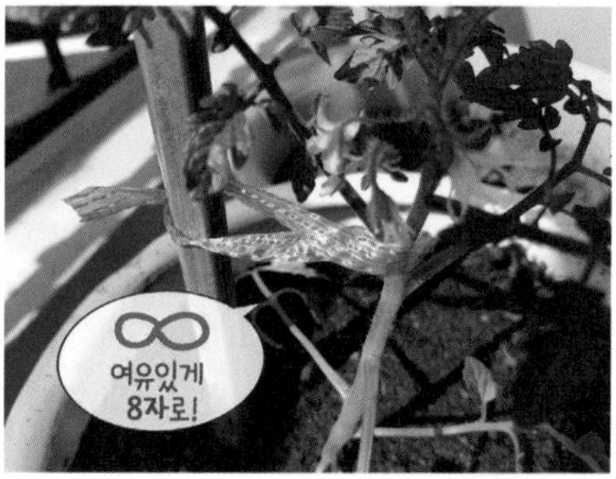

③

모종을 심은 후, 뿌리가 다치지 않을 거리에 지주를 화분 밑까지 박은 후, 끈으로 줄기를 8자로 묶는다.

* 물은 아침저녁으로 주는 데, 너무 습한 것은 토마토가 싫어하니 주의한다.

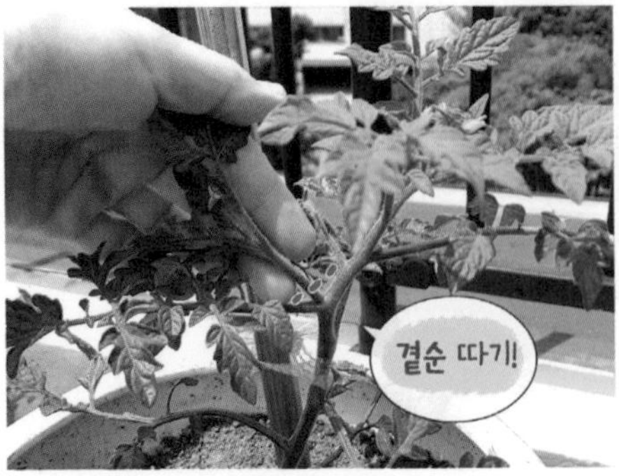

왕성하게 나오는 줄기 사이 곁순을 자주 살펴 따주고 원줄기만 기른다.
* 양분이 충분하다면 곁가지 하나를 더 키워 2줄기로 키울 수도 있다.

곁순 따기!

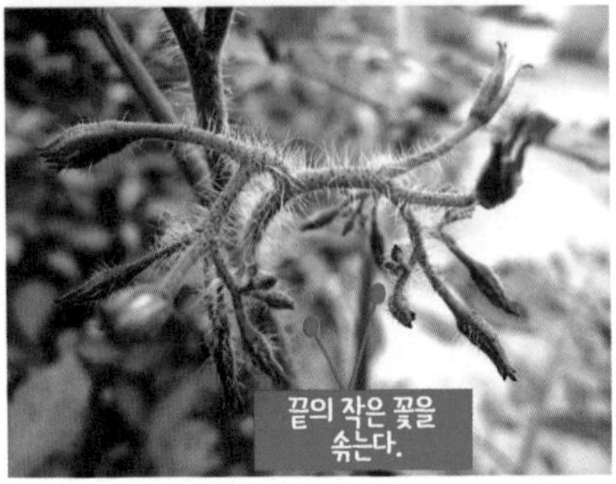

한 화방에 많은 꽃송이가 피는 데, 적은 공간의 화분 재배일 경우 자잘한 끝의 꽃들을 따주면 튼실한 크기의 토마토를 얻을 수 있다.

끝의 작은 꽃을 솎는다.

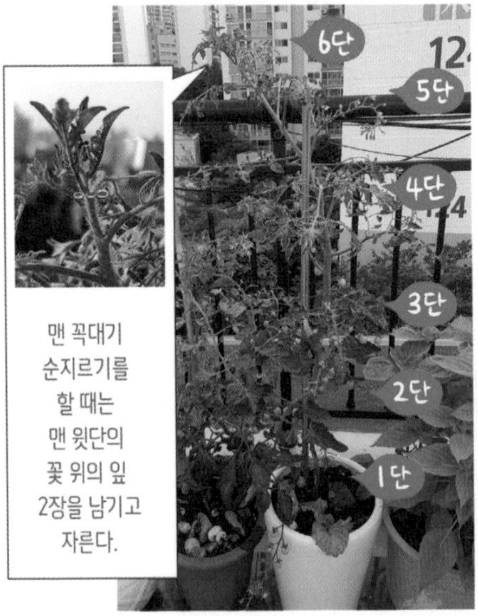

방울토마토는 열매를 6~7단 정도까지, 보통 토마토는 4~5단까지 기르고, 원줄기 순을 질러 키보다 열매에 영양이 집중되게 한다.

6단
5단
4단
3단
2단
1단

맨 꼭대기 순지르기를 할 때는 맨 윗단의 꽃 위의 잎 2장을 남기고 자른다.

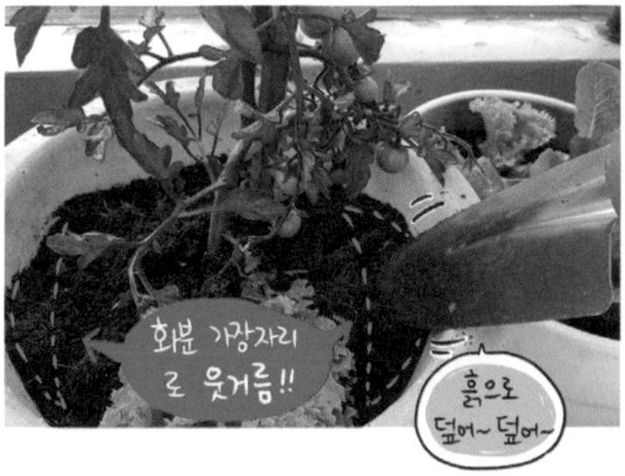

첫 열매가 여물 때쯤 웃거름을 한 달에 1번씩 준다. 화분 가장자리를 슬쩍 파서 완숙 퇴비를 한 주먹씩 주고 흙으로 덮는다.

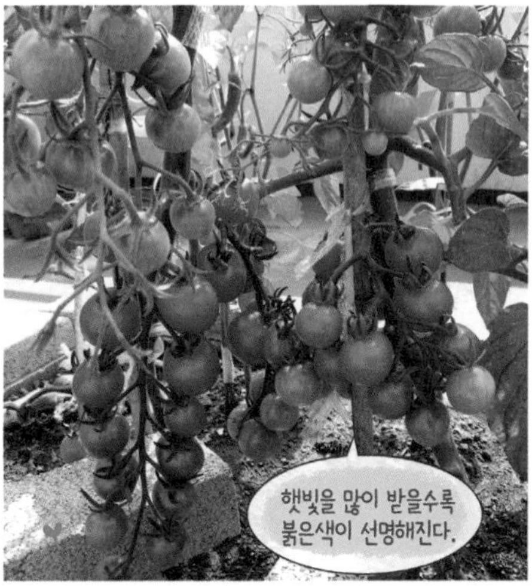

꽃이 핀 순서대로 빨갛게 열매가 익는데, 익은 것은 바로 수확해 양분이 위로 가게 한다. 좀 덜 빨갈 때 따도 실온에 두면 저절로 빨갛게 익는다.

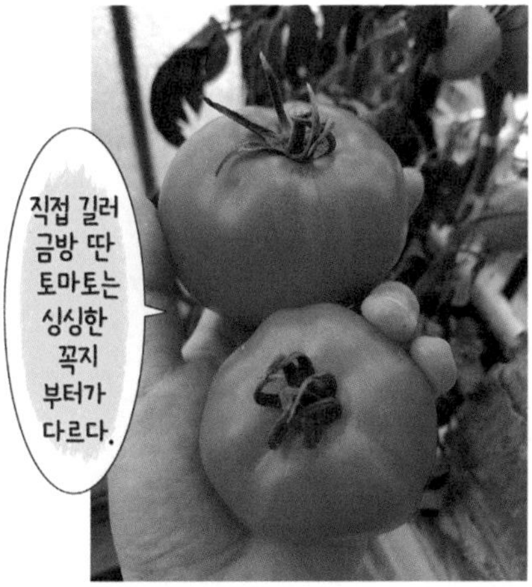

십여 년 전
처음 나를 텃밭에 눈뜨게 해준 건

이사 온 집,
이전 주인 할머니의 화분 상자 하나.

봄이 되니
뭔 풀이 막 나네.
잡초? 잔디인가??

뽕 뽀롱

왓, 정말
먹을 수 있네!

아,
이거 부추네,
부추!

와~ 이렇게
집에서 채소를 길러
먹을 수 있구나!

그럼
상추도, 고추도
길러볼까?

그 후 본격적인 텃밭 놀이, 몇 년간 텃밭의
형태는 바뀌었지만 그때 그 부추는
내내 함께였다.

십년지기 친구!

부추 기르기
세상 게으름뱅이의 풀

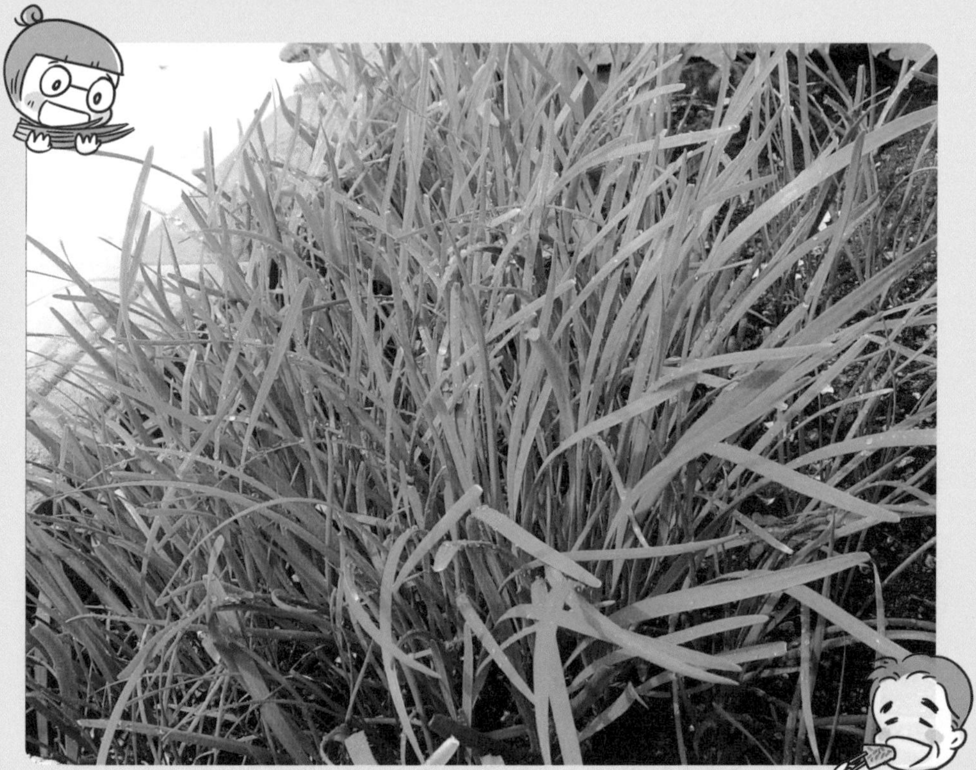

그때 그 정구지(부추)가
아직도 자라서
이 부침개가 됐다구?
부추는 한번
심으면 십 년은
간다잖아요.

부추는 여러해살이풀!
이사할 때마다 캐서
다시 심었지.
옥상 텃밭에
있다가
노지 텃밭에
있다가
지금은 테라스
화분으로!

근데 아빠는
부추를 꼭 정구지
라고 하네.

고려시대부터 부추의 기록이 있는 만큼,
오래전부터 자생하고 또 재배해서
지역마다 부르는 이름이 다양해.

평안도
-부초
함경도
-염지
경기도
-졸파,
부추
강원도-분추
충청도
-불초, 졸
경상도
-정구지
전라도
-솔, 소풀
제주도-쉐우리

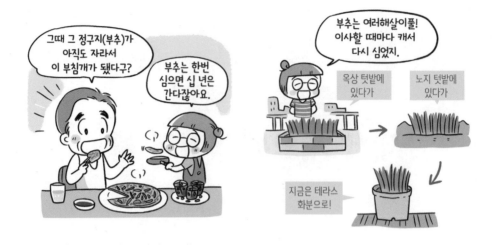

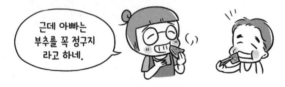

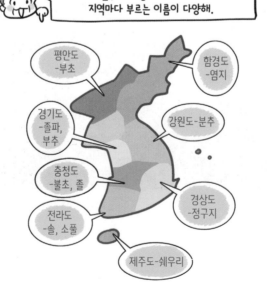

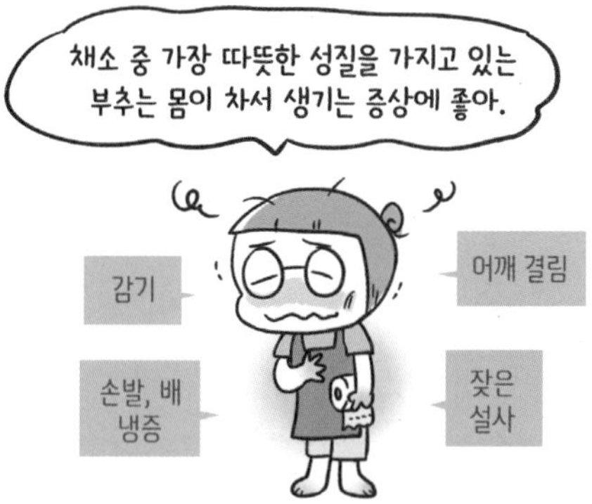

채소 중 가장 따뜻한 성질을 가지고 있는
부추는 몸이 차서 생기는 증상에 좋아.

감기

어깨 결림

손발, 배
냉증

잦은
설사

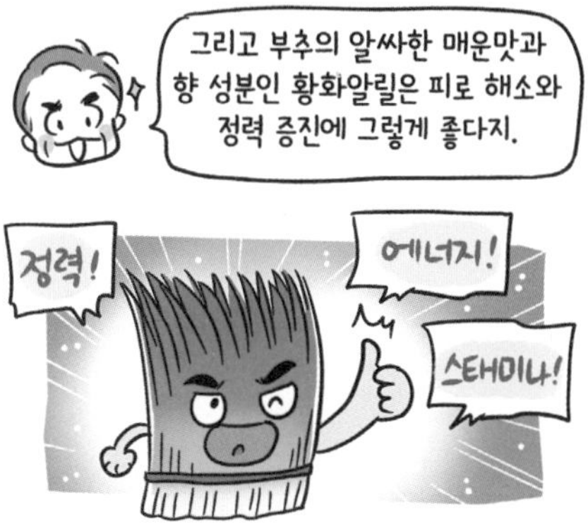

그리고 부추의 알싸한 매운맛과
향 성분인 황화알릴은 피로 해소와
정력 증진에 그렇게 좋다지.

정력!

에너지!

스태미나!

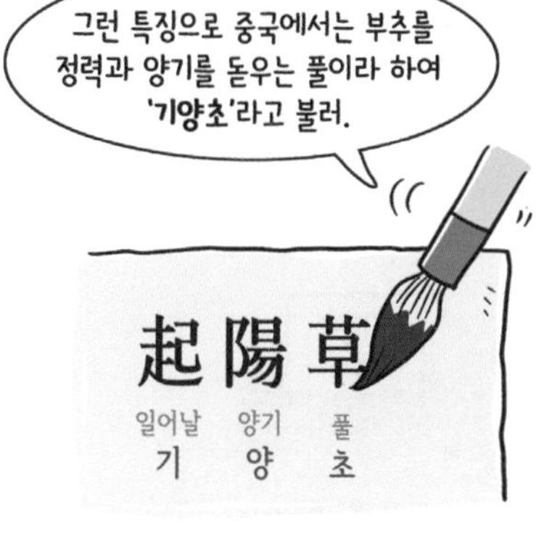

그런 특징으로 중국에서는 부추를
정력과 양기를 돋우는 풀이라 하여
'기양초'라고 불러.

起 陽 草
일어날 양기 풀
기 양 초

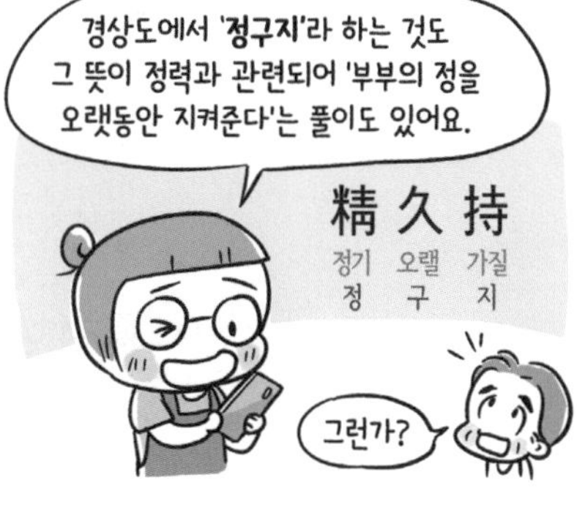

경상도에서 '정구지'라 하는 것도
그 뜻이 정력과 관련되어 '부부의 정을
오랫동안 지켜준다'는 풀도 있어요.

精 久 持
정기 오랠 가질
정 구 지

그런가?

그렇게 신체를 활성화해 주는 효능으로 특히 겨울을 지나 처음 땅을 뚫고 나는 봄 부추는 인삼 녹용보다 좋다고 말해요.

봄 초벌부추!

겨우내 떨어진 기운을 봄 부추가 올려주는구나!

아, 그리고 부추는 게으름뱅이들이 기르는 풀이라고도 해.

에?

뜨끔!

내, 내가 게을러서 물도 겨우 주긴 하지.

그렇게 별다른 관리 없이도 워낙 잘 자라, 게으름뱅이도 키울 수 있다고 해서 그렇게 불러.

헤헤

크기는 또 얼마나 잘 크는지 부추를 한참 베고 뒤돌아보면 그사이 또 삐쭉삐쭉 나 있다잖아.

깟!! 어느새!

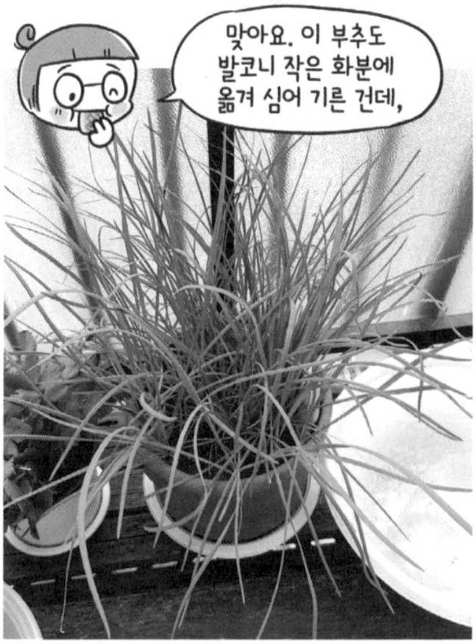

맞아요. 이 부추도 발코니 작은 화분에 옮겨 심어 기른 건데,

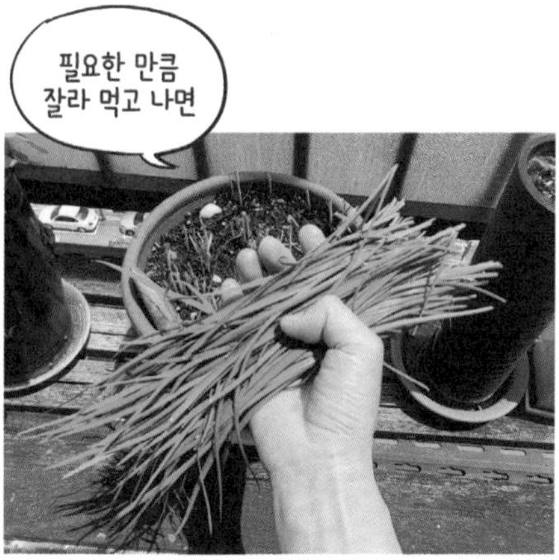

필요한 만큼 잘라 먹고 나면

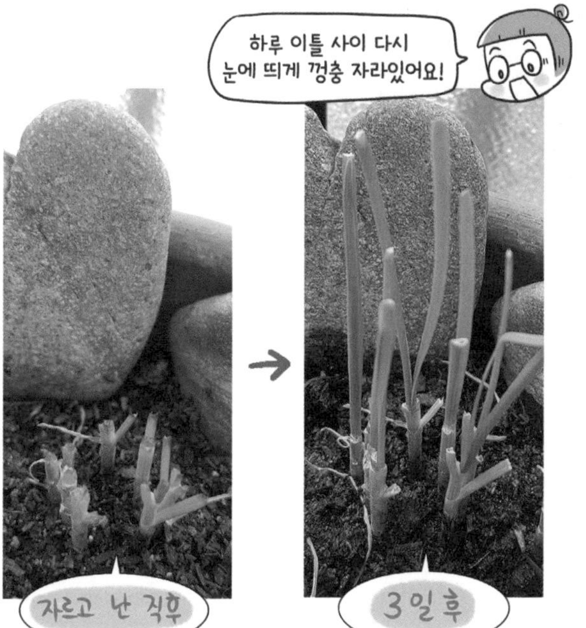

하루 이틀 사이 다시 눈에 띄게 껑충 자라있어요!

자르고 난 직후

3일 후

봄부터 가을까지 20일 간격으로 잘라 먹고 또 자라고~

근데 부추 한번 심으면 10년은 간다고 해도,

해가 갈수록 포기 수가 늘어 자랄 공간이 좁고 뿌리도 얽히니까, 심고 3~4년 지나면 꼭 포기나누기를 해줘야 해.

뻑 뻑

3~4년 후 →

공간이 좁아 잎이 가늘어지고 맛도 떨어진다.

모두 캐내어 처음 심을 때처럼 다시 3뿌리씩 나누고,

뿌리가 끊어지지 않게 조심해서 부추 덩이를 나눈다.

거름을 넣은 곳에 다시 5cm 간격으로 심어주면 곧 더 두꺼운 잎의 풍성한 부추밭이 되지.

다시 심기 위해 띄엄띄엄 놓은 부추 포기들.

그리고 봄가을로 웃거름으로 영양을 넣어주는 것도 잊지 말고!

웃거름

* 노지 재배
포기 사이 호미로 긁어 거름을 넣고 흙으로 덮는다.

* 화분 재배
거름과 흙을 섞어 2cm 정도 덮어주고 물을 준다.

🌱 중간중간 파류, 잎줄기채소에 좋은 오줌 액비를 줘도 좋다.

자라기에 바쁜 부지런쟁이 부추를 키우려면,

아무리 주인이 게을러도 이 두 가지는 꼭 지켜야겠네!

포기 나누기 웃거름 주기

화분에서 부추 기르기

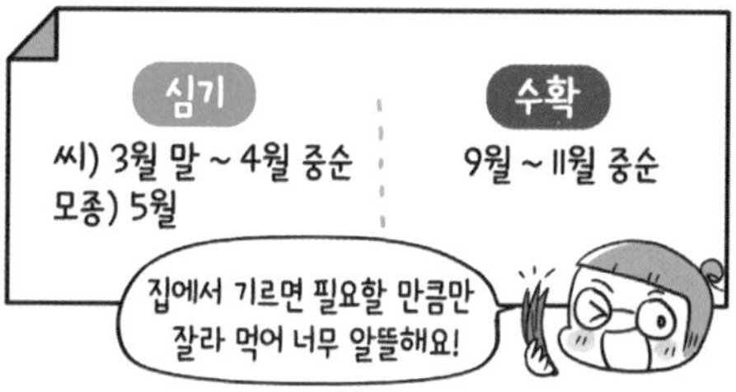

심기	수확
씨) 3월 말 ~ 4월 중순	9월 ~ 11월 중순
모종) 5월	

집에서 기르면 필요할 만큼만 잘라 먹어 너무 알뜰해요!

서늘한 기온 18~20도에서 잘 자라는 부추는 봄에서 가을까지 수확이 가능하며, 크게 자리를 차지하지 않아 집 화분에서도 손쉽게 기를 수 있다.

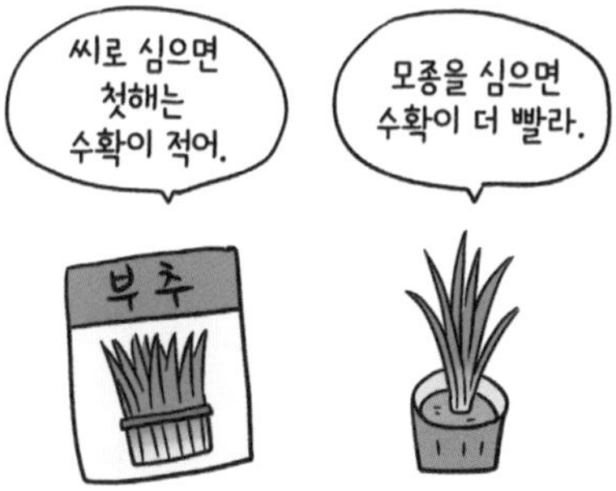

씨로 심으면 첫해는 수확이 적어.

모종을 심으면 수확이 더 빨라.

1

부추는 3가지 방법으로 심을 수 있는데, 씨로, 또는 어리게 자란 모종으로, 그리고 다른 밭에 있는 부추 뿌리를 얻어와 심을 수 있다.

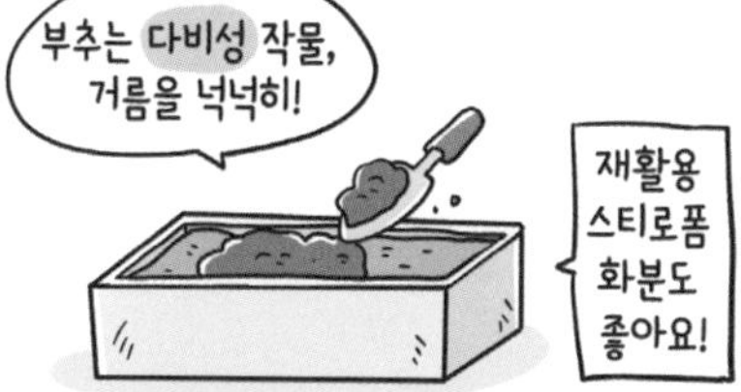

부추는 다비성 작물, 거름을 넉넉히!

재활용 스티로폼 화분도 좋아요!

🌱 다비성 작물 - 생육에 많은 양의 비료를 필요로 하는 작물.

2

심기 2주 전, 부추는 습기를 싫어하니 물 빠짐이 좋은 화분 흙에 밑거름을 넣고 섞어준다.

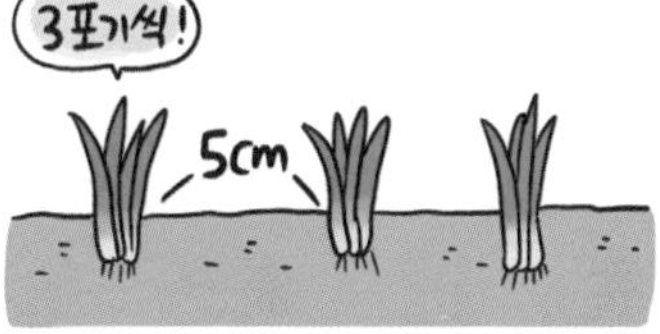

3포기씩!

5cm

3

씨를 흩어뿌린 후, 5cm 정도 자라면 살살 파내 3포기씩 합쳐 5cm 간격으로 심는다. 부추 모종도 같은 방법으로 심는다.

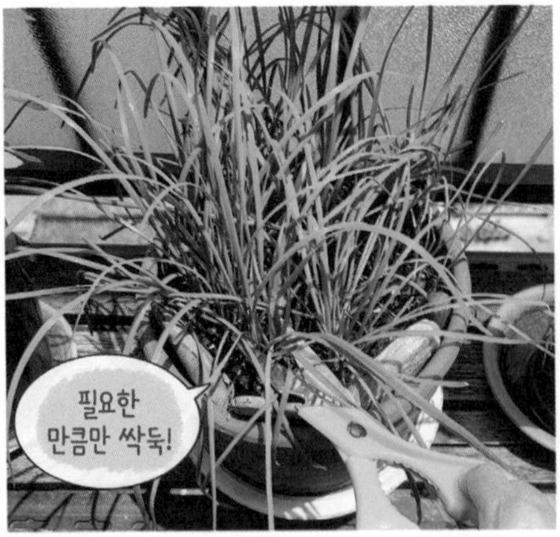

필요한
만큼만 싹둑!

파종 후 9월부터 한 뼘 정도 자랄 때 수확! 첫해
는 수확이 적으나, 이듬해부터는 많아진다.

* 첫 수확 시 바짝 자르지 말고 땅 위 3~4cm로,
  그 후에는 1~1.5cm 이상 남기고 잘라 재생을
  돕는다.

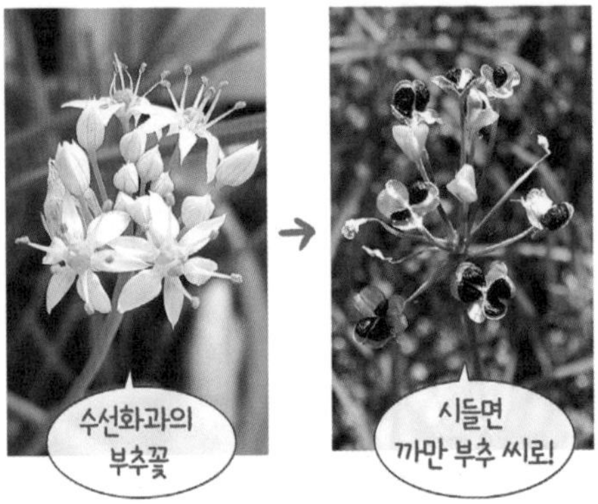

수선화과의
부추꽃

시들면
까만 부추 씨로!

봄가을 수시 수확이 가능하나, 한여름 25도 이
상이면 성장이 더뎌지다 꽃대를 낸다.

* 꽃이 피면 잎이 가늘어지고 자람이 늦어지니 바
  로 꽃대를 뽑아낸다. 씨를 받으려면 그냥 둔다.

6

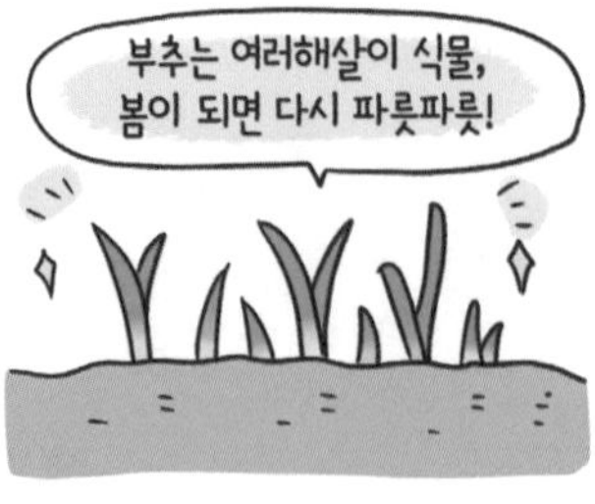

부추는 여러해살이 식물,
봄이 되면 다시 파릇파릇!

11월부터 잎이 시들면서 겨울 휴면기에 들어간
다. 짚 등으로 덮어준 후 봄이 되면 걷어내고, 다
시 봄가을 웃거름을 주며 기른다.

* 3~4년째 되면 포기나누기 하여 다시 두껍고
  큰 잎으로 기른다.

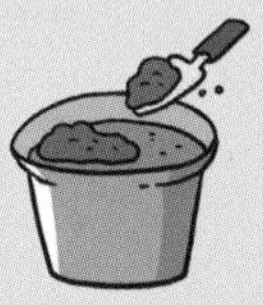

초여름 어느 날,

아빠는 찬물에 만 밥에 된장 찍은
풋고추로 점심을 먹고

그 건너 엄마는 빨간 고추 갈아 넣은
아빠 좋아하는 열무물김치를 담그고

그리고 내 손에는 아빠의 최애 반찬
꽈리고추 멸치볶음.

그렇게 아빠 좋아하는 반찬에는
어김없이 고추가 있어,

고추 기를 때면
아빠 생각 많이 했었는데.

이렇게 같이
고추 기르는 날이 오네,
이제 곧 맘껏 따 드세요!

종류별로
고추 모종을 샀구나!

Chapter 10

고추 기르기
비타민 C가 제일 많은 채소

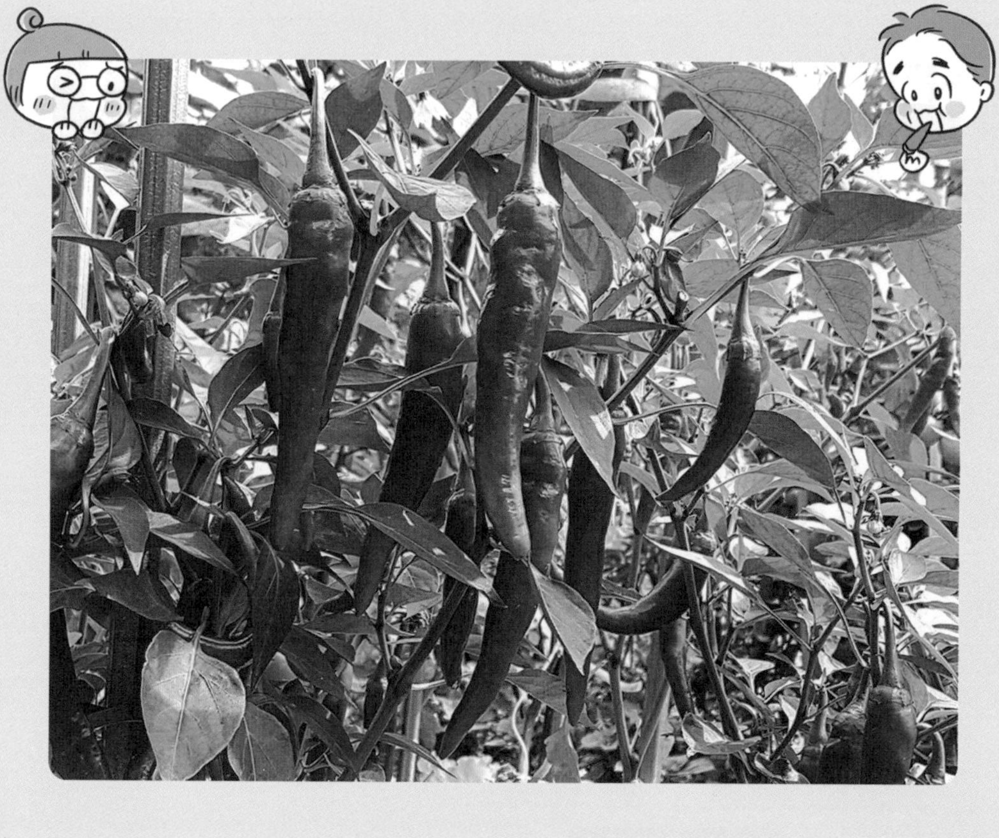

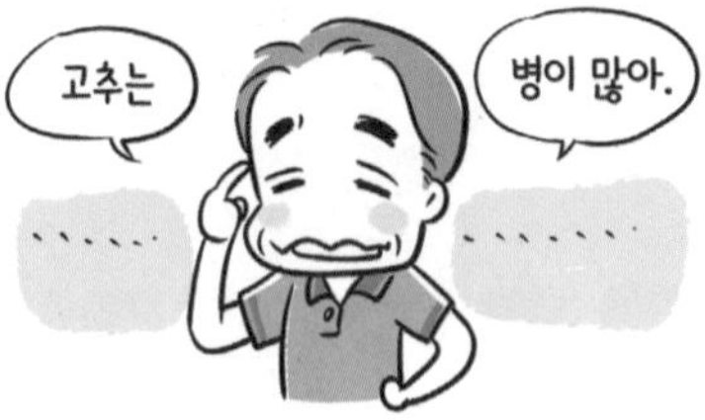

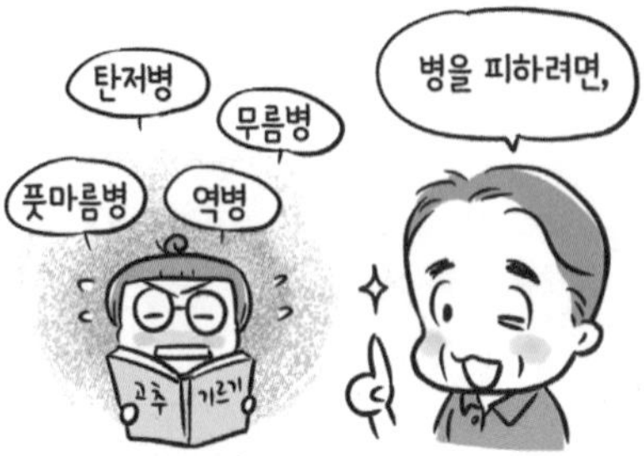

통풍이 잘 되고 물 빠짐이 좋은 곳에 심고,

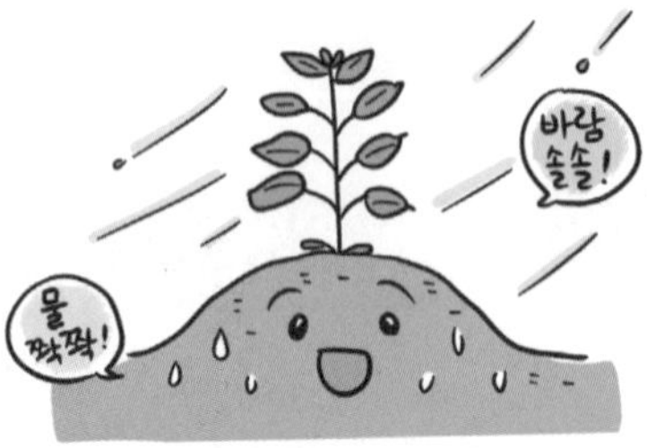

질소질 비료를 과다하게 주지 말고 이어짓기를 피해야 해.

이어짓기 장해

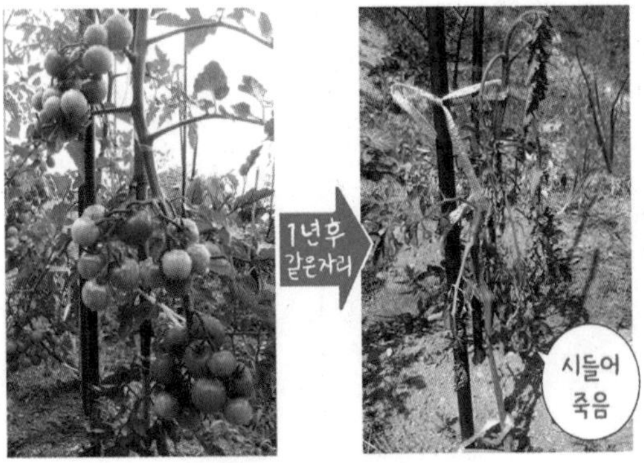

1년후 같은자리

시들어 죽음

토마토의 이어짓기 장해

같은 장소에 같은 작물을 계속 심어 생기는 **연작 피해.**
토양 전염성 병해충의 축적, 또는 특정 양분이 계속 소모되어 토양의 성질이 나빠진 이유로 생긴다.
가짓과 작물인 고추, 가지, 토마토 등에 많이 발생하고 토양이 척박할수록 피해가 심하다.

연작 피해를 막으려면 같은 곳에 다른 과 채소를 돌아가며 재배하는 '**돌려짓기**'를 하면 된다.
예) 고추 - 파 - 고구마 - 고추

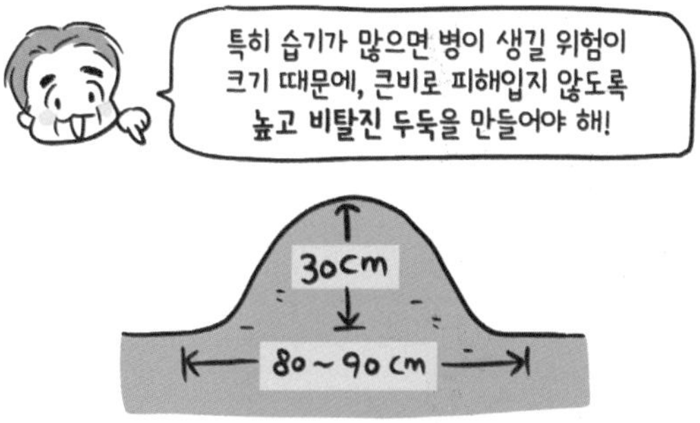

특히 습기가 많으면 병이 생길 위험이 크기 때문에, 큰비로 피해입지 않도록 높고 비탈진 두둑을 만들어야 해!

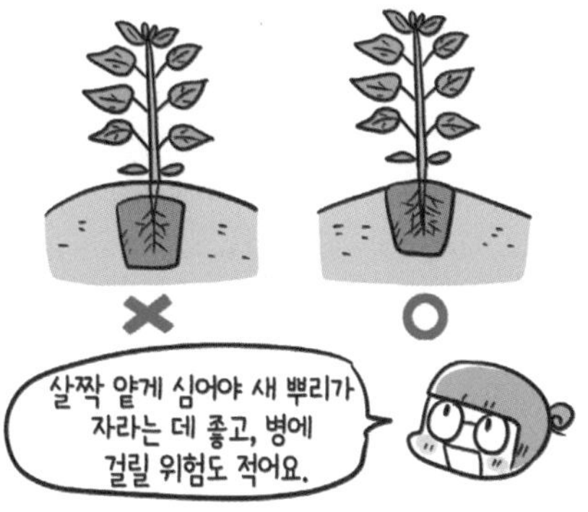

30cm

80~90cm

모종을 심을 때는 너무 깊이 심지 말고 모종의 흙이 보일 정도로 심는다.

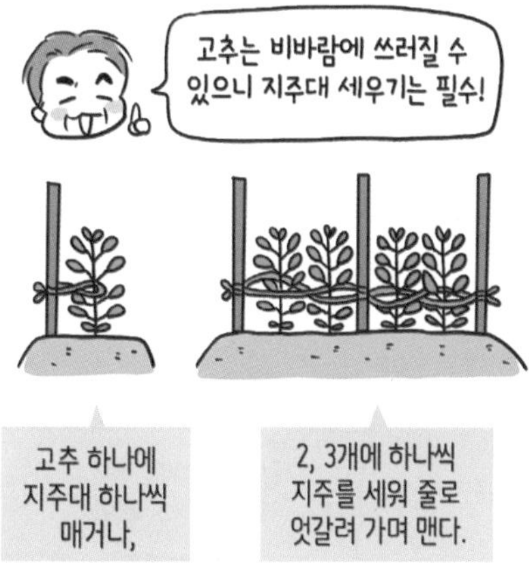

살짝 얕게 심어야 새 뿌리가 자라는 데 좋고, 병에 걸릴 위험도 적어요.

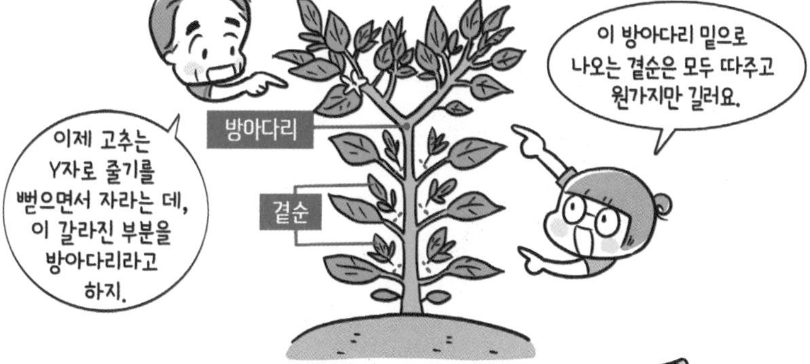

고추는 비바람에 쓰러질 수 있으니 지주대 세우기는 필수!

고추 하나에 지주대 하나씩 매거나,

2, 3개에 하나씩 지주를 세워 줄로 엇갈려 가며 맨다.

❦ 자라면서 한 뼘 간격 위로 더 줄을 매준다.

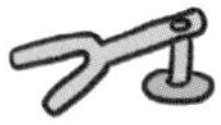

이제 고추는 Y자로 줄기를 뻗으면서 자라는 데, 이 갈라진 부분을 방아다리라고 하지.

방아다리

곁순

이 방아다리 밑으로 나오는 곁순은 모두 따주고 원가지만 길러요.

❦ 디딜방아 갈라진 부분을 닮아서 '방아다리'.

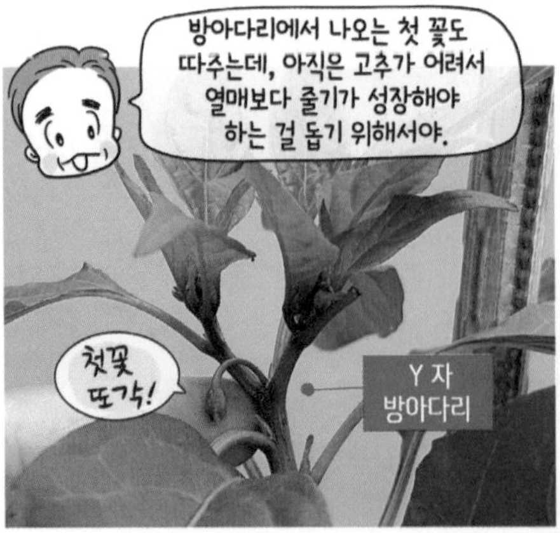

방아다리에서 나오는 첫 꽃도
따주는데, 아직은 고추가 어려서
열매보다 줄기가 성장해야
하는 걸 돕기 위해서야.

첫꽃
또각!

Y자
방아다리

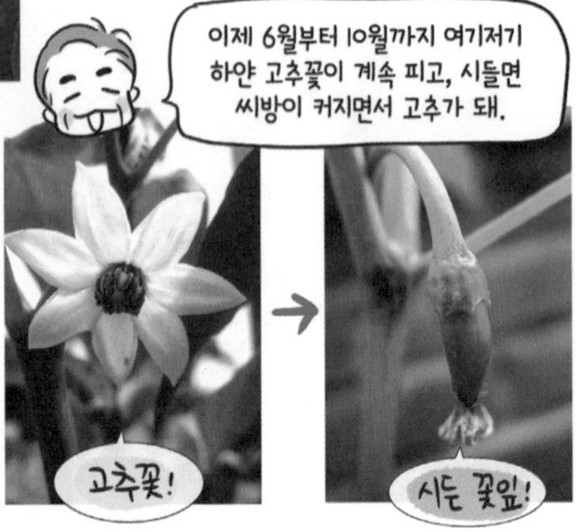

이제 6월부터 10월까지 여기저기
하얀 고추꽃이 계속 피고, 시들면
씨방이 커지면서 고추가 돼.

고추꽃!

시든 꽃잎!

7월 초, 꽃 피고 3주가
지나면 고추 수확!

청양

풋고추

꽈리

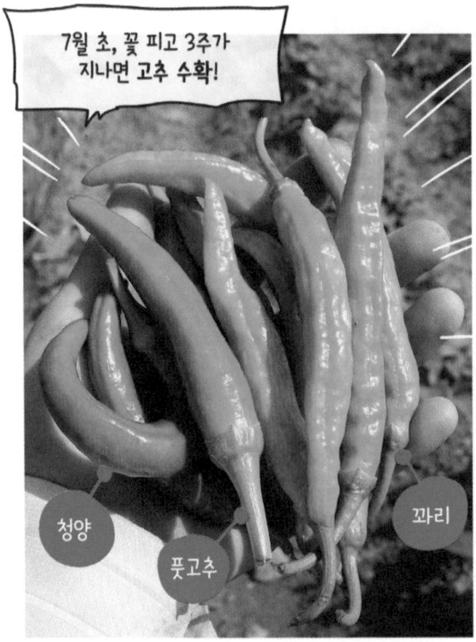

초여름 첫 수확하는
고추는 달고 연해
제일 맛있어.

청양고추도
달까?

아작!

맵!

물·물!

고추의 매운 성분인
캡사이신은 무색의
지방성 물질,

기름은 기름으로!

우유

아이스크림

땅콩버터

캡사이신

매워서 힘들 때는 물보다는
우유, 아이스크림, 땅콩버터와 같이
지방이 있는 음식을 입 안에
머금어야 매운맛이 가시지.

맥주

또는 알코올로 녹여.

이렇게 괴로운 데
사람들은 왜 불같이
매운 음식에
열광할까?

맵질

매운 것은
맛이 아니라
혀를 아프게
하는 통증!

그 통증 때문에 뇌에서는 기분이 좋아지게 하는
베타 엔돌핀 물질을 내보내 아픔을 진정시켜 줘.

괜찮아,
괜찮아!

엔

그렇게 매우면 엔돌핀으로 행복감을 느끼니
스트레스를 풀려고 일부러 매운 걸 찾는 거지.

고추의 매운 성분은 씨를 썩게 만드는 곰팡이 균을 막기 위해 만든 것으로, 주로 요 씨가 붙는 하얀 부위(태좌)에 몰려 있어.

너무 매우면 안의 부분을 제거하고 껍질만 먹어야겠네.

고추의 매운 정도를 수치로 알려주는 **스코빌 지수**를 보면 청양고추가 얼마나 매운지 바로 알 수 있지.

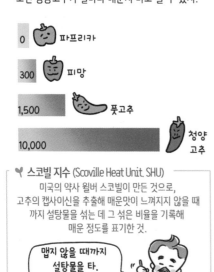

0 파프리카

300 피망

1,500 풋고추

10,000 청양 고추

🌶 **스코빌 지수** (Scoville Heat Unit. SHU)

미국의 약사 윌버 스코빌이 만든 것으로, 고추의 캡사이신을 추출해 매운맛이 느껴지지 않을 때 까지 설탕물을 섞는 데 그 섞은 비율을 기록해 매운 정도를 표기한 것.

맵지 않을 때까지 설탕물을 타. 청양고추는 만 번!

현재까지 기네스 기록상 세상에서 가장 매운 식용 고추는 스코빌 지수 220만인 캐롤라이나 리퍼 (Carolina Reaper)!!

꺅! 청양고추의 220배!

길쭉한 꼬리가 저승사자의 낫 같아서 리퍼(Reaper : 저승사자)란 이름으로 지어졌다.

고추는 매워도 채소 중 비타민C가 제일 많아.

특히 풋고추보다 비타민C가 더 많은 빨간 고추는 오렌지의 3배!

고춧가루를 내기 위해 붉은 고추를 말릴 때는 그늘에서 2일 정도 널어 숨을 죽인 후, 3~4일 햇빛에 넣어 말려야 해.

햇빛에 말린 태양초는 꼭지가 노란색!

건조기에 말리면 푸른색!

🌱 100g당 비타민C 함량!
: 홍고추 170mg / 풋고추 72mg / 오렌지 50mg
(식품의약품안전처 자료 기준.)

고춧가루를 빻고 나오는 고추 씨는 고추보다 캡사이신, 비타민, 베타카로틴이 더 풍부하고

콜록 매워!

음식에 감칠맛도 더해주니 버리지 말고 육수나 음식에 넣어 먹으면 좋아!

고추도 고추 씨도 냉동 보관해서 두고두고 드세요!

화분에서 고추 기르기

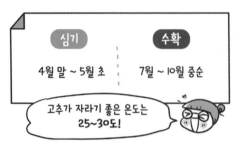

심기 | 수확
4월 말 ~ 5월 초 | 7월 ~ 10월 중순

고추가 자라기 좋은 온도는 25~30도!

고추는 열대 남미가 원산으로 고온과 햇빛을 좋아한다. 재배 적기보다 일찍 심으면 저온 피해를 잘 입으니, 충분히 날이 따뜻해지고 햇빛이 좋은 5월 초에 심는 것이 안전하다.

고추는 생육 기간이 기므로 거름을 넉넉히!

30cm

완숙퇴비

1

모종 심기 2주 전 30cm 깊이의 화분에 밑거름을 넣어 섞어놓는다. 이어짓기 피해가 있을 수 있으니, 지난해 심은 화분은 피한다.

여유 있게 8자로 묶는다.

2

떡잎이 붙어 있으며 잎이 누렇지 않고, 줄기가 굵고 키가 짧은 튼튼한 모종으로 구입하여 심는다.
* 고추 간 포기 간격 30cm 이상, 보통 둥근 화분 하나당 하나씩 심고 뿌리가 다치지 않을 거리에 지주대를 세워 넉넉히 팔자로 묶어준다.

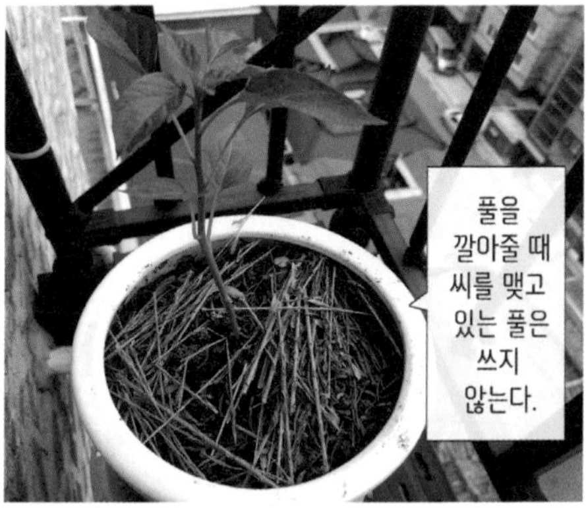

고추는 습기가 많은 것을 싫어하지만 건조한 것도 좋지 않다. 매일 1번, 날이 더울 땐 아침저녁 2번, 물을 충분히 준다.

* 수분 유지를 위해 짚이나 풀을 깔아주면 좋다.

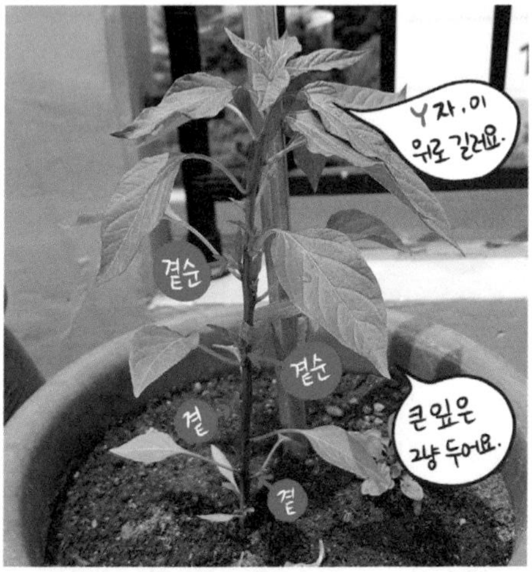

고추의 Y자로 갈라지는 방아다리에서 나온 첫 꽃을 따주어 줄기 성장을 돕고, 방아다리 밑으로 나오는 곁순도 따주어 통풍이 잘 되게 한다.

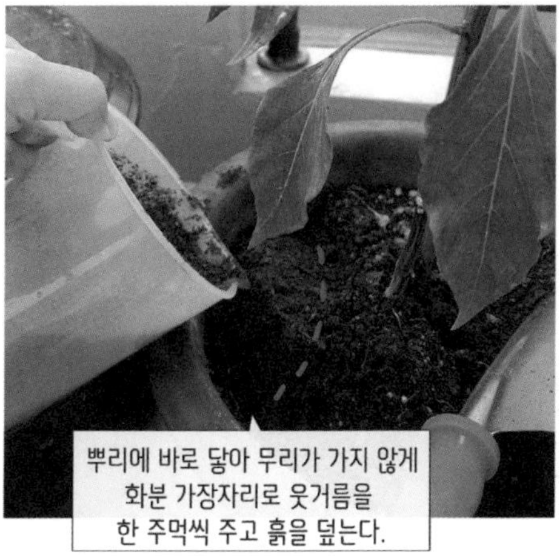

모종을 심고 2개월이 지나면 한 달 간격으로 웃거름을 준다.

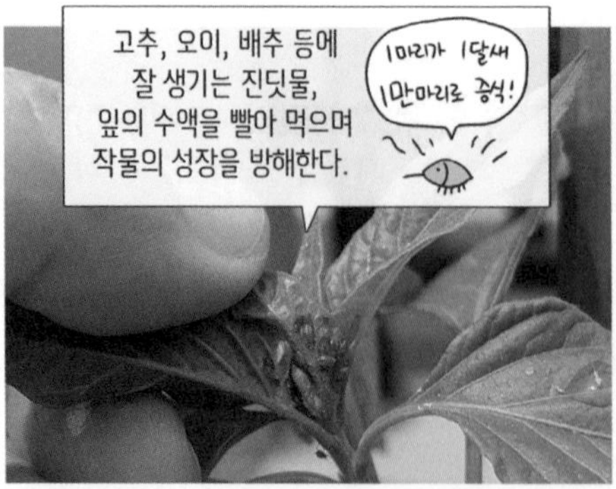

고추, 오이, 배추 등에
잘 생기는 진딧물,
잎의 수액을 빨아 먹으며
작물의 성장을 방해한다.

1마리가 1달에
1만마리로 증식!

6

날이 더워지면서 진딧물이 보이기 시작하는 데, 증식 속도가 엄청나므로 초반에 보일 때 우유나 요구르트 원액, 또는 물엿 희석액을 스프레이로 뿌려 제거한다.
(챕터 12 오이 기르기 참고.)

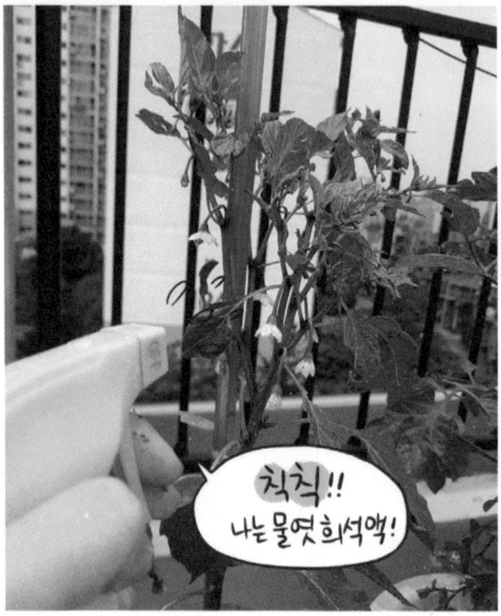

칙칙!!
나는 물엿희석액!

* 끈끈함이 느껴질 농도로 섞은 물엿 희석액을 뿌려주면 진딧물의 숨구멍이 막혀 죽는다. 뿌리고 반나절 후 물을 뿌려 끈끈함을 닦아준다.

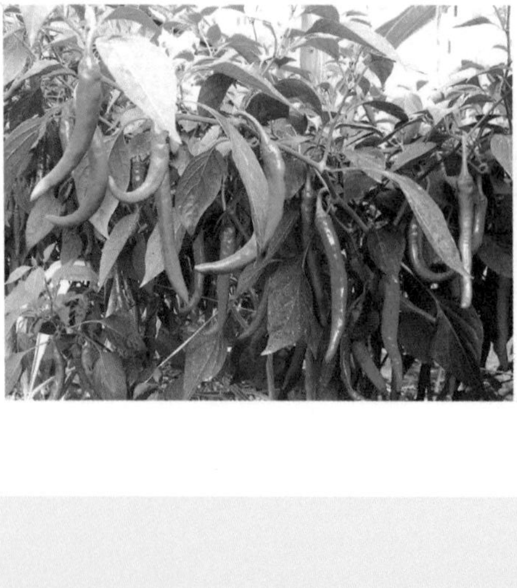

7

풋고추는 꽃 피고 3주가 지나면 수확이 가능하고, 붉은 고추는 꽃 피고 50일이 되면 수확할 수 있다.
* 비가 오거나 이슬이 있을 때 붉은 고추를 따면 꼭지에 물기가 있어 잘 썩으므로 맑은 날 딴다.

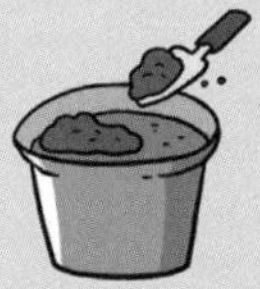

거의 모든 음식에
들어가는 채소로,

냉장고에
이게 없으면
불안불안한 것은?

정답,
대파!

매 끼니
빠지지 않는 대파!

통계상 한국인
1인당 1년 동안 먹는
대파량은 8.2kg, 즉 대파 10단
정도를 먹는다고 하지.

우리 둘이면 1년에 20단~
그런데 대파 가격은
들쭉날쭉!

하지만!

한참 전
대파 씨를
왕창 뿌렸지!
천원 대파 씨
한 봉지에 씨가
2,000개!!

곧 우리 20단에
이 집 저 집
나눠주자고!!
알았으니까
지금 당장 찌개에
넣을 대파 좀 줘.
에헤
헤헤

없어.
없어?

곧 자랄 텐데 안 샀지!
일단 대파 대신 고추라도!
여리
여리~
아니, 지금 겨우 실같이
자라는 데 언제 커서 먹냐?!

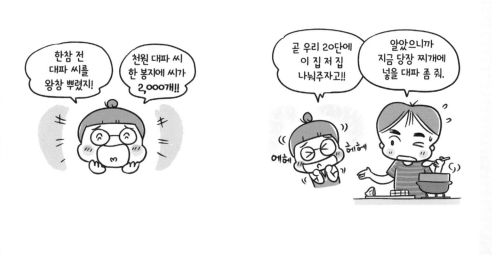

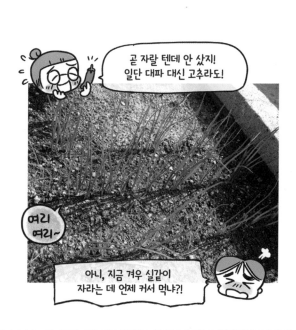

대파 기르기
흰 대를 길게 길게 최상급 대파 만들기

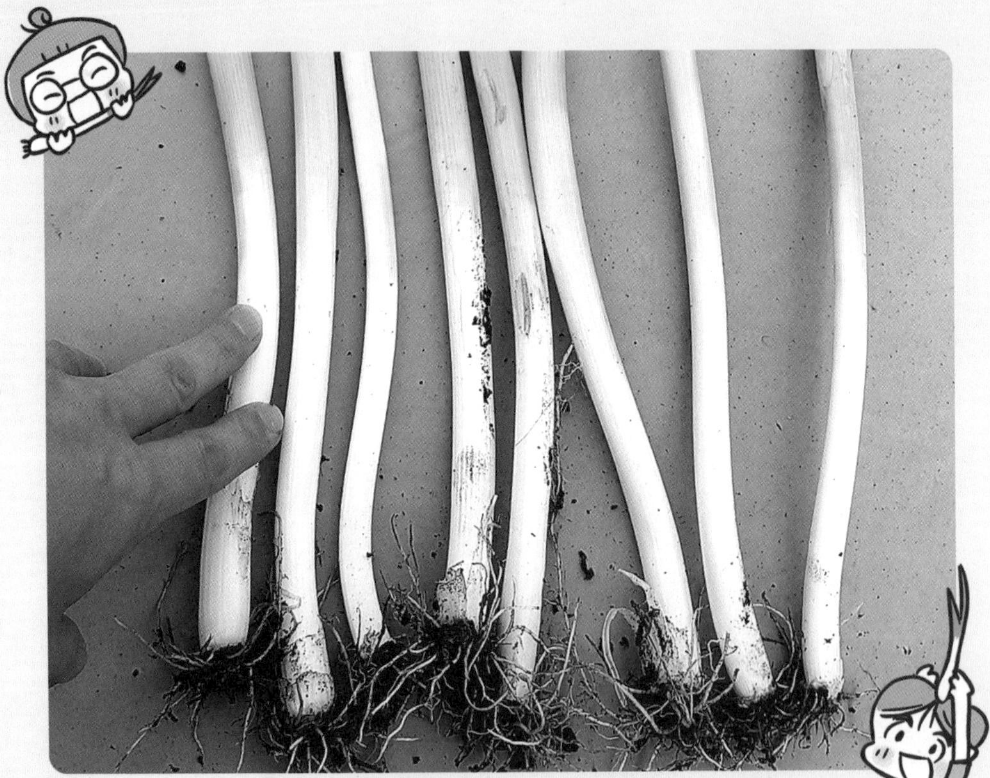

대파를 기르는 첫 번째 방법 - 씨뿌리기!

그때는 몰랐다.

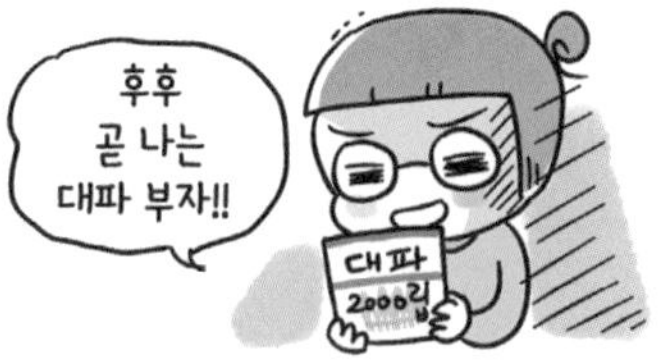

후후 곧 나는 대파 부자!!

씨로 키우면 더 많은 수의 대파를 곧 원 없이 먹을 줄 알았는데,

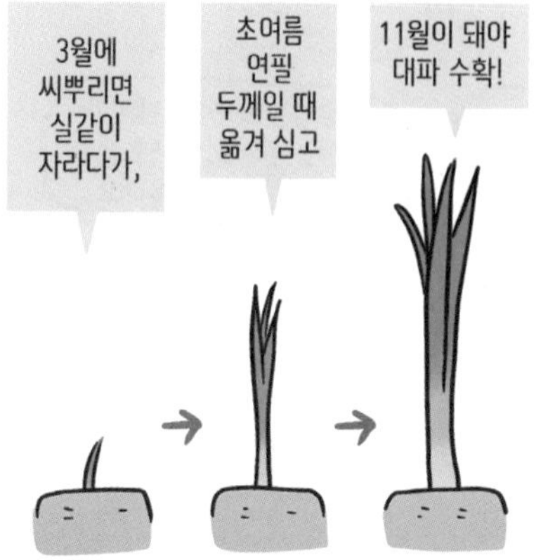

3월에 씨뿌리면 실같이 자라다가,

초여름 연필 두께일 때 옮겨 심고

11월이 돼야 대파 수확!

씨로 기르면 수확까지 8~10개월이라는 긴 시간이 걸리고, 오랫동안 자리를 많이 차지해 공간이 적은 집 텃밭에서 기르긴 알맞지 않다.

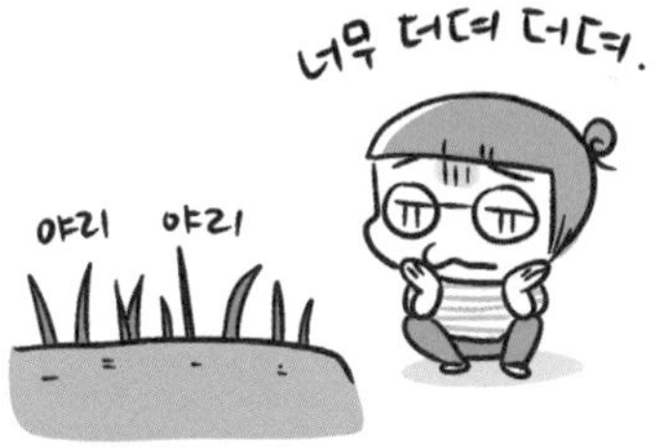

너무 더더 더더.

야리 야리

대파를 기르는 두 번째 방법 - 모종 심기!

봄가을로 모종 가게에서는 대파 모종을 판으로 파는데,

이것도 실같이 어려 대파로 먹으려면 5~6개월을 기다려야 한다.

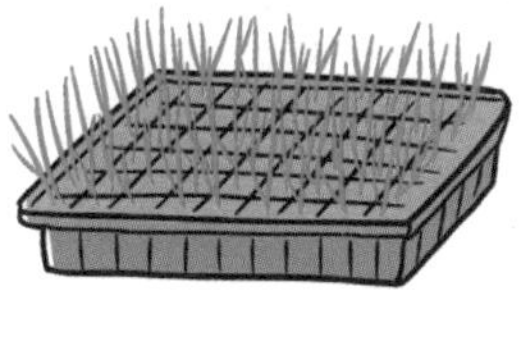

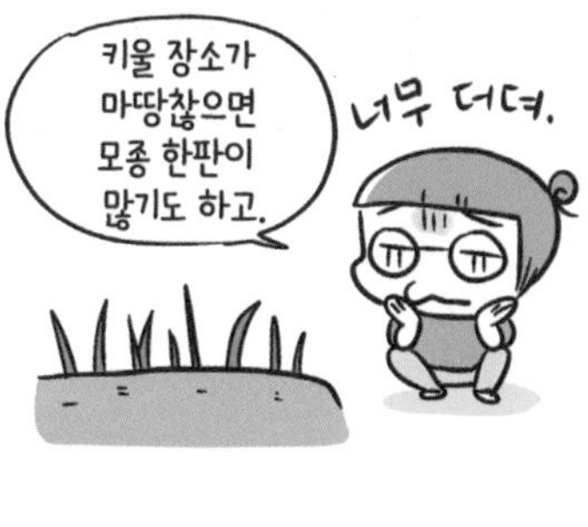

키울 장소가 마땅찮으면 모종 한판이 많기도 하고.

너무 더더.

대파를 기르는 세 번째 방법 - 대파 심기!

대파 한 단을 사서 위를 잘라 먹고 아래 뿌리 부분을 심어 새로 나는 잎을 잘라 먹는 방법!

새 잎대가 쭉쭉 자라나는 게 기특하지만, 잎대 굵기는 현저히 줄고 파란 부분만 먹을 수 있다는 단점이 있다.

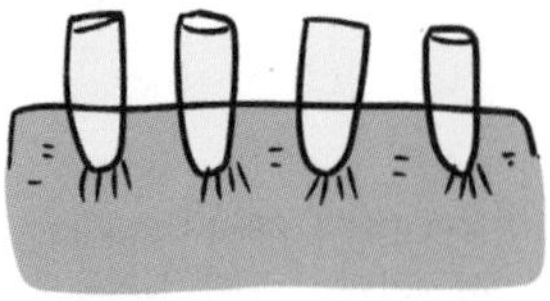

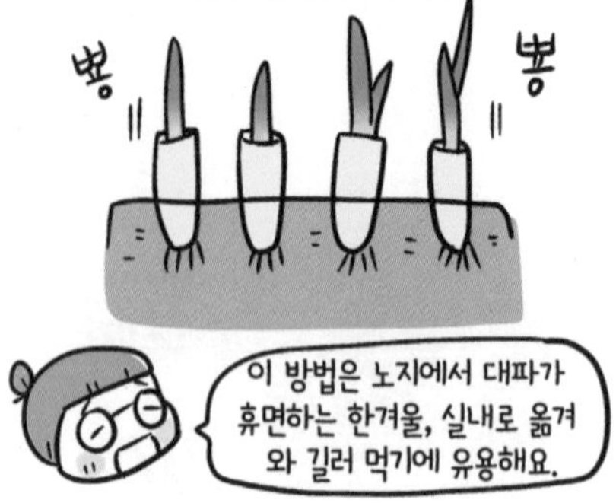

이 방법은 노지에서 대파가 휴면하는 한겨울, 실내로 옮겨 와 길러 먹기에 유용해요.

대파를 기르는 네 번째 방법 - 실파 심기!

잠깐! 쪽파와 실파의 차이점은?!

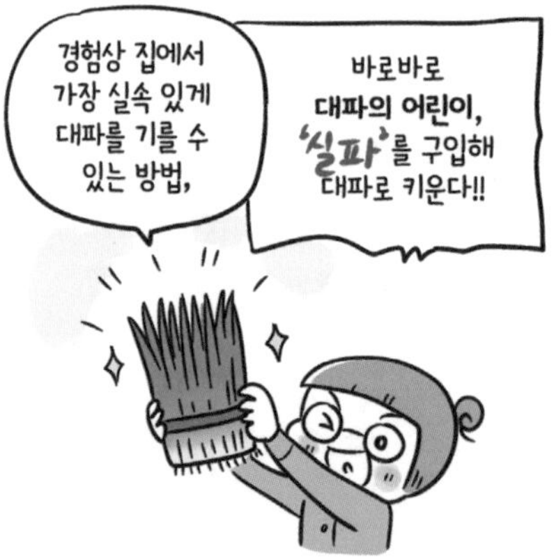

경험상 집에서 가장 실속 있게 대파를 기를 수 있는 방법,

바로바로 대파의 어린이, '실파'를 구입해 대파로 키운다!!

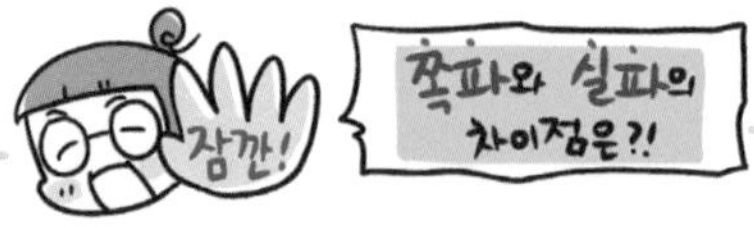

🌱 실파는 대파의 어릴 때의 이름, 씨로 뿌려 실파가 자라 대파가 된다.

🌱 쪽파는 양파와 파의 교잡종, 씨가 아닌 알뿌리로 자란다.

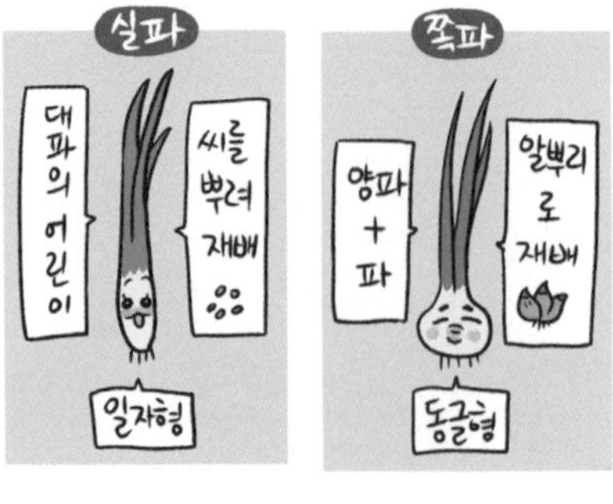

실파

대파의 어린이 | 씨를 뿌려 재배

일자형

쪽파

양파 + 파 | 알뿌리로 재배

둥근형

118

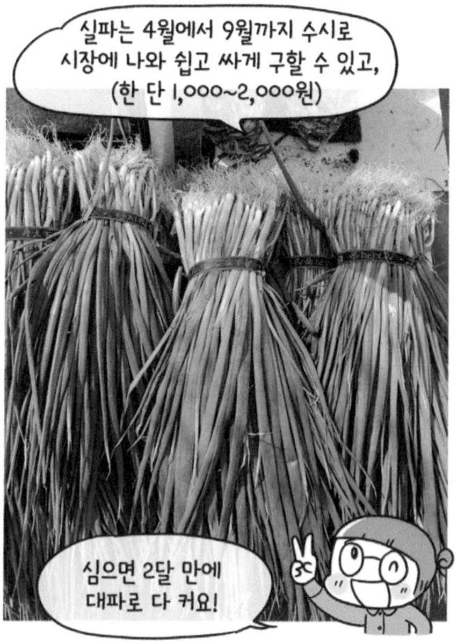

실파는 4월에서 9월까지 수시로 시장에 나와 쉽고 싸게 구할 수 있고, (한 단 1,000~2,000원)

심으면 2달 만에 대파로 다 커요!

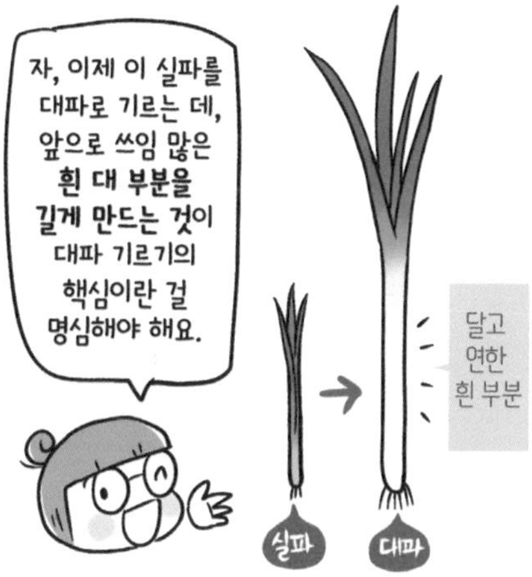

자, 이제 이 실파를 대파로 기르는 데, 앞으로 쓰임 많은 흰 대 부분을 길게 만드는 것이 대파 기르기의 핵심이란 걸 명심해야 해요.

달고 연한 흰 부분

실파 대파

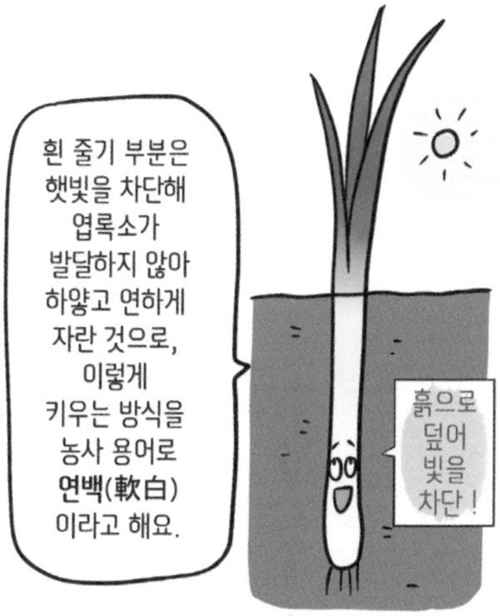

흰 줄기 부분은 햇빛을 차단해 엽록소가 발달하지 않아 하얗고 연하게 자란 것으로, 이렇게 키우는 방식을 농사 용어로 **연백(軟白)** 이라고 해요.

흙으로 덮어 빛을 차단!

🌱 연백(軟:연할 연 白:흰 백).

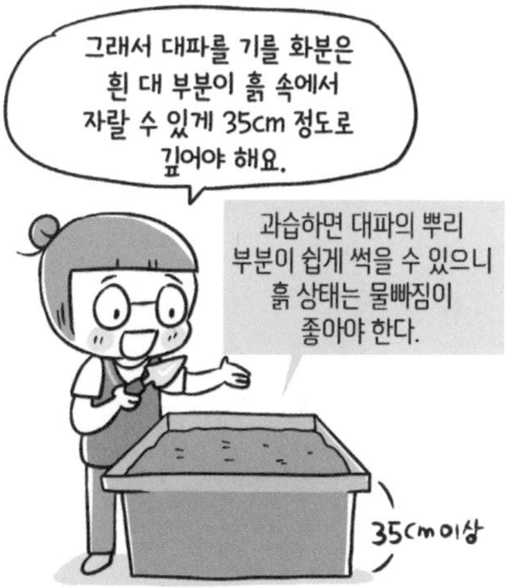

그래서 대파를 기를 화분은 흰 대 부분이 흙 속에서 자랄 수 있게 35cm 정도로 깊어야 해요.

과습하면 대파의 뿌리 부분이 쉽게 썩을 수 있으니 흙 상태는 물빠짐이 좋아야 한다.

35cm 이상

대파는 다비성 작물!
거름을 많이 필요로 하는 작물로 심기
2주 전에 밑거름을 충분히 넣어요.

흙:거름 = 8:2
밑바닥까지 골고루 섞는다.

🌱 2주 전에 밑거름을 넣는 이유는 덜 완숙된 거름에서
작물에게 해가 되는 열과 유해 가스가 생길 수 있어
미리 넣어 완전 숙성시키기 위함이다.

그리고
2주 후
사온
실파
한 단!

실파는
되도록
두께가 두껍고
뿌리 부분이
실한 것으로
골라 사면
좋아.

3~5cm 간격으로
하나씩 심는 데,
막대기로 깊게
구멍을 내고 쏙쏙
넣어 심으면 편해요.

3~5cm

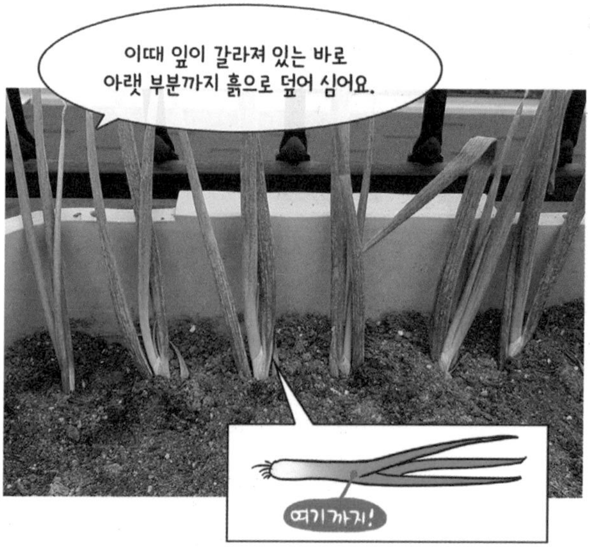
이때 잎이 갈라져 있는 바로
아랫 부분까지 흙으로 덮어 심어요.
여기까지!

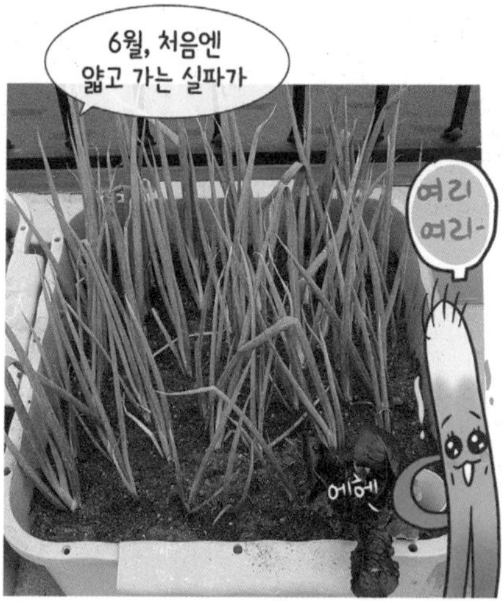
6월, 처음엔
얇고 가는 실파가
여리 여리-
에헤

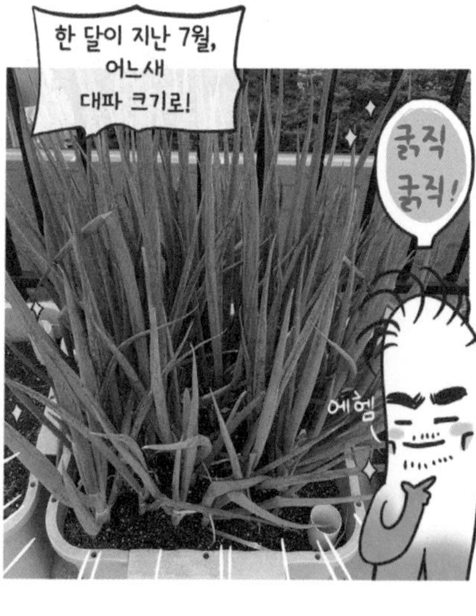
한 달이 지난 7월,
어느새
대파 크기로!
굵직 굵직!
에헴

연필 두께 실파가,

궁극한 대파로 변신 중!

하지만 뽑아보면 흰 대 부분이 아직 짧아, 흙을 덮어주는 북주기나 뽑아서 더 깊이 심어줘야 해요.

쑤욱!

🌱 북주기나 다시 심을 땐 웃거름과 같이!

다시 깊이 심거나 북주기를 해 하얗게 만들 부분.

이전 흙에 덮여 광합성을 못 해 하얗게 된 부분.

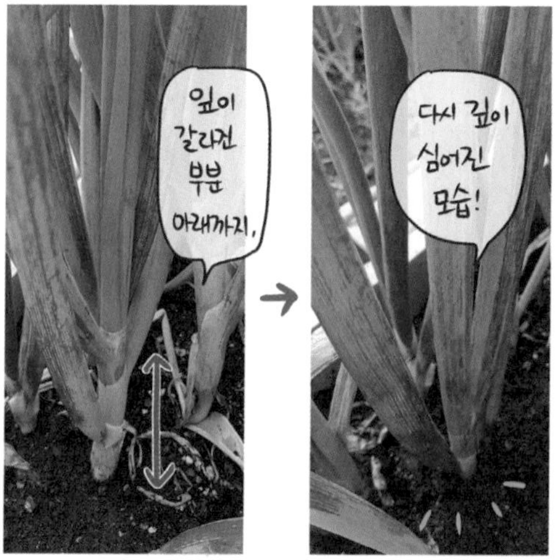

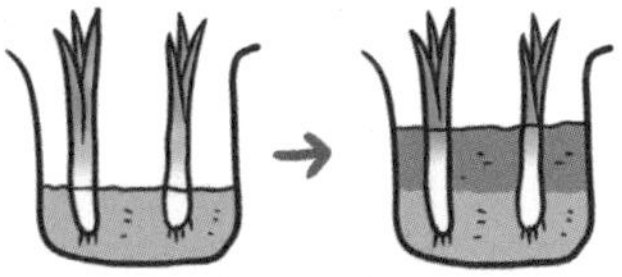

🌱 화분으로 키울 땐 처음부터
흙을 반만 채우고 심었다가,
중간중간 나머지 흙과 거름을
섞어 채우면 편하다.

그렇게 또 한 달이 지나면
드디어 완벽한 대파 수확 시작!

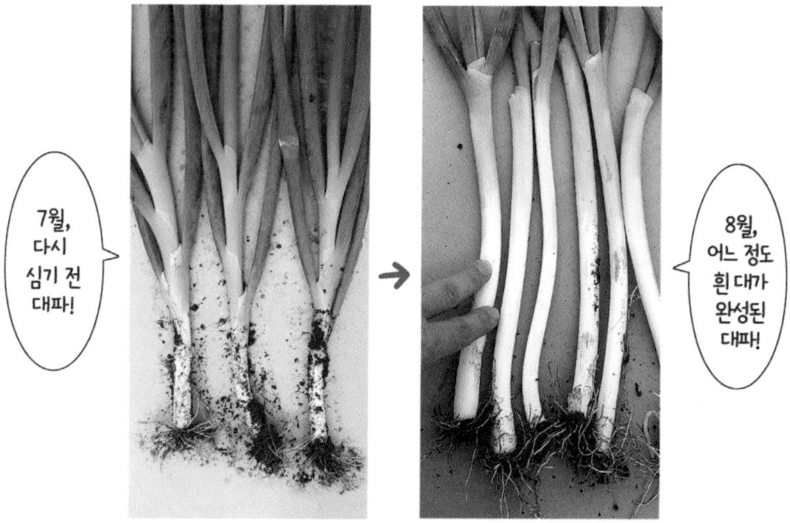

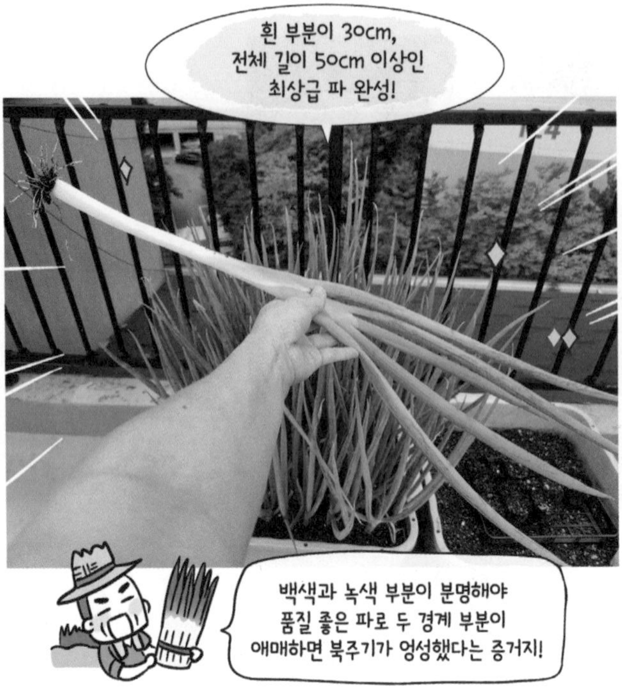

흰 부분이 30cm, 전체 길이 50cm 이상인 최상급 파 완성!

백색과 녹색 부분이 분명해야 품질 좋은 파로 두 경계 부분이 애매하면 북주기가 엉성했다는 증거지!

대파는 겨울을 나고 봄에 다시 잎을 내는데 겨울을 이긴 봄 대파는 단맛이 더 강하고 부드러워 맛이 제일 좋다.

한 해를 보낸 봄 대파는 꽃대를 내는데, 꽃을 피우려는데 영양이 가 잎이 질겨지고 맛이 없어지니 꽃대는 보이는 즉시 따준다.

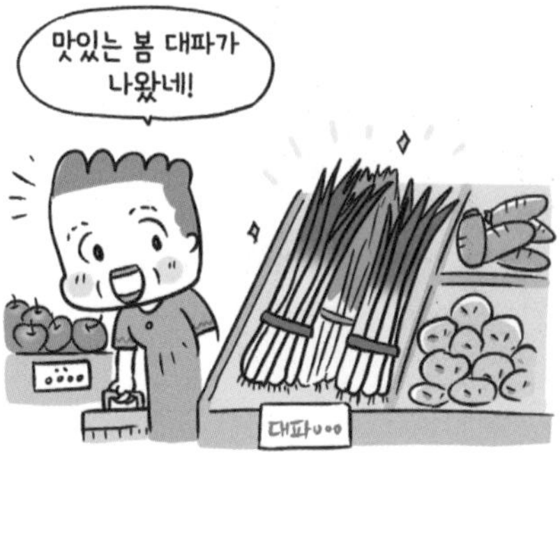

맛있는 봄 대파가 나왔네!

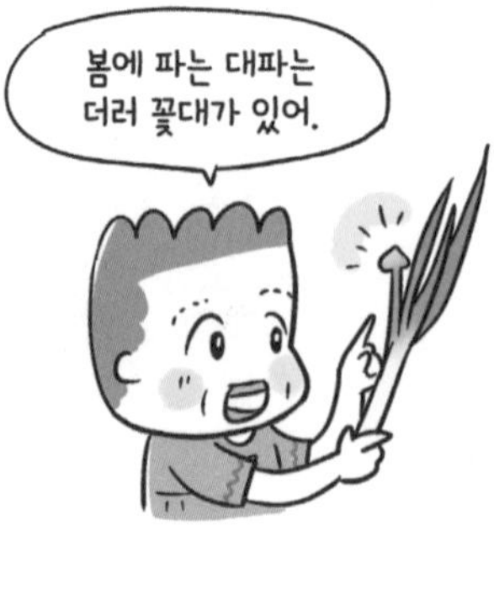

봄에 파는 대파는 더러 꽃대가 있어.

다가오는 가을과 다음 해
봄에 뿌릴 대파 씨를 받으려면
그냥 두어 씨를 맺게 해요.

대파꽃

꽃이 시들면서
맺힌 씨

받은
대파 씨

대파 씨는 다른 씨와
달리 해가 넘어가 묵으면
발아율이 현저히 떨어진다.
매해 몇 송이 꽃 피워
씨앗을 받아놓으면 좋다.

2인 가족, 초여름
실파 한 단 심으면
초겨울까지 뽑아
먹을 수 있어요.

이제야 진정
대파 부자가 되었네!

파기름
팍팍!

육수에
팍팍!

채소 기르기가 재밌는
가장 큰 이유는,

텃밭

최고!

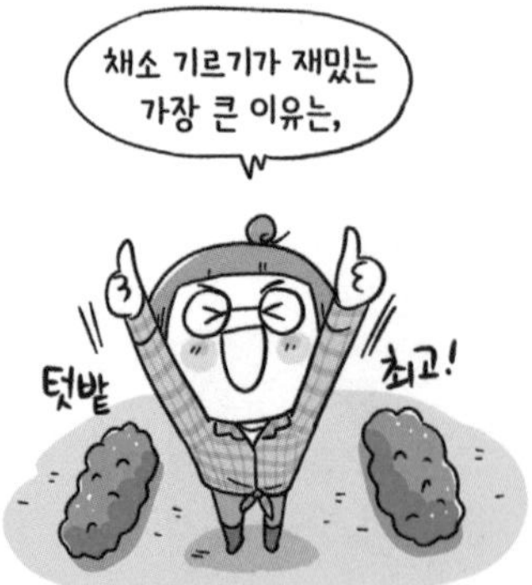

화초와 달리 무척 빨리 자라 심고서
금세, 또 자주
맛볼 수 있다는 것!

3달이면
감자 재배 끝!

상추, 깻잎
3~4일이면 또 수확!

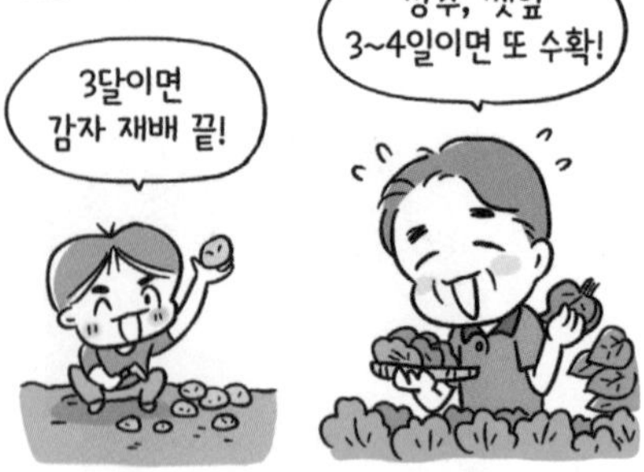

그런데 이런 재미를 맛보려면 작물마다의
재배 방법을 꼭 알아야 한다.

심고 물만 주면
되는 게 아니네.

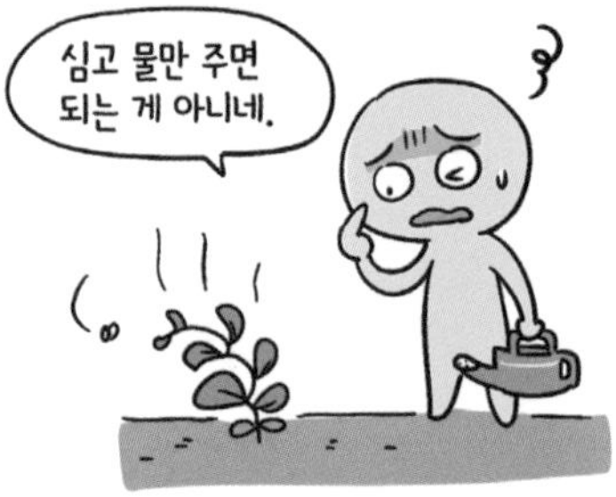

재배법에는 난이도가 있는데, 그중 너무
잘자라 수확하기 바쁘다가도 기르기가 어려워
내가 병나는 최고 난이도의 작물이 있으니,

또 수확!

또 병났어!

까

밍

그것이 바로 '오이'다!

애증의
오이여!

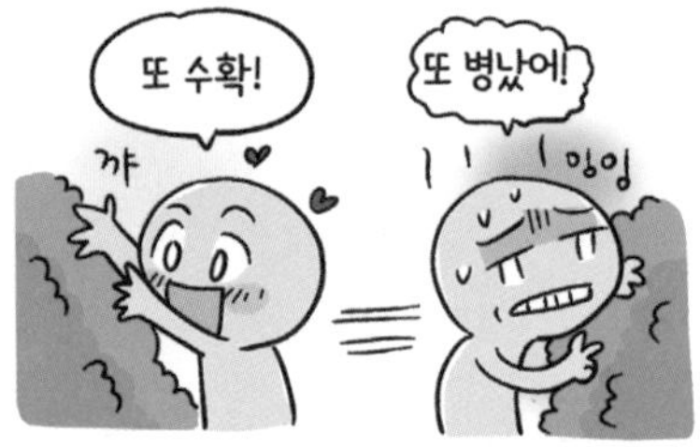

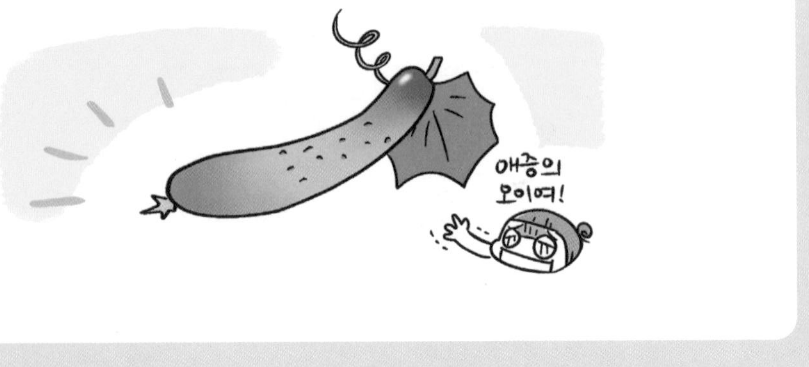

Chapter 12

오이 기르기
천국과 지옥을 오가는 오이

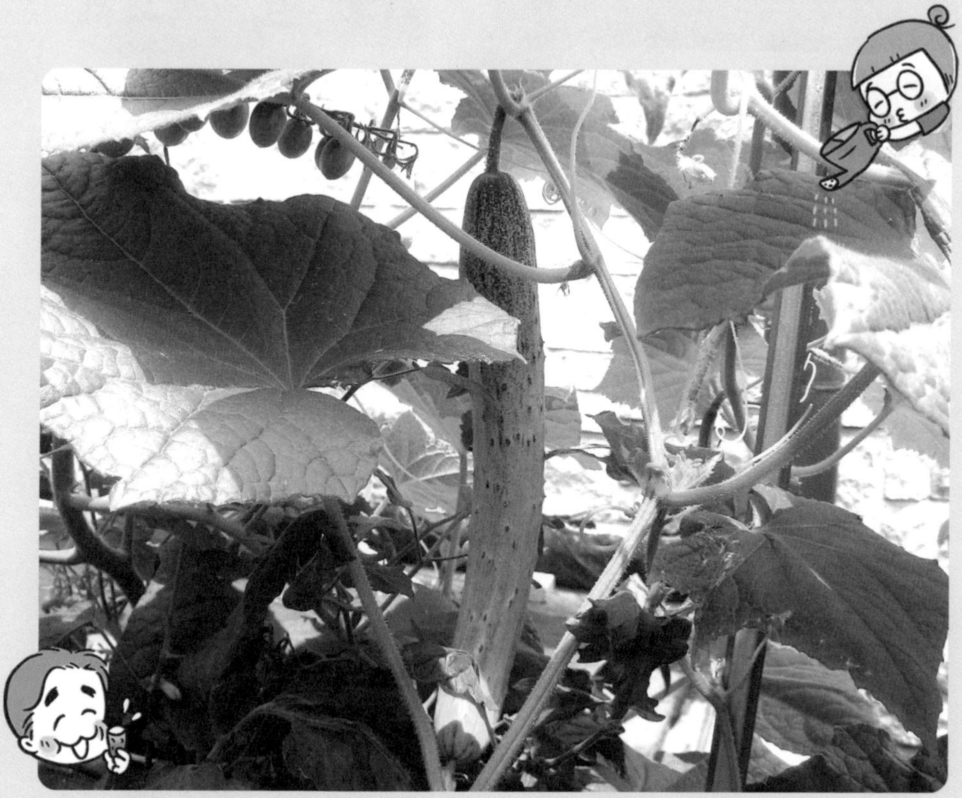

5월

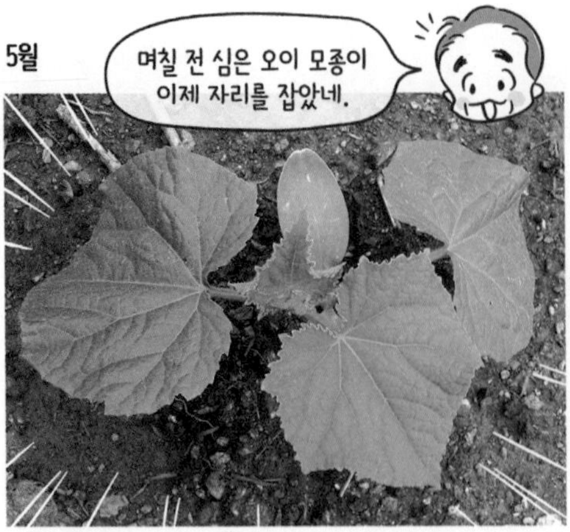

며칠 전 심은 오이 모종이 이제 자리를 잡았네.

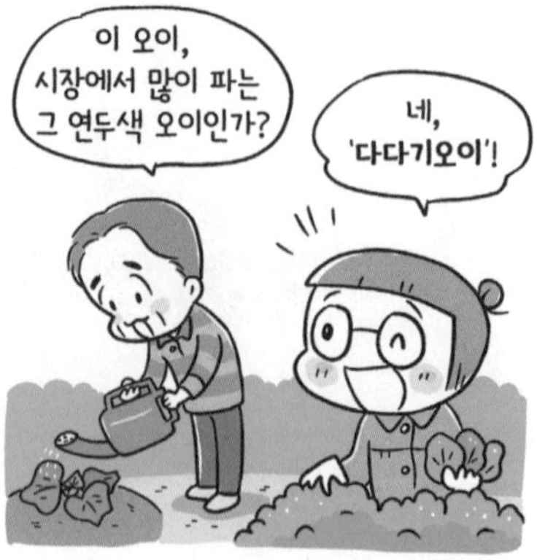

이 오이, 시장에서 많이 파는 그 연두색 오이인가?

네, '다다기오이'!

🌱 모종 심기 - 5월 초중순, 수확 - 6월 말~8월.
: 해가 잘 들고 통풍이 좋으며 물빠짐이 좋은 곳에
거름을 충분히 넣고, 2주 후 40cm 간격으로 모종을 심는다.

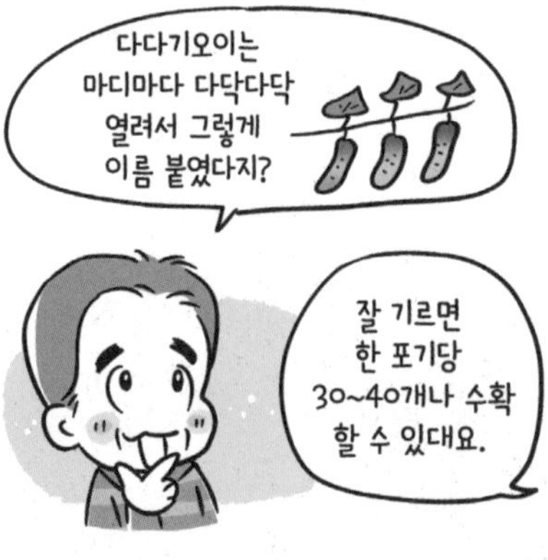

다다기오이는 마디마다 다닥다닥 열려서 그렇게 이름 붙였다지?

잘 기르면 한 포기당 30~40개나 수확 할 수 있대요.

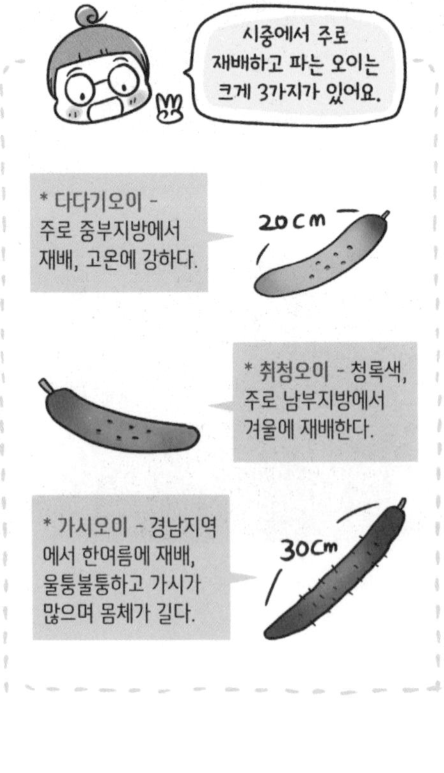

시중에서 주로 재배하고 파는 오이는 크게 3가지가 있어요.

* 다다기오이 - 주로 중부지방에서 재배, 고온에 강하다.

20cm

* 취청오이 - 청록색, 주로 남부지방에서 겨울에 재배한다.

* 가시오이 - 경남지역에서 한여름에 재배, 울퉁불퉁하고 가시가 많으며 몸체가 길다.

30cm

오이는 주변을 덩굴손으로 잡고
5m 이상 길게 자라는 덩굴식물로,
지주를 세워 유인해 주어야 서로 엉키지 않고
통풍이 잘돼 병에 걸리지 않는다.

보름 후

오이가 덩굴손으로
지주를 잡으며
키를 키우네!

오이는
줄기 정리가
중요한데,
처음 맨 아래
6~7마디
에서
나오는
곁가지와
꽃은 모두
제거해줘요.

마디
사이
제거된
상태

아직 어리니 열매보다
성장에 힘쓰란 뜻이구나.

따낸 곁순

암꽃

이제 6~7마디 위로 쭉쭉 열매를 키우는 데,
원줄기인 어미덩굴을 길게 키우면서
마디마다 열매를 맺게 해요.

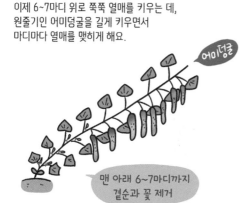

어미덩굴

맨 아래 6~7마디까지
곁순과 꽃 제거

또, 어미덩굴의 겨드랑이에서 나오는
곁줄기인 아들덩굴이 나오면 열매를 맺게
하고 2~3마디에서 순을 질러요.

아들덩굴

순지르기

6월

마디마다 핀 오이 암꽃은 처음부터 오이 모양 씨방을 갖고 있구나!

오이는 암꽃의 씨방이 저절로 발달해 열매가 되는데, 농가에서는 양분 손실을 막기 위해 수꽃과 덩굴손을 제거한다지요.

수꽃을 없애는 또 다른 이유는 수정이 되면 단단한 씨가 맺히기 때문이야.

🌱 단위결과(單爲結果)
- 수정하지 않고도 씨방이 발달하여 열매가 되는 현상.

꽃이 피고 10일 정도면 오이가 금방 20~25cm로 커 수확할 수 있어요.

10일 후

하루 3cm씩 자라!

오이 암꽃

오이는 수분이 95%!

아작! 목말랐는데 오이가 아주 좋네.

수분이 많은 채소이니만큼 물주기도 횟수를 늘려 자주 줘야 해요.

아작!

낑

낑

노지 텃밭에서는 여름철 일주일에 최소 2회 이상 포기당 2~4리터 이상으로 흠뻑 물을 주고,

화분 재배라면 하루 물주기 횟수를 늘려 소량씩 여러 번!

수분이 부족하면 오이가 구부러져 자라거나, 꼭지의 쓴맛이 강해질 수 있어!

쓴맛인 **쿠쿠르비타신**이라는 성분은 물에 잘 녹는 성질이 있어 꼭지 부분을 물에 담가두면 없어진다.

쿠쿠르비타신은 암세포 성장을 억제하는 항산화 효능이 있어.

쓴맛은 가물 때뿐 아니라 일조가 부족하고 저온일 때, 질소질 비료가 과다할 때 생겨난다.

6월 중순

마디마다 주렁주렁 정말 올 때마다 따기 바쁘네!

오이 하나 수확할 때마다 공기와 햇빛이 잘 들게 오래된 잎 1~2개를 따줘야 해요.

오이는 생육이 빠른 만큼 영양분도 금방 소모돼, 웃거름을 20일 간격으로 꾸준히 넣어주어야 해요.

❦ 웃거름은 뿌리에 바로 닿지 않을 거리에 한 주먹씩 넣고 흙으로 덮는다.

앗, 여기
잎 뒷면에?!

오이의 어린잎이나
잎 뒷면에 모여 사는 **진딧물**!!

오이, 고추, 배추 등에 자주 나타나 수액을 빨아먹는
진딧물은 식물을 약하게 만들고 여러 병에
걸리게 만드는 해충이다.

진딧물은 1마리가 1개월에 1만 마리로 불어날 정도로
증식속도가 엄청나고, 종류 또한 300종이 넘는다.

진딧물로
잎이 까맣게 변하고
오그라들어 버렸어!

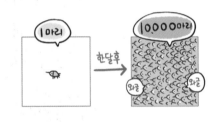

아, 여기 개미도
다니네!

개미는
진딧물과
공생관계!

진딧물의 배설물은 식물의 즙액 중
흡수하고 남은 당분!

그 단물을
개미가
받아먹고

진딧물을
보호해 주지.

텃밭에 개미가 보이면
어딘가 진딧물이 생긴거군!

개미와 달리 진딧물을 마구
잡아주는 텃밭의 익충이 있는데
그건 바로 칠성무당벌레!

무당벌레는 하루에 100마리 이상의
진딧물을 잡아먹는 데, 농가에서는
일부러 사육해 풀어놓기도 한다.

빨간등

ㄲ개의
검은점

무당벌레, 출동!!

🌱 진딧물의 천적으론 무당벌레, 꽃등에,
풀잠자리, 진디벌 등이 있다.

작은 텃밭에서는 친환경으로
손쉽게 퇴치약을 만들어
진딧물을 물리칠 수 있는데,

바로 요구르트, 우유,
막걸리 원액이나
물엿 희석액을
스프레이로 뿌려주는 것!

한낮에 물엿 희석액을 뿌려주면, 끈끈하게 굳어 진딧물의 숨구멍이 막혀 죽는다.

반나절 후 물 스프레이로 끈끈함을 닦아준다.

🌱 고춧잎에 생긴 진딧물을 물엿 희석액 스프레이로 퇴치, 물엿과 물은 끈적끈적함이 느껴질 농도로 섞는다.

고온다습하고 통풍이 잘 되지 않으면 퍼지는 흰가룻병, 잎이 황색으로 변해 죽는 노균병도 오이 잎에 흔히 생기는 데,

노균병

흰가룻병

🌱 난황유
= 마요네즈 1스푼 + 물 1리터
(챕터 19 애호박 기르기 '난황유 만들기' 참고.)

이때는 마요네즈에 물을 탄 난황유를 뿌려주면 예방도 되고 치료도 되고!

모든 병해충은 발생 초기에 방제하는 게 효과적이니, 발견 즉시 조처를 하는 게 좋아요!

하루 이틀 미루면 급속도로 퍼져.

(치척)   (척)

오이 두 포기,
갈 때마다 묵직하게 따가시네!

아빠

오전 9:1

스프레이 열심히 한
보람이 있어!

아프다던
손은 괜찮아?

처음 옥상 텃밭에서
채소 몇 포기를 기르며
텃밭의 재미를 알아가던 그때,

채소 재배 책 속의 미지의 작물은
내게 꿈과 희망의 신세계였다.

그렇게 소원을 빌고 얼마 안 가

정말 너른 밭이 생겼다.

Chapter 13

고구마 기르기
척박할수록 잘 자라는 고구마

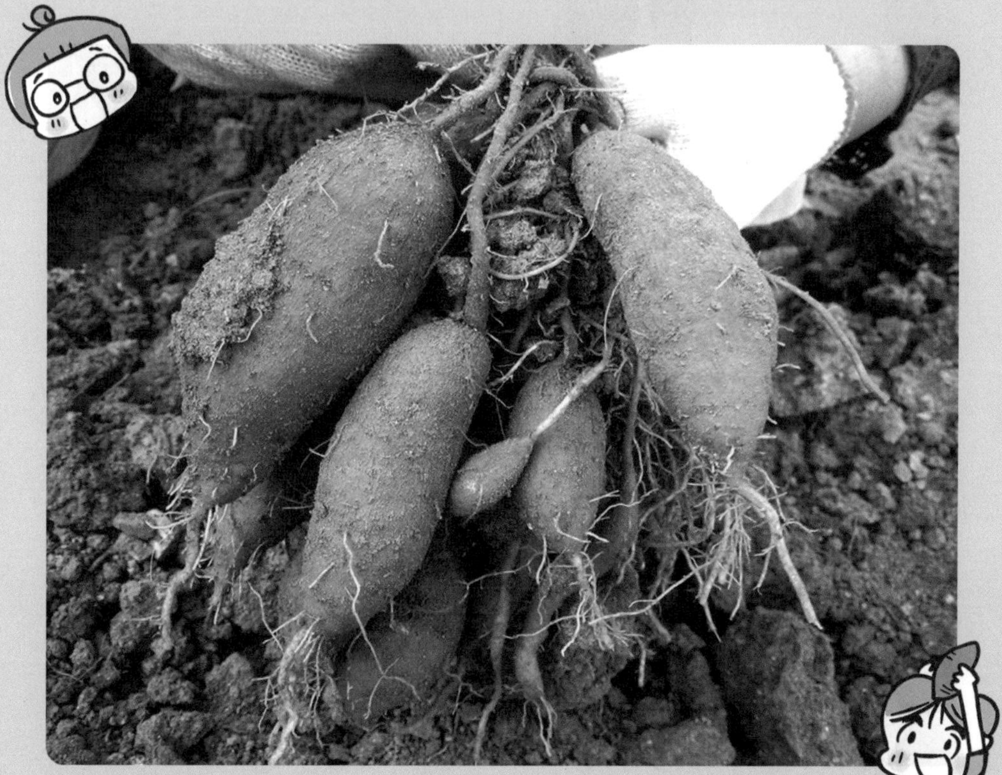

사정상 지방으로 잠시 이사, 집 뒤 쓸 수 있는
공터가 있어 텃밭을 만들었다.

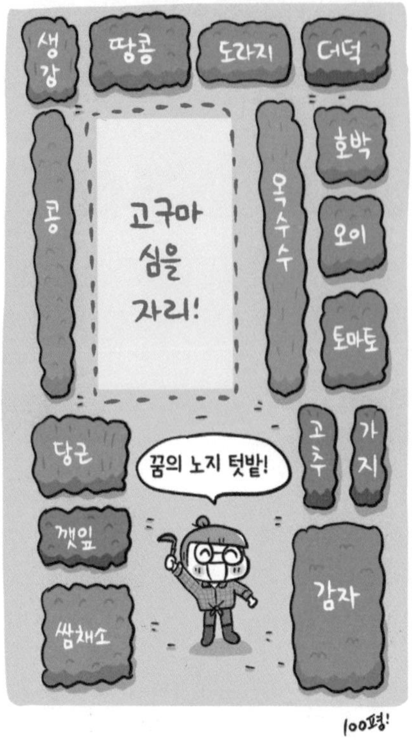

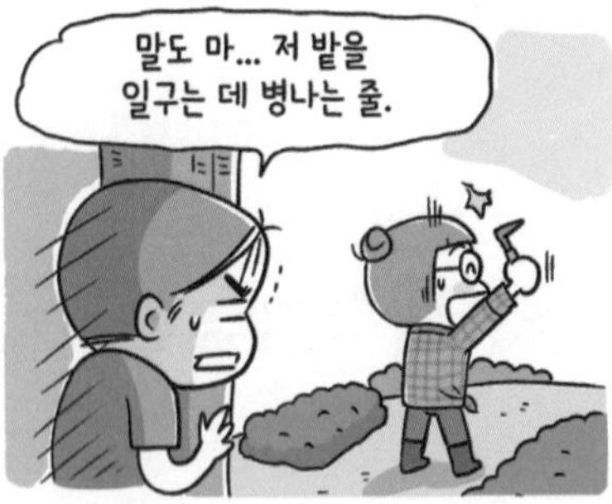

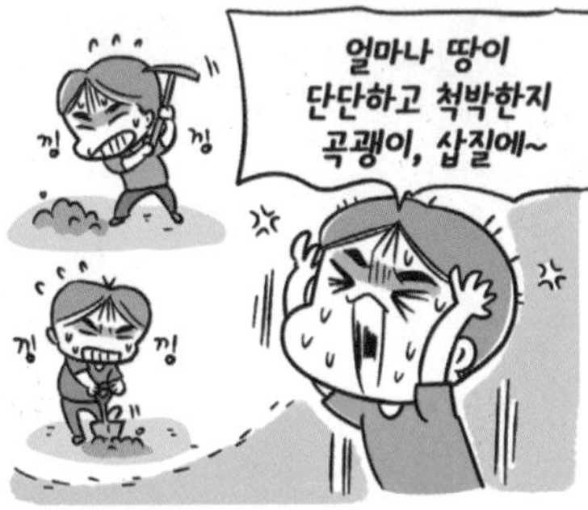

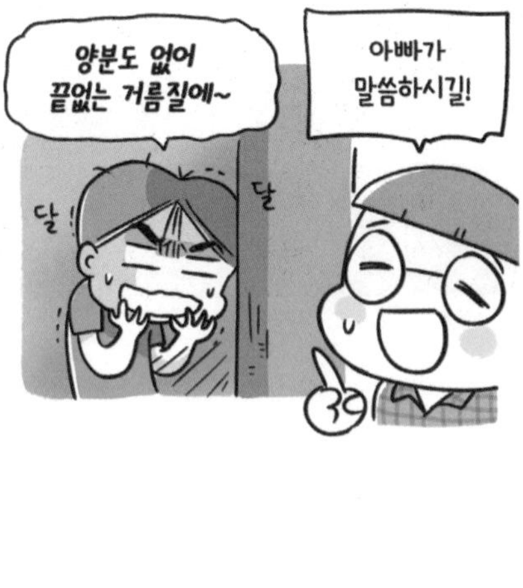

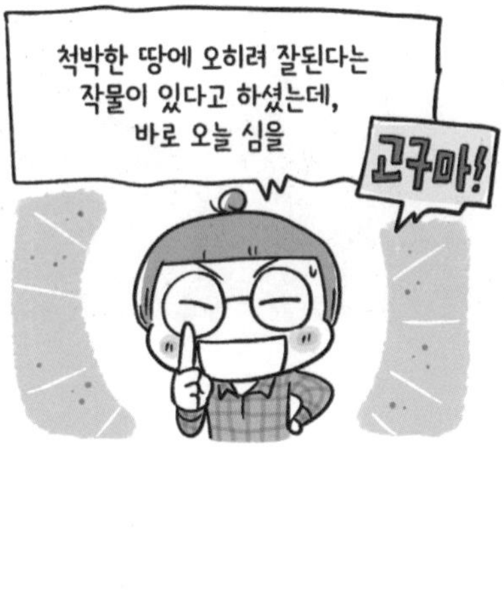

땅이 척박하면 일부러 뿌리에
영양소를 많이 모아둬
고구마가 잘 드는데,

양분 많은 땅에선 그럴 필요가
없어 줄기랑 잎만 무성해져.

그럼 밑거름을
안 해줘도 되는 거군!

보통 땅이면
거름을 안 해도 되는데,
너무 척박하면 거름을
약간은 넣어줘.

솔 솔

뿌리에 좋은 숯가루나
나뭇재를 섞어주면 좋다.

이제 고구마가 영글 두둑을
만드는 데, 최대한 흙을
부드럽게 갈아
높게 쌓아줘야 해!

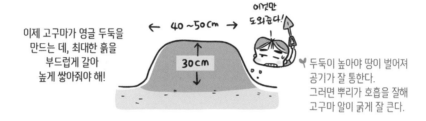

이것만
도와줘!

← 40~50cm →

30cm

🌱 두둑이 높아야 땅이 벌어져
공기가 잘 통한다.
그러면 뿌리가 호흡을 잘해
고구마 알이 굵게 잘 큰다.

고구마는
고구마 순 모종을
심어 길러!

잎이 싱싱하고
마디가 굵은 것이
좋은 모종!

고구마는 이 고구마 순
모종의 줄기 마디마다 나와
생기는 덩이뿌리!

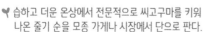

🌱 습하고 더운 온상에서 전문적으로 씨고구마를 키워
나온 줄기 순을 모종 가게나 시장에서 단으로 판다.

고구마 순 심는 방법

심기	수확
고구마 순 심기 – 5월 초중순	10월 초중순

너무 큰 것보다 먹기 편한
적당한 크기를 원한다면
6월 초까지 심거나,
9월 말부터 수확해요.

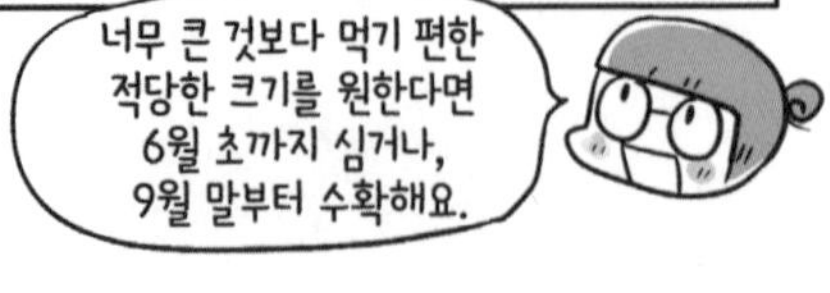

1. 고구마 순을 심기 전
1시간 정도 모종을
물에 담가두면 좋다.

2. 포기 간격은 20~30cm가 되도록 하고,
심을 곳에 호미로 길게 흙을 판 후
물을 주고 스며들 때까지 기다린다.

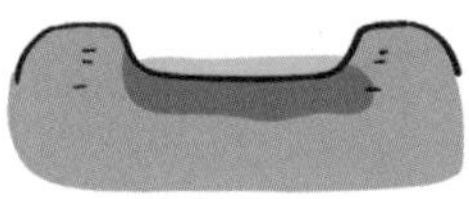

🌱 긴 막대기로 비스듬히 구멍을 뚫고
고구마 순을 꽂아주며
심는 방법도 있다.

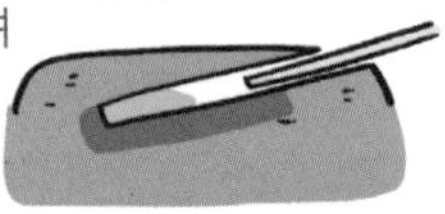

3. 고구마 순을
눕히듯
수평으로
놓고,
(수평 심기)

↓

잎을 서너 장
남긴 채
3~4cm
두께의 흙을
이불처럼
덮은 후
물을 준다.

줄기에 뿌리가
나와 자리 잡도록
2주 정도 물주기를
잘해야 해.

처음엔 시들시들 몸살을 앓는 듯 하더니 며칠 사이 자리 잡았네!

쌩!

쌩!

일주일 후

6월

고구마와 같이 주변의 잡초도 같이 커가네!

꺅!

고구마는 심으면 손이 갈 일이 없는데, 잡초 제거가 일이군!

어느 정도 자라 고구마 덩굴이 퍼지기 전까지는, 고구마 성장을 위해 잡초를 제거해 줘야 해.

뽑은 잡초는 새 잡초가 자라는 걸 막고 습기 유지를 위해 두둑 위로 멀칭해 준다.

잡초 뿌리는 흙과 닿지 않도록 하고, 씨를 맺고 있는 잡초는 멀리 버린다.

🌱 멀칭(mulching) - 농작물이 자라고 있는 땅을 짚, 풀, 비닐 등으로 덮는 일.

8월

어느새 덩굴이 빽빽이 뻗어 잡초 날 틈이 없네!

고구마 줄기가 무성해지는 여름부터 가을까지 이 통통한 잎줄기를 따 반찬으로 먹을 수 있어.

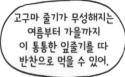

굵고 긴 것으로 골라 잎은 따고 줄기는 한 꺼풀 벗긴 후 나물이나 김치로!

하앗! 저기 고구마 밭에 누군가 파헤친 흔적이!!

두둑에 구멍을 내고 고구마를 먹어 치웠어!

고라니나 멧돼지가 송곳니로 파서 먹어 치운 다더니!

고구마는 병충해가 없는 대신 도둑질해 가는 동물이 문제구나!

그래도 두어 포기만 먹었네!

10월 중순

드디어 고구마 수확 시작!

며칠 더 키우면 알이 더 클 텐데.

아니, 고구마는 열대 아메리카 원산의 추위에 극도로 약한 작물, 절대 수확은 10월 중순을 넘기면 안 돼!

★중요! 서리를 맞으면 금방 상한다.

캘 때 상처가 나도 금방 썩으니 조심해서 캐야 해!

쇠막대 같은 거로 흙을 들썩이면 상처 없이 캘 수 있어.

깍

들썩

고구마 뿌리를 끊으니 하얀 유액이 나와!

얄라핀(jalapin) 공기와 닿으면 산화되어 검게 변한다.

변비 치료제!

생고구마의 상처를 보호해 주는 **얄라핀**이라는 진액인데, 장운동을 활발하게 해주는 효과가 있어 변비에 좋아.

고구마 한 단 심어 몇 박스 나오네!

캔 고구마는 사나흘 바람이 잘 통하는 그늘에 두고 말렸다가 안으로 들이고,

바로 먹는 것보다 2주 이상 저장 후 먹으면 더 달아!

난 군고구마가 제일 맛있더라.

고구마는 구웠을 때 단맛이 가장 강해지는 데, 그건 바로 고구마에 가득 들어 있는 **베타 아밀레이스**라는 효소 때문!

우리가 고구마의 전분을 단맛 나는 맥아당(엿당)으로 분해해주지!

🌱 베타 아밀레이스는 씨앗, 과일 등에도 존재하며, 포도당이 복잡한 긴 사슬 모양으로 되어 있는 다당류를 포도당 2개의 간단한 형태의 맥아당으로 분해한다.

이 효소는 60~70도의 열을 가했을 때 가장 활발하게 활동해!

천천히 구워 구워~

144

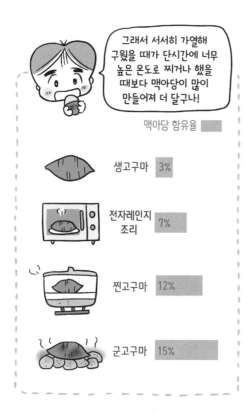

그래서 서서히 가열해 구웠을 때가 단시간에 너무 높은 온도로 찌거나 했을 때보다 맥아당이 많이 만들어져 더 달구나!

맥아당 함유율

생고구마	3%	
전자레인지 조리	7%	
찐고구마	12%	
군고구마	15%	

고구마를 보관할 땐 9도 이하로 내려가면 맛이 떨어지고 금방 부패하니 냉장고는 금물!

나는 열대식물 이라니까?!

적정 저장 온도는 12~15도, 종이 포대나 상자에 담아 신문지로 살짝 덮어 어둡고 바람이 잘 통하는 실내에 놓는 게 좋아요!

아빠, 몇 해 텃밭을 하니 아주 중요한 것을 깨달았어요.

오!

채소를 잘 기르는 텃밭 달인은 바로바로~

'솎아내기'를 잘하는 사람이라는 것을!!

솎아내기란?

씨로 작물을 기를 때는 100% 발아가 안 되거나 불량 싹이 날 것을 대비해 넉넉히 뿌린 후, 자라는 중간중간 최종 간격이 될 때까지 어린 작물을 뽑아주는 것!

최초 본잎이 1-2장 일 때!

작고 모양이 좋지 못한 것을 솎는다.

이후 2-3차례!

정상 크기로 자라날 공간을 계속 넓혀준다.

씨 뿌려 기를 땐 솎아내기가 중요하다는 걸 깨달았다니, 텃밭 도사가 다 됐구나!

그런데...

알면서 못하네?!

매번 하나라도 더 키우고 싶은 욕심에, 뽑기 아까와 주저주저~

벌벌

Chapter 14

열무, 알타리무 기르기
솎아주기가 중요한 열무, 알타리무

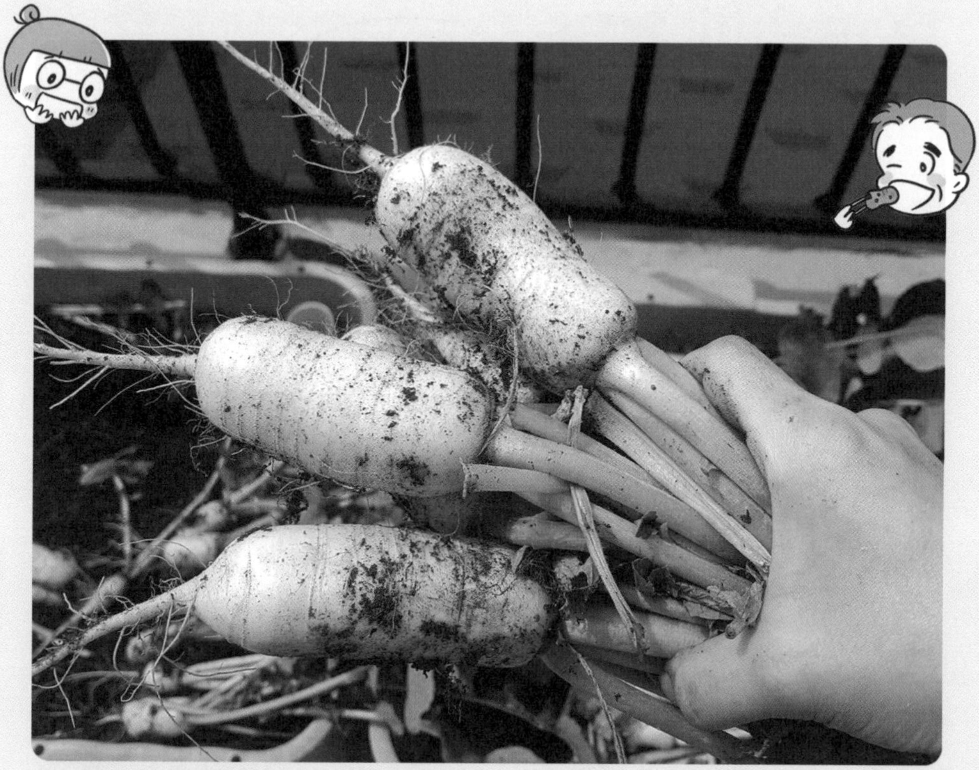

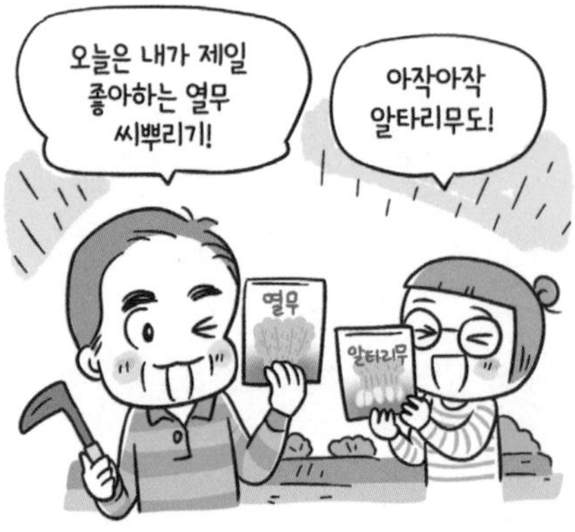

열무와 알타리무는 무 종자에서 품종을 개발한 것!

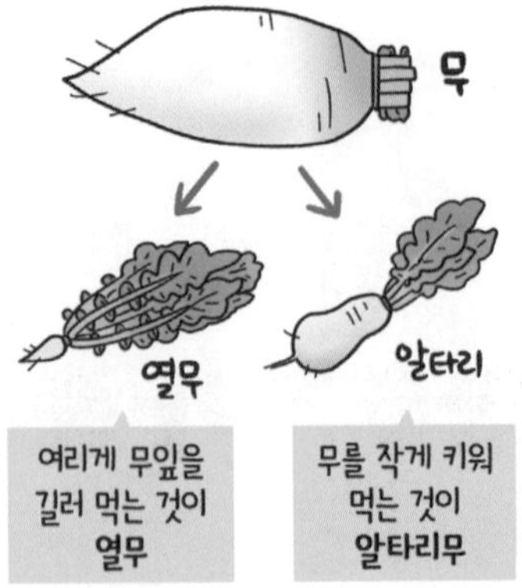

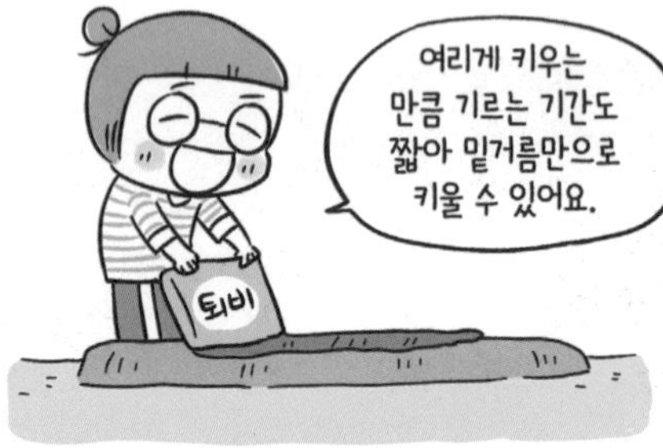

❣ 심기 2주 전 밑거름을 넣고 잘 섞어둔다.
알타리무 심을 곳은 뿌리가 잘 들게 깊고 부드럽게
갈아주고, 돌이나 나뭇조각 등을 제거한다.

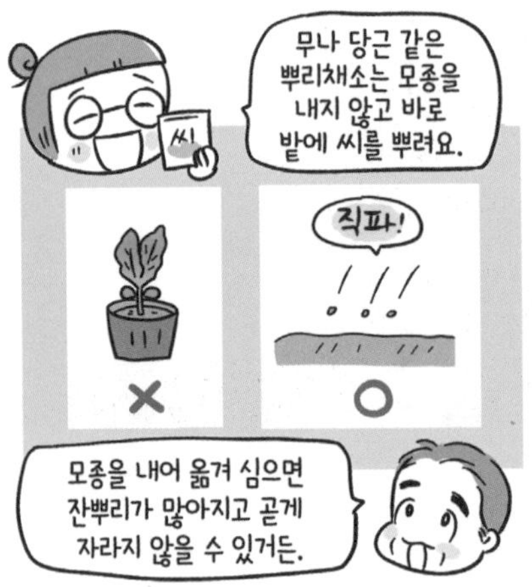

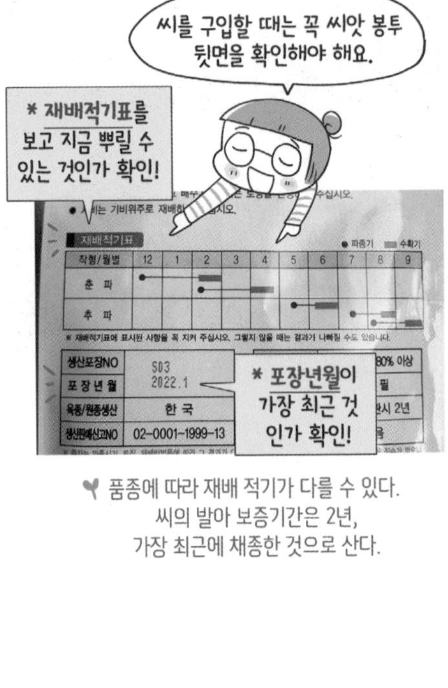

❣ 품종에 따라 재배 적기가 다를 수 있다.
씨의 발아 보증기간은 2년,
가장 최근에 채종한 것으로 산다.

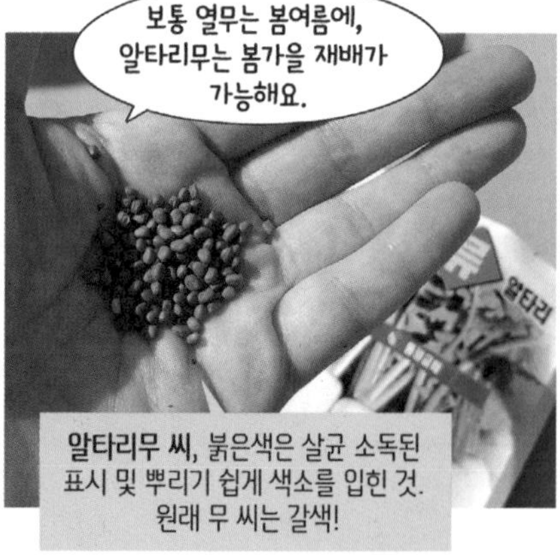

보통 열무는 봄여름에, 알타리무는 봄가을 재배가 가능해요.

알타리무 씨, 붉은색은 살균 소독된 표시 및 뿌리기 쉽게 색소를 입힌 것. 원래 무 씨는 갈색!

🌱 파종 시기 - 열무 : 4월 초~7월 중순.
　　　　　 알타리무 : 4월 중순~5월 초.
　　　　　　　　　　 8월 말~9월 초.

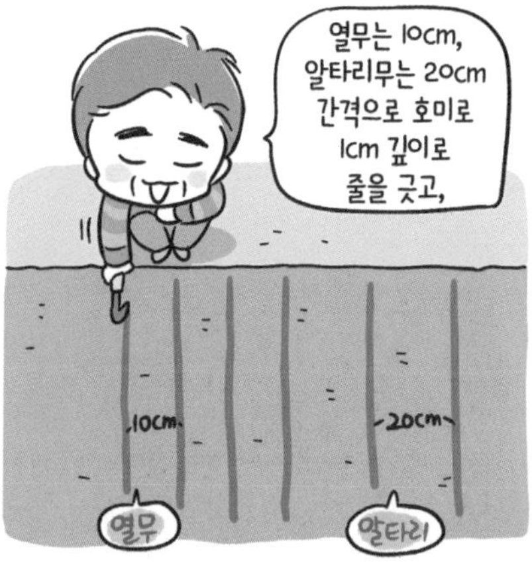

열무는 10cm, 알타리무는 20cm 간격으로 호미로 1cm 깊이로 줄을 긋고,

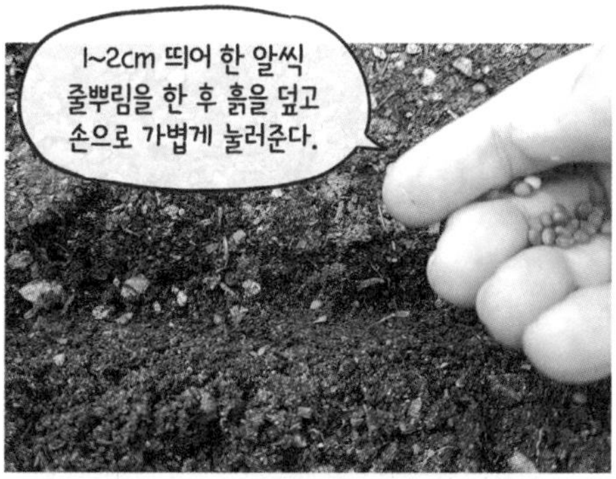

1~2cm 띄어 한 알씩 줄뿌림을 한 후 흙을 덮고 손으로 가볍게 눌러준다.

🌱 보통 씨앗 두께의 2~3배 정도의 흙을 덮는다.

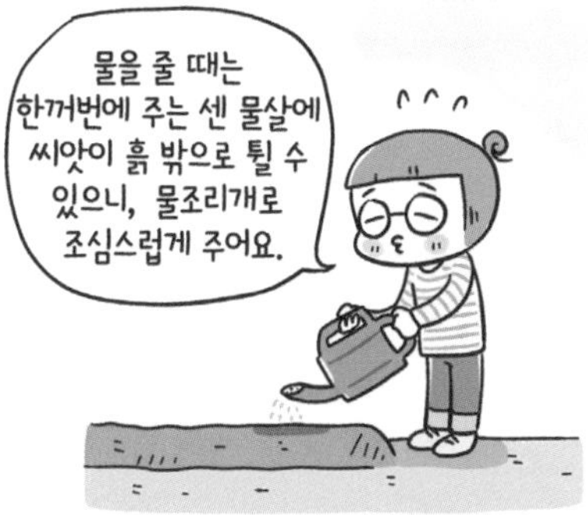

물을 줄 때는 한꺼번에 주는 센 물살에 씨앗이 흙 밖으로 튈 수 있으니, 물조리개로 조심스럽게 주어요.

일주일 후

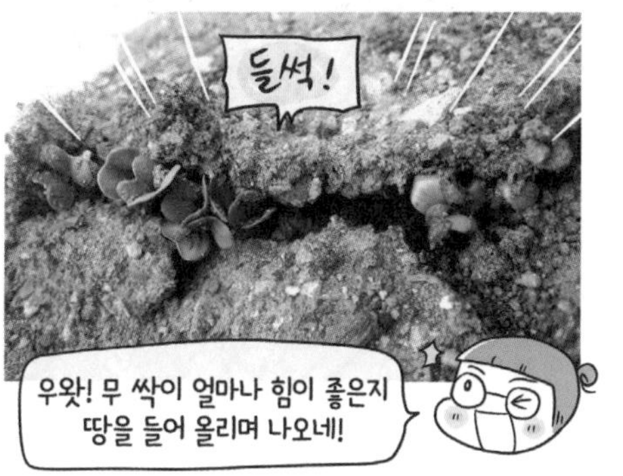

들썩!

우왓! 무 싹이 얼마나 힘이 좋은지 땅을 들어 올리며 나오네!

무 씨는 발아율이 좋아서 거의 뿌리는 대로 튼튼히 싹이 나는 데 처음엔 좀 빽빽하게 자라게 한다.

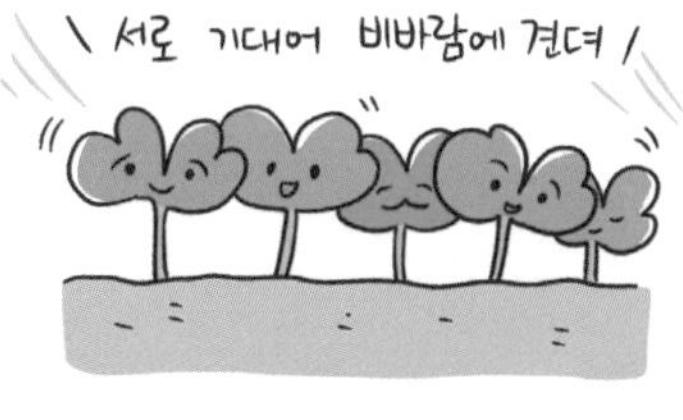

서로 기대어 비바람에 견뎌

곧 떡잎 사이 본잎이 한두 장 나오는 데, 그때부터 밀식된 부분을 뽑아주는 **솎아내기 시작!**

모양이 좋지 못한 떡잎이랑 왜소한 것부터 솎아내!

5일 후

우왓! 솎아내고 며칠 만에 몇 배로 컸어!

한 번 솎아낼 때마다 2~3일 사이 놀랄 만큼 덩치가 커진다는 사실!

솎지 않으면 며칠이 지나도 이 크기!

솎아내면 자랄 공간과 양분 확보로 폭풍 성장!

자 잘~

영 차!

밀식되어 자라면 통풍이 안 좋아 진딧물 같은 병해충도 심해질 수도 있다.

씨뿌리고 20일 된 즈음, 본잎이 5~6장으로 자랐을 때 마지막으로 솎아내요.

솎아줌!

속은
알타리무!

이때 솎아낸 것은 데쳐
나물이나 된장국에 넣어 먹지!

최종 간격은 열무가 3cm 정도,
알타리무 6~8cm정도 되어야
정상 수확할 수 있다.

3cm

6~8cm

열무는
씨뿌리고
40일
정도에
수확!

키가 작고
도톰한 게
잘 자란
열무!

열무 수확이 늦어지면 잎이 거칠고
장다리가 올라와 맛이 없어지니 주의!

꺅! 여칠 미뤘더니!!

🌱 장다리 - 무, 배추 등의 꽃줄기.

알타리무는
씨뿌리고
50일
정도면
수확!

뿌리를 더 크게 키우겠다고 수확을 늦추면
무 부분이 딱딱해지고 바람들이 현상이
생기니 꼭 적기에 뽑는다.

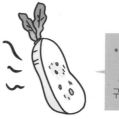

*바람들이
무 속이
푸석푸석,
구멍이 숭숭.

바람들이 현상은 조직의 노화뿐 아니라
양분의 불균형, 토양이 건조해도 많이 발생한다.

무가
바람들었네~

이제 정리해서 김치를 담가볼까나?
알타리무는 밑동과 머리 부분만
정리하고 껍질을 벗기지 않아.

🌱 무 껍질엔 무 속보다 비타민C, 식이섬유, 그리고
칼륨이 2배 정도 많아서 그냥 깨끗이 씻어 먹는 게 좋다.

이건
정상 크기로
잘 자란
알타리무!

에헴!

솎아내기를
잘 못해
작게 자란
알타리무!

하나 크게
키울 수
있는 걸
욕심껏
두 개
키우려니까
그렇지!

소탐대실!

음 하 하

자 잘

잘 솎아내어 정상 크기로
자라면 수는 적어도 부피는 더
크다는 걸 잊지 마!

열무김치 완성!

냉면, 비빔밥, 국수에 넣어 먹으면 캬~

알타리무김치도 완성!

무를 자르지 않고 담그면 아작한 맛이 더 오래가요!

화분 재배로도 열무와 알타리무는 잘 자라는 데, 어디서 기르든 서로 간 간격을 꼭 지켜줘야 성공적인 수확을 할 수 있어요!

욕심을 버려야 텃밭의 고수!

마음속 불필요한 것도 잘 솎아내야 삶의 고수!

노지 텃밭을 하던 어느 해,

이, 이건 도대체...

..이건 도대체 뭘 심은 걸까?

응? 뭐가??

기다란 게 3개 나와 있는 이 기괴한 채소는 뭐야?

아앗, 이게 뭐야?!

여긴 콩 심은 데야. 누가 콩잎 순을 다 따갔어!

여기 감자 줄기도
다 잘라놓고,

며칠 전
심은
가지,
고춧대까지?!

맹꽁!

고추

맹강!

가지

누가,
누가 이런 짓을?!

부들 부들

여기,
수상한
토끼 발자국!

그렇다면
범인은 토끼?!

아니, 토끼 모양
발자국!

이건
'고라니' 발자국?!

Chapter 15

가지 기르기
가지를 노리는 범인을 찾아라

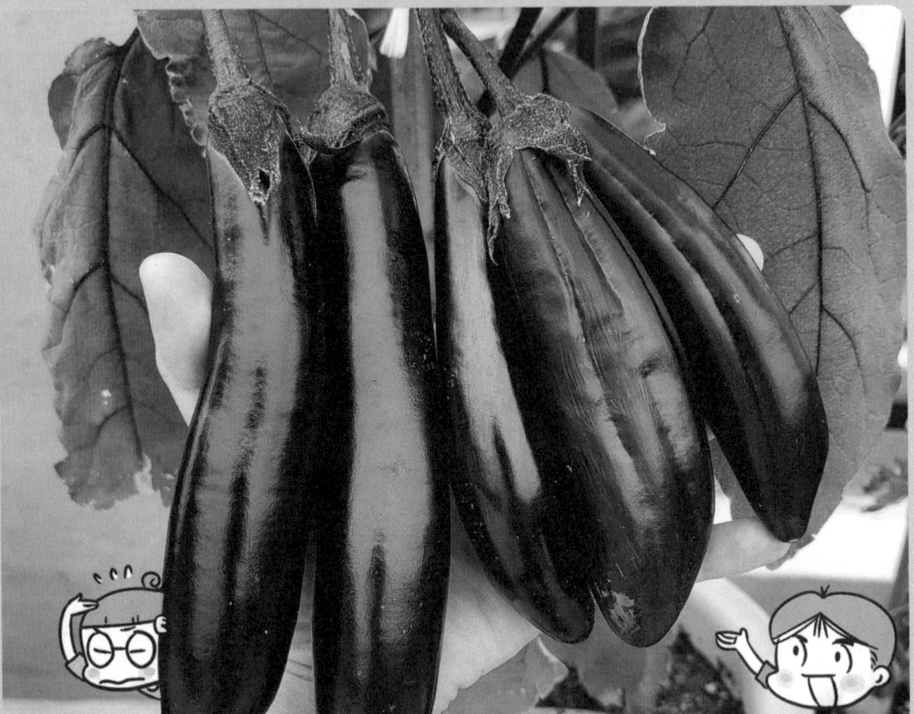

결국 모종을 두 번 사서 심게 하네.

보라색 모종이 가지!

가지는 인도가 원산지, 자라기 좋은 온도가 22~30도로 고온을 좋아하니 지금 5월에 심는 게 안전해!

줄기가 굵고 곧으며

색이 짙고 떡잎이 달려 있는 것이 좋은 모종!

🌱 모종 심기 - 5월 초중순.
수확 - 6월 말~10월 중순.

참, 가지가 왜 가지이게?

가지가지마다 가지가 달려서!

맞아, 가지는 많은 열매가 가지마다 맺고, 키도 가슴 높이까지 자라니 밑거름을 넉넉히 넣어줘야 해.

밑거름은 2주 전에!

50cm

건조에 약하므로 약간 습기 있는 토양에 해가 잘 드는 곳에 심는다.

모종을 심고 비바람과 열매 무게로 처지거나 쓰러지지 않도록 지주대를 세워주고 넉넉히 8자로 묶어줘.

8자

혹시라도 고라니가 또 올지 모르니 줄도 쳐 놓자!

오오~

며칠 후

고라니 녀석, 가지를 또 똑 잘라 놓고 갔네!

또각!

크흑, 세 번째 가지 모종!

허수아비를 세워야 하나? 밤에 적외선카메라로 지켜볼까?

6월

다행히 좀 크니까 고라니가 안 건드네!

이제 가지잎이 손바닥보다 더 커졌어!

잎도 덩치도 점점 더 크게 자라니 4~5일에 한 번씩 깊이 스며들 정도로 물을 주고,

습기 유지를 위해 짚이나 마른풀을 깔아주면 좋다.

화분 재배일 경우 아침저녁으로 거르지 말고 충분히 물을 주어야 한다.

한여름 반나절만 물을 안 줘도 화분에 심은 가지는 죽은 듯이 축 늘어져.

축욱

미안!

가지는 이름 그대로 가지가 많이 나오는 데,
첫 꽃이 피는 방아다리 밑의 곁순들은
모두 제거하고 위의 **원줄기가 Y자로 갈라지는 2가닥**을
기르는 게 기본이고,

혹은 방아다리 바로 아래, 튼실한 곁가지 1~2개를
골라 키워 3~4줄기로 기를 수도 있다.

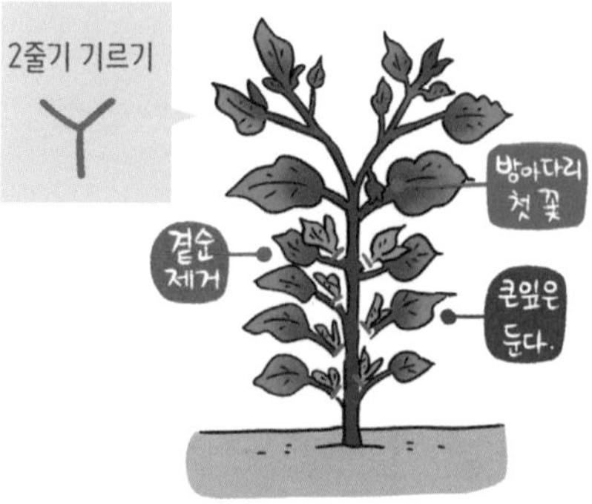

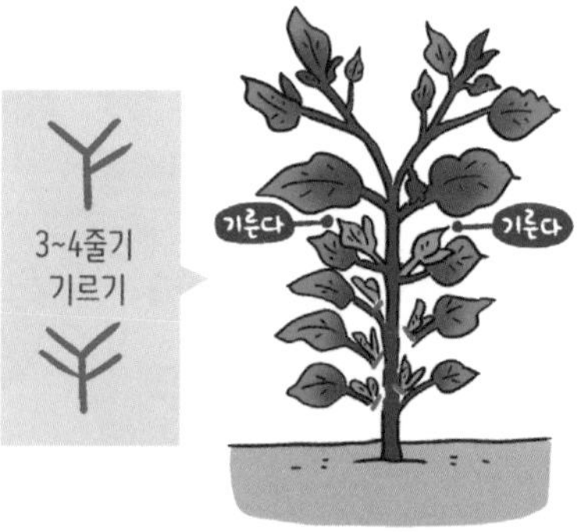

🌱 주로 좁은 화분에서는 2줄기로 기른다.

모종을 심고 한 달 즈음부터 웃거름을
주기 시작하는 데, 이후 10월 서리 내리기
전까지 내내 열매가 맺히니
한 달 간격으로 꾸준히 웃거름을 준다.

뿌리가 직접 닿지 않을 곳으로
한두 주먹씩 넣고 흙으로 덮는다.

가지는 어린잎도
줄기도 꽃도
보라색!

가지꽃이 시들면
자주색 씨방이
커져 가지로!

매일 새로 자란 하얀 부분은 햇빛을 받으면 검은 자주색으로 변해!

아침부터 자란 부분!

그리고 가지 하나 딸 때마다 그 아래 1~2개의 잎을 꼭 따 주기!

7월 초

꽃 피고 20일 후면 수확!

수확이 늦으면 색이 옅어지고 단단해져 맛없으니 좀 어리다 싶을 때 따야 해!

햇빛을 잘 받아 열매 색도 짙어지고,

양분도 확보하고,

바람이 잘 통해 병충해도 막고!

병든 잎과 늙은 잎도 수시로 따줘야 해!

4,5... 10...12... 28!!

여기 가지 잎에 점이 28개인 무당벌레! 무당벌레는 진딧물을 잡아주는 텃밭의 익충이라더니 얘도?!

아니, 이건 텃밭의 해충 '28점박이 무당벌레'!

🌱 진딧물을 잡아먹는 텃밭의 익충은 칠성무당벌레!
(챕터 12 오이 기르기 참고.)

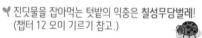

광택이 없는 주황색 등

28개의 검은 점

가짓과

토마토 고추 감자

28점박이무당벌레는 초식성으로 주로 가짓과 채소의 잎을 사정없이 갉아 먹어!

마시쩌!

가지 잎도 갉아 먹고,

가지 열매 껍질도 갉아 먹고!

껏!~

가짓과 채소의 잎 뒷면에 노란 알을 낳고 일주일 후 자란 유충도 부지런히 잎을 갉아 먹으니,

사각 사각

그물 모양으로 토마토 잎맥을 몽땅 갉아 먹은 유충!

알과 유충, 성충은 모두
보이는 즉시 제거해준다.

성충은
잘 날지 못하고
둔해 잡기 쉽다.

노란 유충은
잎 뒷면에!

이럴 때
가지 요리!

가지의
보라색 색소인 안토시아닌은
요즘같이 일찍 노안이 오고
시야가 뿌옇게 되는 증상을
완화해주지!

보라색 안토시아닌이
눈 망막의 색소 단백질인 로돕신의
활동을 활성화시키기 때문에
시력을 보호하고 노안, 백내장을
예방할 수 있어!

초롱

초롱

고혈압
심장질환

동맥경화
각종 암

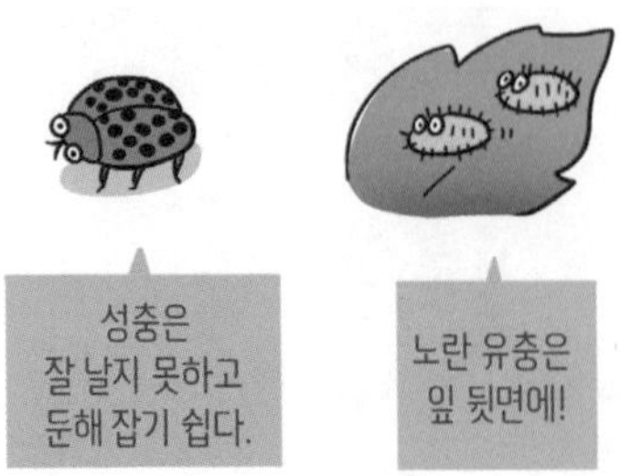

또 안토시아닌은 강력한 항산화 작용으로
노화 방지와 성인병 예방에도 좋다.

가지는 한여름쯤 키가 커져
가지들이 지나치게 무성해지는 데,

또각   또각

가을이 오기 전 키를 줄이듯
가늘고 연약해진 가지를 잘라내고
겨드랑이에서 나오는 줄기를 새로 키우면
다시 튼실한 열매를 맺혀.

가지는 냉장고에 바로
넣으면 수분이 날아가 시들해지고
속이 검은색으로 변색되니, 랩이나
비닐봉지에 싸서 실온 보관해!

찌고 굽고 말리고
다양한 가지 요리!

아빠 어릴 땐
가지를 뚝 따서 어적어적
생으로도 먹었다지?!

생가지를?!

···   ···

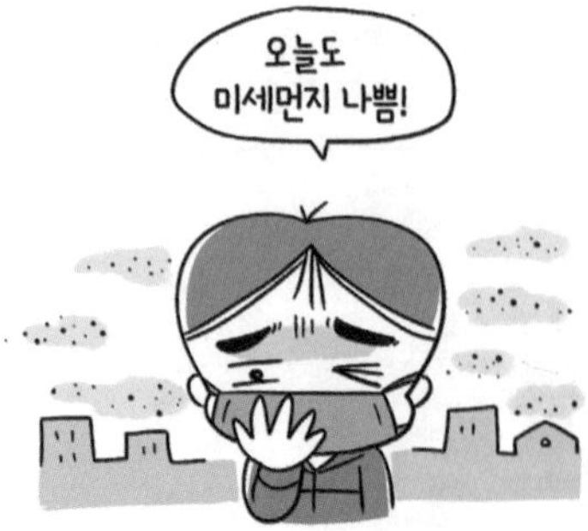

이런 남편에게.

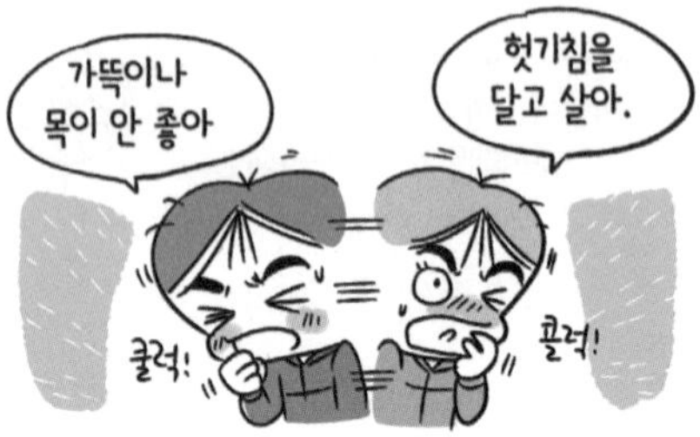

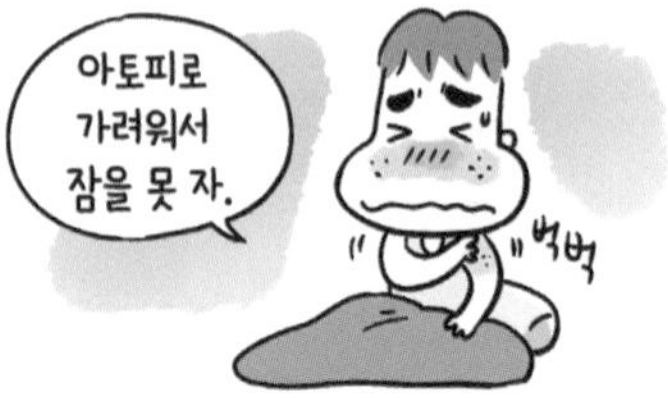

이런 조카와 엄마에게.

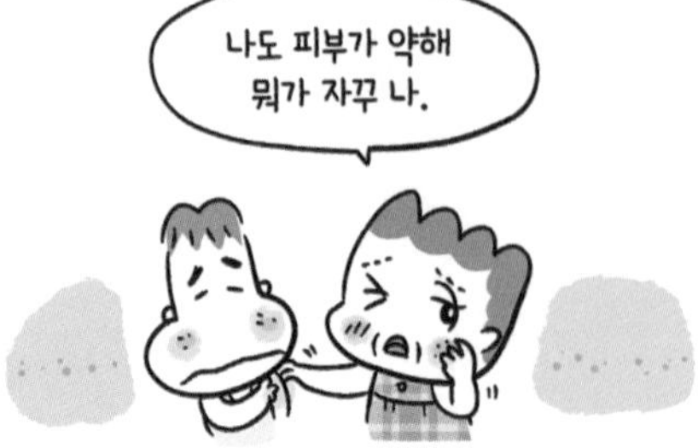

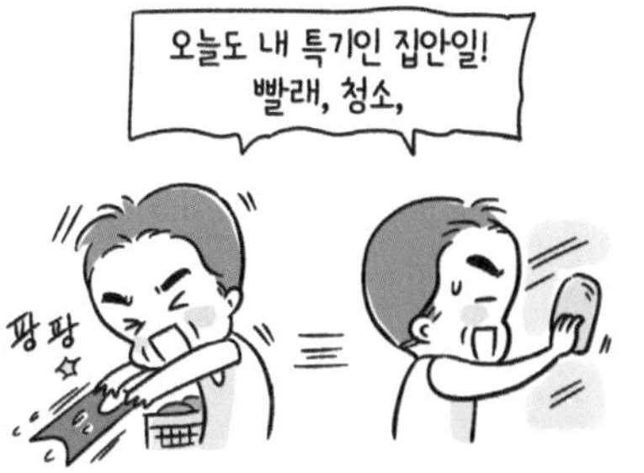

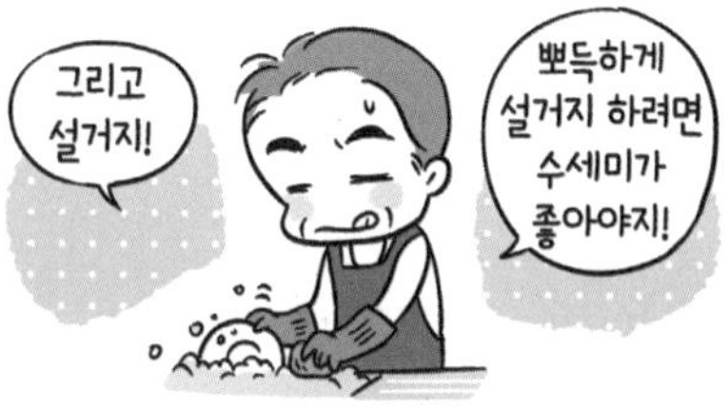

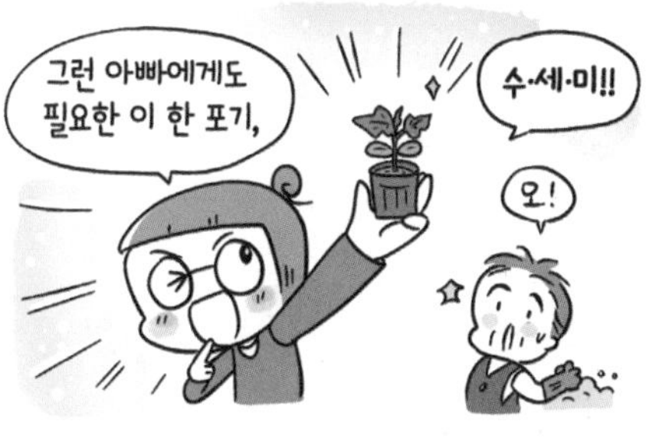

수세미 한 포기 길러 가족 건강도 지키고,
천연 수세미도 만들고!

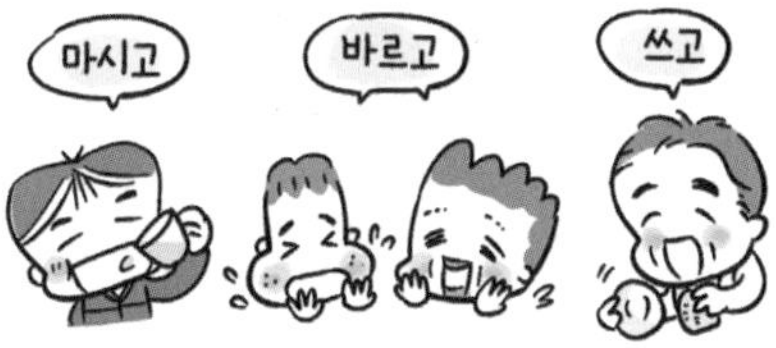

Chapter 16

수세미 기르기
마시고 바르고 쓰임이 다양한 수세미

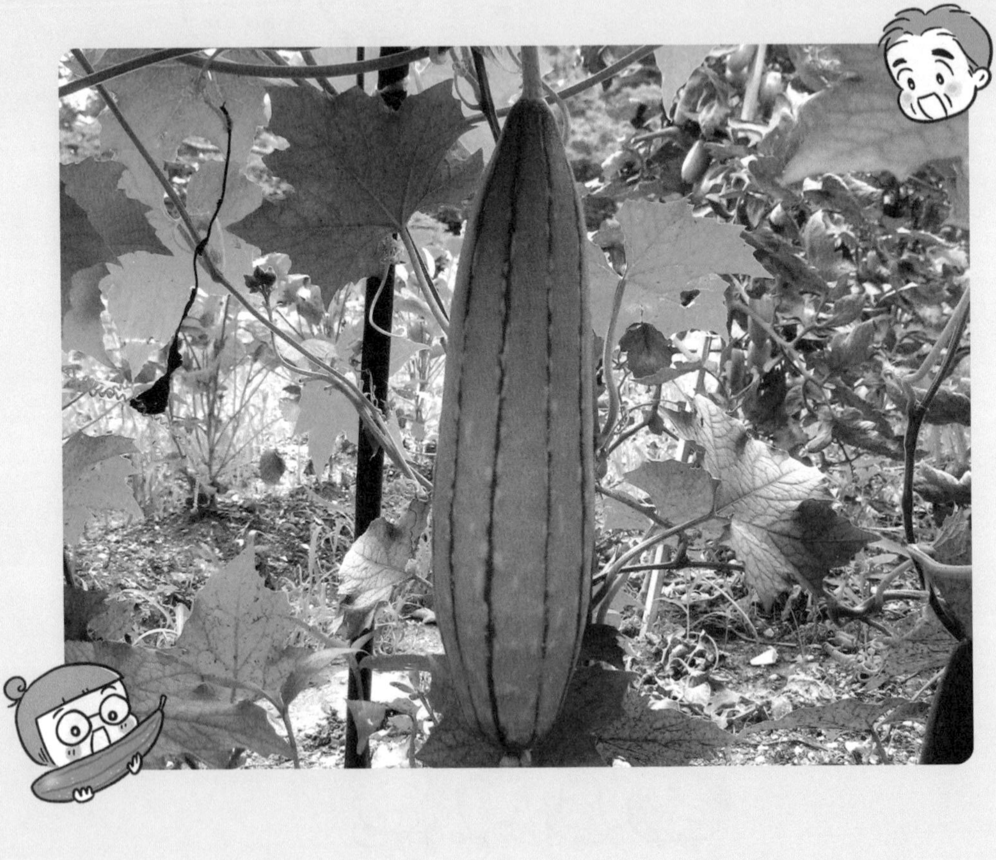

5월

씨뿌린 수세미가 이제 본잎이 나왔구나!

본잎

떡잎

🌱 씨뿌리기 - 3월 말~4월 중순.
모종 심기 - 4월 말~5월 초.

수세미는 땅을 가리지 않고 잘 자라는 데, 햇빛이 잘 드는 곳에 밑거름을 하고 충분히 날이 따뜻한 5월 초에 모종을 심어요.

30~40cm

🌱 화분 재배 시 30cm 이상 깊이와 너비의 넉넉한 화분에 심는다.

오이와 비슷한 수세미는 박과의 덩굴성 식물!

수세미오이, 수세미외라고도 불러.

덩굴이 8m까지 자라는 수세미는 지주를 박아 끈으로 묶어 유인해 주어요.

삼각지주!

열매가 길고 무거우니 땅에 닿아 상하지 않게 자랄수록 지주를 더 세워 줄 수도 있어.

6월

수세미꽃은 오이꽃과 비슷하네!

잎겨드랑이에서 하나씩 피는 암꽃

한 줄기에 10개 이상의 수꽃 봉오리

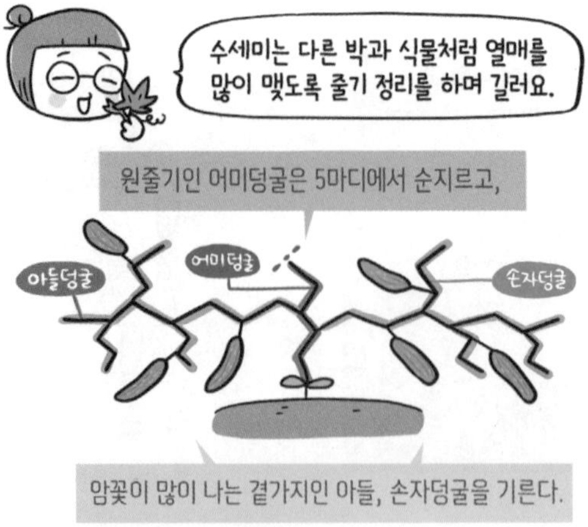

수세미는 다른 박과 식물처럼 열매를
많이 맺도록 줄기 정리를 하며 길러요.

원줄기인 어미덩굴은 5마디에서 순지르고,

암꽃이 많이 나는 곁가지인 아들, 손자덩굴을 기른다.

7월

암꽃이 수정되어 10일 정도
지나면 어린 열매를 생으로 또는
살짝 데쳐서 먹을 수 있는데,

수정을
마친 암꽃

🌱 수확 - 7월 중순~10월 중순.

우리는 호흡기와 피부에 좋은
수세미 차로 만들어 보아요!

수세미에는 기관지 기능을 향상하고
가래를 삭이는 **사포닌**이 도라지의 30배 이상!

목에 좋다는
도라지보다
그렇게나 많이?!

천식
비염
축농증

사포닌

🌱 수세미는 기관지 경련, 수축 때 쓰는
비강 스프레이 약의 원료로도 쓰인다.

또 항염, 항산화 효과가 높아 활성산소로부터
세포를 보호하는 **쿠마르산**이 다량 함유되어
피부의 각종 염증성 질환을 완화해 준다.

쿠마르산이
도라지의
43배,

홍삼의 34배
함유!

미세먼지에도 좋은 수세미 차 만들기

천식, 비염, 축농증 등의 질환의 한약재로도
처방되는 수세미는 기침, 가래, 콧물 등의
증세가 있을 때 차로 마시면 좋다.

차로 만들기 위해 우선 겉껍질이 파란 어린
열매를 적당한 두께로 자른다.

첫 번째 방법 - 말린 차로 만들기

햇빛이나 건조기에 펼쳐
바짝 말린다.

말린 2조각 정도 컵에 넣고
끓는 물을 넣어 우려 마신다.

두 번째 방법 - 발효액으로 만들기

자른 수세미와 설탕을
1 : 1.2의 비율로
켜켜이 재운다.

3개월 숙성 후 발효액만 건져
물에 타 마신다.

🌱 수세미는 성질이 차므로 몸이 차거나
소화기관이 약한 사람은 주의!

8월

꽃이 피고 40~50일, 꼭지가
갈색으로 변할 때쯤부터 천연수세미를
만들기 위해 수확해요!

이거 하나면
수세미 몇 개는
나오겠네!

🌱 수세미는 평균 30~70cm,
크게는 1m 넘게도 자란다.

약간 누런색을 띨 때 따서 물에 며칠 담가놓으면
껍질과 그물망이 저절로 분리된다.

씨앗은 잘 털어내 내년 종자로 쓰고,

수세미
씨앗

수세미 섬유는 잘 씻은 후 더 질겨지도록
끓는 물에 5분간 살짝 삶아 햇빛에 말리면
천연 수세미 완성!

주방 수세미!

또는
목욕 용품으로!

수세미는 물과 양분의
통로인 관다발 섬유,
쓰기 편한 크기로 잘라서 써요!

얼마나 질긴지 아무리 닦아도
웬만해서 닳지 않아!

10월

마지막 열매 수확,
날도 추워지고
이제 수세미를 떠나보낼 때네.

고맙다...

잠깐,

여기서 끝난 게 아니라
하나 더 수확할 것이
남았어요!

170

바로 늦가을에 받을 수 있는 **수세미 수액**!

졸졸~

수액은 줄기 속에
흐르는 물과 무기양분,
그리고 식물체가 만든
영양분 액체!

수액은 뿌리에서 위의 줄기와 잎를 향해 흐르는 데,
작물의 줄기를 절단하거나 목질부에 도달하는
구멍을 뚫으면
채취할 수 있다.

봄에 받는 고로쇠액이나
메이플시럽을 만드는
사탕단풍나무의 수액이
유명하지!

졸졸~

수세미 수액은 열매와
같이 호흡기와 피부에 좋아
예전부터 미용 화장수나 기침약
등으로 쓰였어요.

마셔도
되고

발라도
되고!

수세미 수액 받는 방법

수세미 수액 받는 시기 : 9월 말~10월 중순.

병에 줄기를 넣고 3~4일 두고 받는다.

서리 오기 전 수세미 줄기를
40~50cm 남기고 자른 후,

40~50cm

졸졸~

벌레 등이
들어가지 않도록
입구를 랩으로
감싼다.

쓰러지지
않도록
땅을 조금 파서
병을 놓는다.

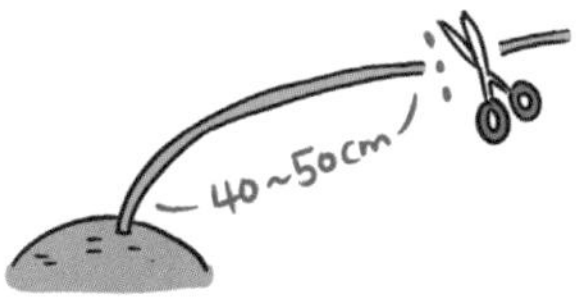

받아낸 수세미 수액!

잘하면 한 포기에서 2리터까지 받을 수 있다지!

찰랑~

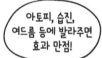

아토피, 습진, 여드름 등에 발라주면 효과 만점!

보습 효과도 뛰어나 스킨 대용 천연 화장수로도 좋아!

이렇게 수세미 한 포기만 심어도 여러모로 활용해 오랫동안 두고두고 쓸 수 있으니 꼭 도전해 보세요!

몇 년째 수세미가 안 닳아!

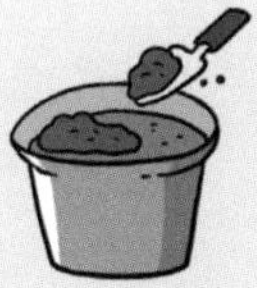

텃밭 작물 중 가장 예쁜 작물은 무엇일까?
나는 자라는 모습이 이쁜 게 좋아.
보기만 해도 힐링~
나는 병충해도 없이 알아서 잘 크는 작물이 제일 이쁘더라!
여유
만만
작물은 수확하는 재미!
묵직한 큰 수확을 주는 게 최고 이쁘지!
그렇게 보는 재미,
기르는 재미,
수확의 재미,
이 세 가지를 다 갖춘 최고 예쁜 작물은
바로 당근이지!!

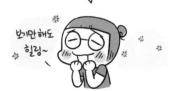

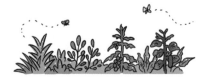

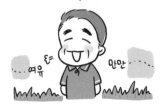

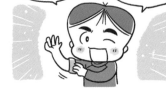

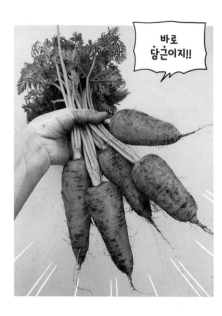

당근 기르기
처음부터 끝까지 너무 예쁜 당근

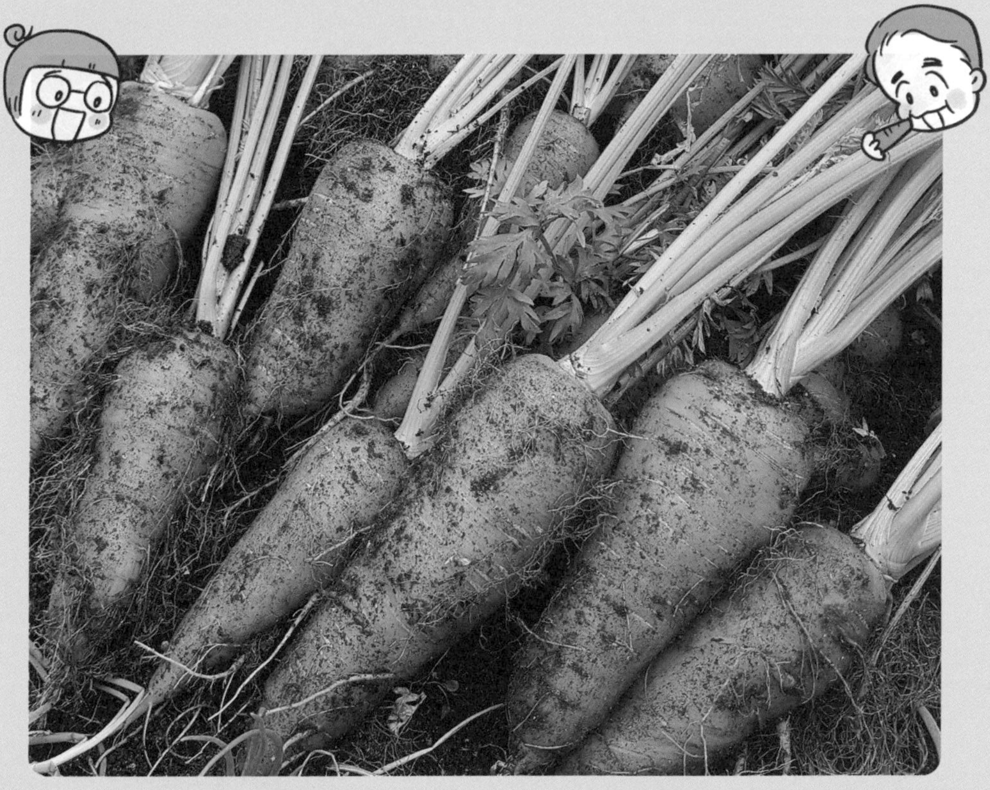

맴 맴 맴~

보통 봄, 가을로
작물을 심어 키우는 데

지금 한여름에 씨뿌려
키울 수 있는 건 없을까?

당근 있죠!!

당근은 봄에 씨뿌리는
봄 재배용도 있지만, 7월 여름부터
키워 늦가을에 캐 먹는 당근이
제일 달고 맛있어요.

7월!

🌱 씨뿌리기 - 7월 중하순.
　수확 - 10월 하순~11월 초.

더운 땡볕 여름엔
노지 텃밭에 가서 물 한번 주는 것도
큰일, 당근은 화분에서도 잘 자라니
집 옥상에서 키워봐요!

그래, 바로 가까이
매일 보며 기르니
편하겠네!

우선 30cm 정도 깊이의
폭넓은 화분을 준비하고,
습하면 당근 뿌리 색이
나빠지니 물빠짐이 잘 되는
흙 상태로 준비해요.

물빠짐 좋은 모래질 참흙이면 좋아!

30cm

🌱 재활용 스티로폼을 화분으로 활용해도 좋다.

뿌리 변형을 주는 돌과 나뭇가지 등을 꼼꼼히
제거하면서 깊고 부드럽게 흙을 갈아준 후,
밑거름을 넣고 섞어주어요.

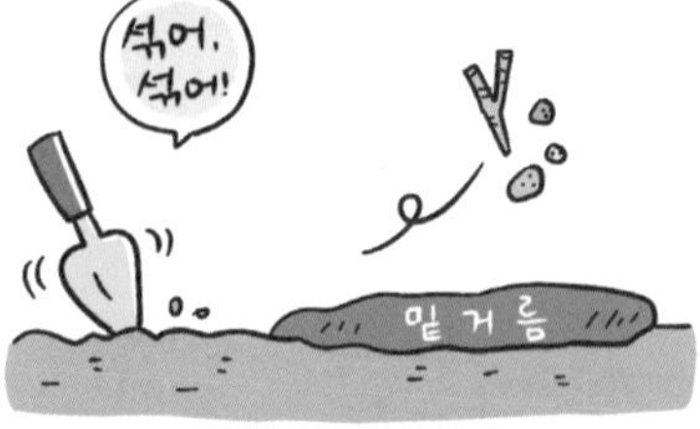

섞어,
섞어!

밑거름

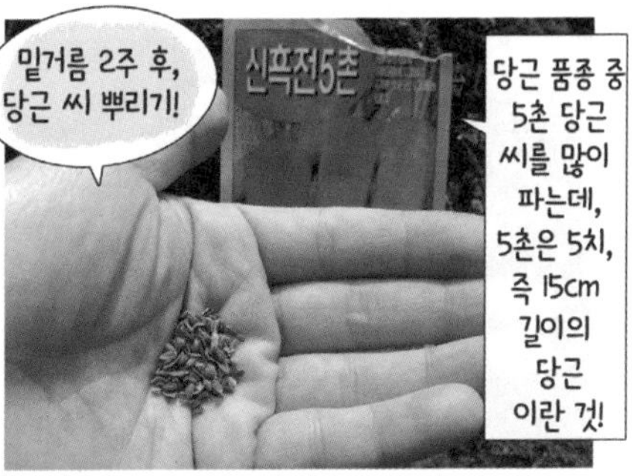

밑거름 2주 후,
당근 씨 뿌리기!

당근 품종 중
5촌 당근
씨를 많이
파는데,
5촌은 5치,
즉 15cm
길이의
당근
이란 것!

당근 씨앗을 살 때는
재배 시기와

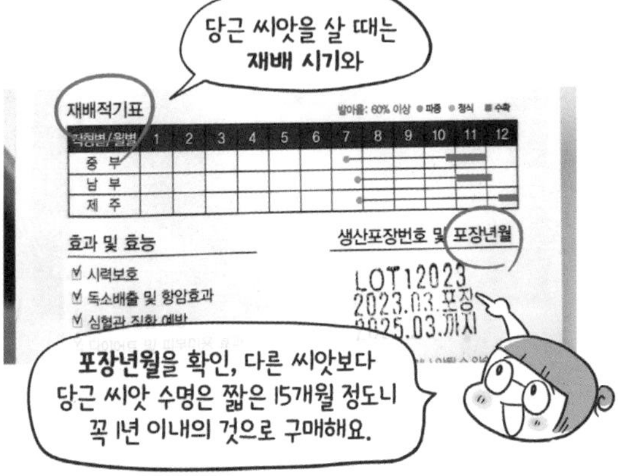

포장년월을 확인, 다른 씨앗보다
당근 씨앗 수명은 짧은 15개월 정도니
꼭 1년 이내의 것으로 구매해요.

바닥에 충분히 물을 뿌려 스며들게 한 후,
15cm 간격으로 줄뿌림 해요.

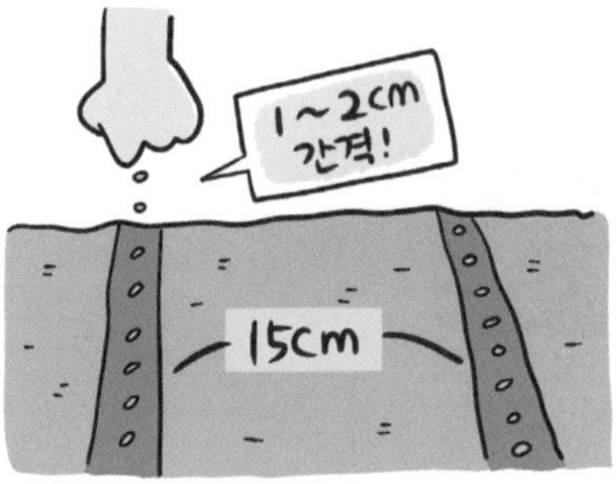

1~2cm
간격!

15cm

당근 씨는 햇빛이 있어야
발아하는 광발아 종자! 씨뿌린 후
흙을 너무 두껍게 덮지 말고 3~5mm로
얇게 덮고 가볍게 손바닥으로 눌러줘요.

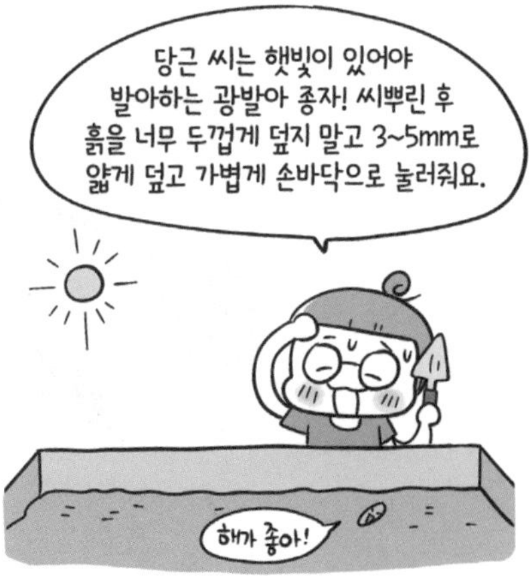

해가 좋아!

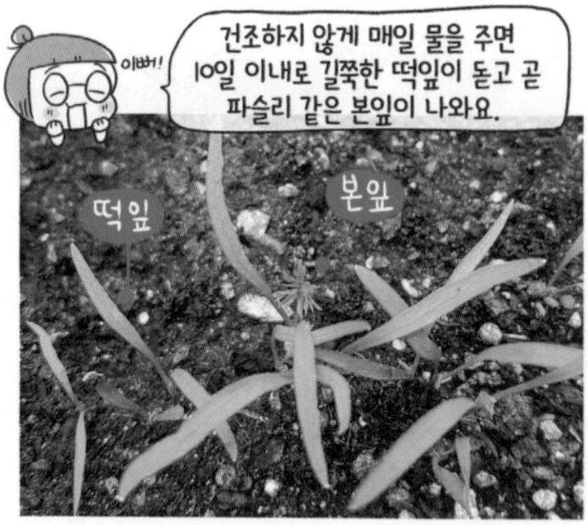

이뻐!

건조하지 않게 매일 물을 주면 10일 이내로 길쭉한 떡잎이 돋고 곧 파슬리 같은 본잎이 나와요.

떡잎

본잎

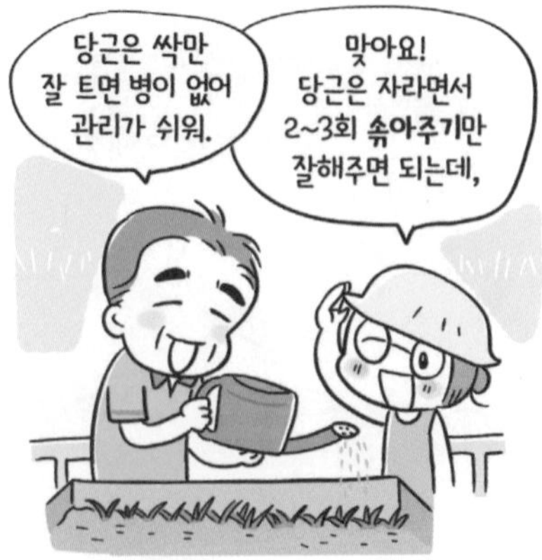

당근은 싹만 잘 트면 병이 없어 관리가 쉬워.

맞아요! 당근은 자라면서 2~3회 솎아주기만 잘해주면 되는데,

처음 어린 잎은 혼자 서기 어려우니 서로 기대어 자라게 하다가, 본잎이 2~3매일 때부터 솎기 시작해요.

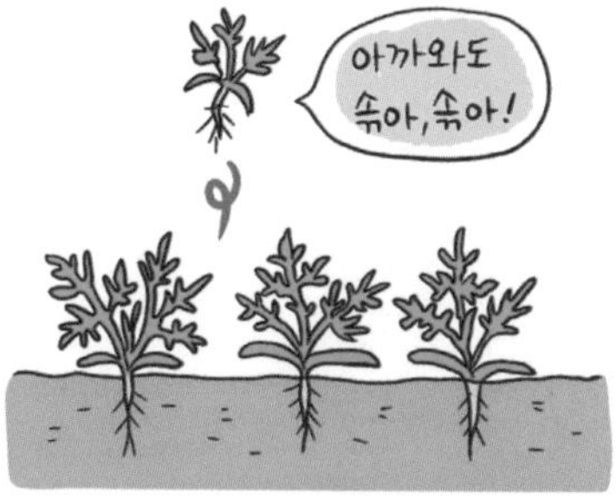

아까와도 솎아, 솎아!

🌱 당근 간 최종 간격 - 10~15cm.

8월 중순

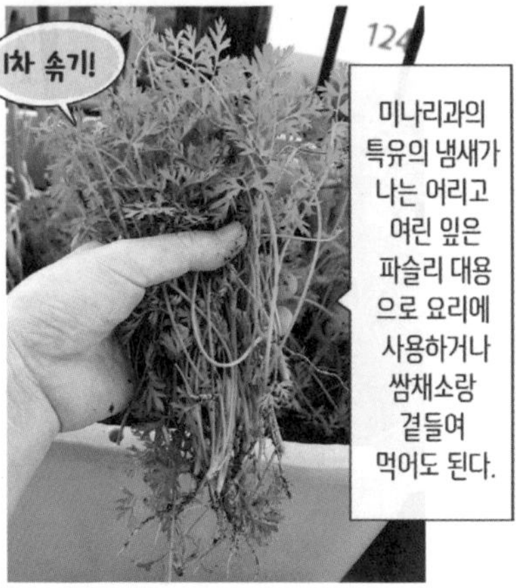

1차 솎기!

124

미나리과의 특유의 냄새가 나는 어리고 여린 잎은 파슬리 대용 으로 요리에 사용하거나 쌈채소랑 곁들여 먹어도 된다.

9월 초

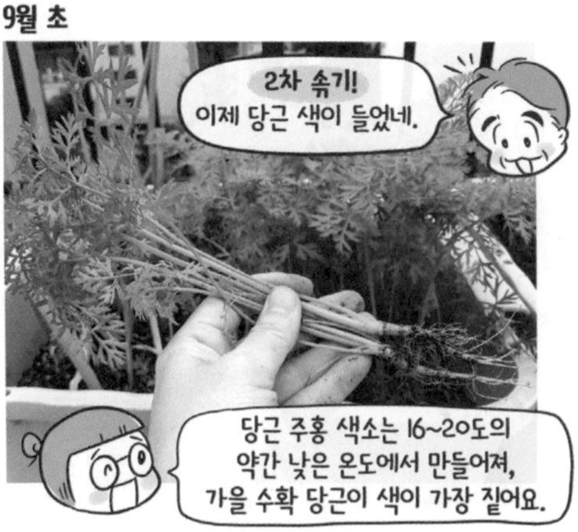

2차 솎기! 이제 당근 색이 들었네.

당근 주홍 색소는 16~20도의 약간 낮은 온도에서 만들어져, 가을 수확 당근이 색이 가장 짙어요.

9월 중순

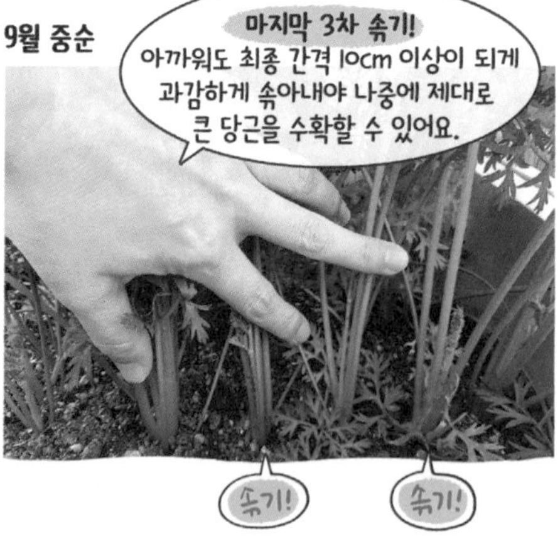

마지막 3차 솎기!
아까워도 최종 간격 10cm 이상이 되게
과감하게 솎아내야 나중에 제대로
큰 당근을 수확할 수 있어요.

솎기! 솎기!

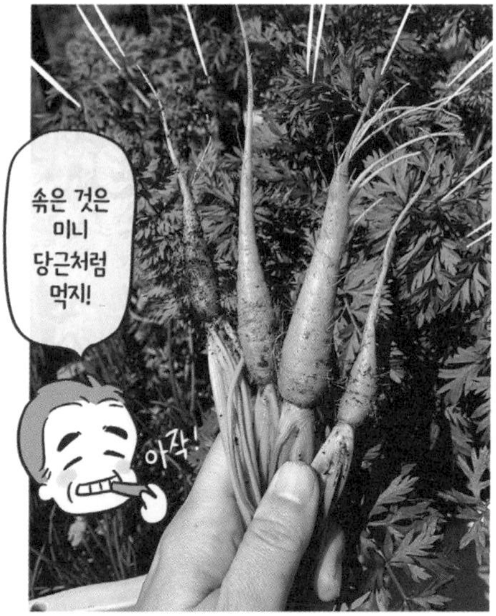

솎은 것은
미니
당근처럼
먹지!

아작!

10월 초

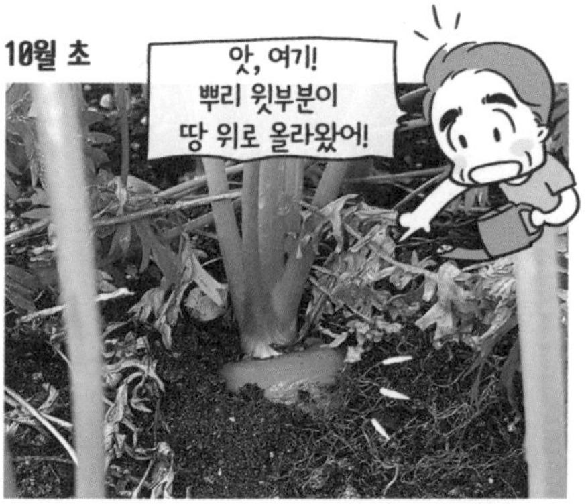

앗, 여기!
뿌리 윗부분이
땅 위로 올라왔어!

뿌리 윗부분이 밖으로 드러나면 녹색이나
적자색으로 변하니, 수확하기 한 달 전 줄기가
덮이지 않을 정도로 흙을 북돋아 주어야 해요.

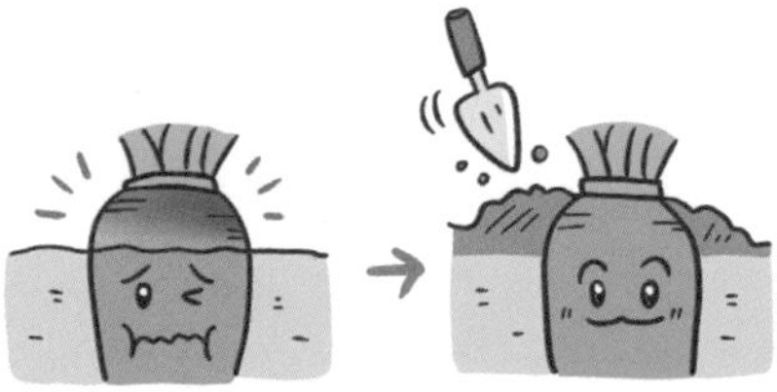

10월 중순

사라락~

가을바람에
당근 잎이
하늘하늘
춤추는
모습이
넘
이뻐요!

당근은
이제 다
여물었
으려나?

당근의 바깥 잎이
땅에 닿을 정도로
축 늘어지고,

15cm

당근의 뿌리와 줄기가 나뉘는 어깨 부분이
평평하게 벌어졌을 때가 바로 수확 적기!

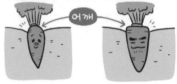

어깨

좁고 둥글어
아직 어려!

어깨가 떡 벌어지듯
튼실하면 수확!

10월 하순

드디어 수확!
이 묵직하니 쑥쑥 뽑히는 손맛!

화분에서도 기특하게 이렇게 잘 자랐네!

수확이 늦어지면 당근 표면이 거칠어지고 세로로 길게 갈라질 수 있으니, 꼭 적기에 뽑아야 해요!

앗, 이건 당근 뿌리가 갈라진 희한한 모양!

돌 같은 장애물이나 토양 해충, 미숙 퇴비 사용 또는 화학비료를 다량 사용했을 때 나타나는 **뿌리 갈라짐 현상!**

뿌리 갈라짐을 방지하기 위해선 밭을 만들 때 최대한 돌을 골라내고 흙을 부드럽고 깊게 갈아주며, 완숙된 퇴비로 과하지 않게 넣어줘야 해요.

그래도 맛은 똑같아!

직접 기르니 더 아삭한 단맛에 향과 색도 짙어!

잎은 잘게 썰어 흙 속에 넣어 놓으면 좋은 퇴비가 된다.

당근의 주황 색소인 **카로틴**은 강력한 항산화 작용으로
노화 방지와 암, 심혈관질환 예방에 효과적!

당근 1/3조각만 먹어도
하루 필요 비타민A를 섭취
할 수 있어요!

카로틴은 대부분 껍질 바로 아래
모여 있어 껍질을 벗기지 않는 게 좋고,
생으로 먹는 것보다 기름과 먹어야
카로틴 흡수율이 훨씬 높아져요.

생으로 먹으면
카로틴 8%
체내 흡수,

기름에
볶거나 튀기면
60~70% 흡수!

❣️ 비타민A가 기름에 잘 녹는 지용성 비타민이기 때문!

그래서 생주스로 먹을 땐
올리브유 한두 방울을 넣고,
샐러드엔 오일 드레싱을 쳐서
먹으면 좋아요!

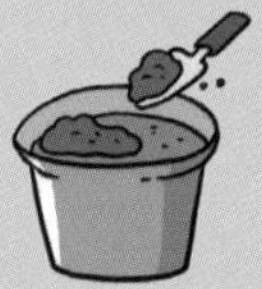

처음 생강을 심고 일주일 후,
후후, 이제쯤 싹이 났을까?!
아직이네, 좀 더 기다려야 하나 봐.
텅!
2주째
내가 잘 못 심었나?
불량 종자인가?
3주째
두더지나 벌레가 먹었나 봐!
아님 고라니나 멧돼지가?
4주째
망했어! 썩었나 봐!
죽었는지 파볼 거야!
파! 파!
5주째
후후~ 포기했어..
인연이 아닌 거야. 신경 꺼야지.
여기, 이거!
여기 한 달 전 생강 심은 데 맞지?
캬, 드디어 나왔구나 생강싹!!

Chapter 18

생강 기르기
1년 양념과 약차로 쓰는 생강

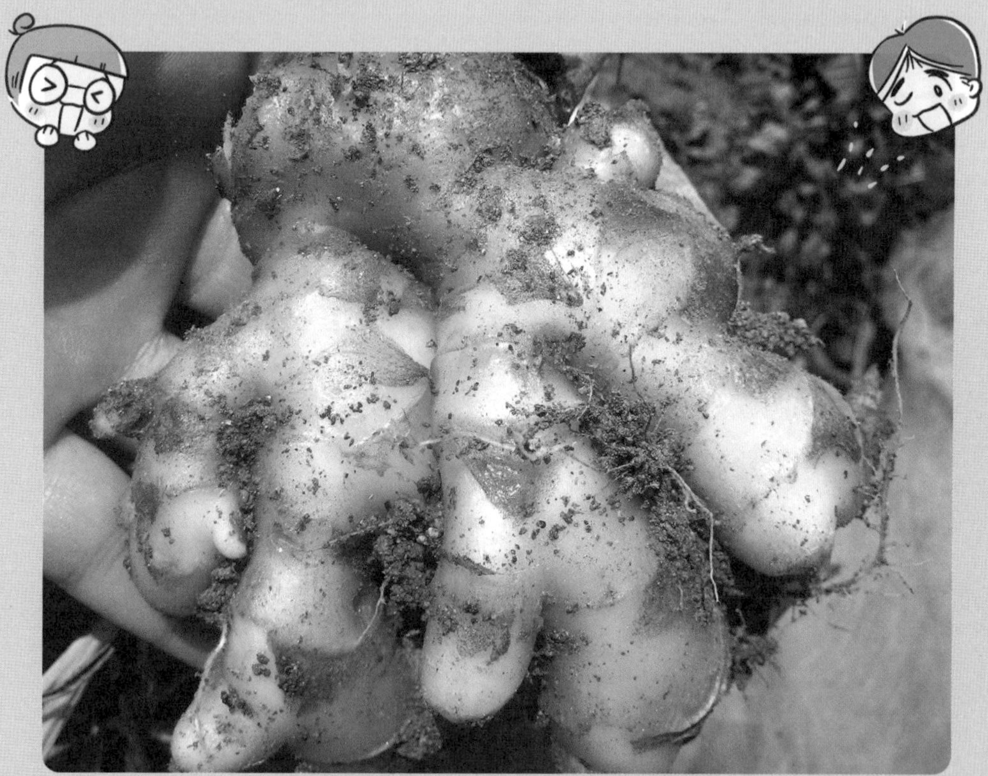

5월 초, 재래시장

모종 가게에 씨생강이 나왔네!

올해도 한두 토막 사서 심자!

처음 생강 심었을 때 한 달 넘게 안절부절하던 때가 생각나네.

그땐 그랬지, 이젠 싹이 늦게 난다는 걸 아니까 여유만만!

오오!

🌱 보통 작물의 씨를 뿌리면 일주일 안팎으로 싹이 나는 데, 생강은 한 달 정도로 매우 늦게 돋는다.

생강은 동남아시아가 원산인 고온성 작물, 날이 차면 부패할 염려가 있으니 충분히 날이 따뜻해질 때 심어야 해.

생육 적온 20~30도!

🌱 씨생강 심기 - 4월 말~5월 초.
　　수확 - 9월~10월 중순.

생강은 약한 빛에서 잘 자라. 반그늘의 건조하지 않고 물빠짐이 좋은 곳으로 흙을 부드럽게 간 후 두둑을 만들어.

생강은 뿌리가 아니라 땅속 옆으로 뻗으며 자란 통통한 땅속줄기!

생강은 씨를 심지 않고 우리가 먹는 이 땅속줄기인 생강 일부를 떼어 심어 기르지.

아하, 마치 감자 심을 때 씨감자를 심는 것과 같구나.

그렇게 씨를 안 심고 줄기나 잎, 뿌리 등 조직 일부분을 심어 뿌리를 내 번식시키는 것을 '**영양 번식**'이라고 해!

씨가 아닌 영양 기관을 심어 기르는 작물!

감자 : 덩이줄기인 감자를 토막내서 심는다.

고구마 : 고구마 줄기 순을 심어 기른다.

딸기 : 기는 줄기를 떼서 심는다.

쪽파 : 알뿌리를 심는다.

싹이 잘 돋아난 것으로 구입한 씨생강 덩어리는,

씨생강 두 덩어리

싹눈이 3개 정도 붙어 있게 또각또각 쪼개어 하나씩 심어.

2주 전 밑거름을 한 곳에 30cm 간격으로 놓고, 흙은 씨생강 두께의 2~3배로 덮어주면 끝!

다독 다독

30cm

잠깐, 덮어주어야 할 것이 하나 또 있어!

바로 이 짚!!

생강의 뿌리는 잘 발달하지 못해 수분 흡수력이 약한 데다, 지표면 가까이 얕게 옆으로 뻗으며 자라 건조에 무척 취약해.

뿌리 깊은 식물은 알아서 지하수를 찾아 먹어!

생강은 수분이 금방 증발하는 지표면 가까이서 자라.

그래서 수확 때까지 마른 짚 등으로 흙이 보이지 않을 정도로 덮어 건조를 막아주어야 해.

마른 짚, 낙엽, 왕겨, 신문지 등

우리는 아열대성 다습한 곳이 고향!

습기가 있어야 잘 자라.

이제 생강 싹이 때가 되면 나오겠거니 하고 느긋하게 기다리자구.

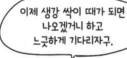

한 달 후

놔, 파볼래!!

이번엔 진짜 망했다구!!

놔! 놔!

6월 중순

뿅!

드디어 나왔구나,
생강싹!
날이 가물어
한 달 반이
걸렸네!

7월 초

앗,
줄기가
하나에서
둘로
늘었어!

생강은 한 대의
잎이 5개가 되면
다시 땅속줄기에서
새 싹이 나와
좌우로 점점
뻗으며 자라.

8월 초

정말 줄기가
몇 개나
퍼지듯이
나오네.

줄기 아래를 살살 파보니 처음 작은 생강 한 톨에서 옆으로 통통하게 새로 자랐어!

이렇게 덩치를 불리며 한창 자라는 한여름, 2번 정도 웃거름을 주어 영양을 보충해주고,

웃거름

7월 하순, 8월 하순에 완숙 퇴비를 바로 닿지 않을 거리의 포기 사이로 넣어주고 흙으로 덮는다.

자람을 방해하는 잡초를 뽑으며 사이갈이를 해주어, 물도 잘 스며들고 뿌리 호흡도 좋아지게 만들어줘야 해.

덩이줄기가 안 보이게 북주기!

🌱 사이갈이(중경)란 자라는 중간에 작물의 성장을 방해하는 잡풀을 없애고, 포기 사이를 호미로 가볍게 긁어 흙을 부드럽게 해주는 일.

8월 말

우와~ 꼭 무성한 넓은 대나무 잎 같아!

생강 잎과 꽃은 보기 좋아 열대지방에선 관상용으로도 기른대.

그 사이 아래 줄기도
열 몇 대나 되었네!

8월 하순에서 9월까지는
땅속줄기 비대가 왕성해질 때,
건조하지 않게 계속 짚을 깔아주고
물도 듬뿍 줘야 해.

9~10월이 되면 잎이 누렇게
변색되기 시작, 이때부터 필요할 때
조금씩 잘라 캐내어 쓸 수 있어.

요만큼만
캐갈게.

10월 중순

서리 오기 전 줄기를 잡고
쑥 들어 올려 수확!

쑥!

🌱 서리를 맞거나 기온이 10도 이하로 내려가면 저장 중 많이 썩으니 주의!

앗, 처음 심었던 씨생강도 그대로 달려 있어.

새로 자란 생강

씨생강

🌱 씨생강은 구강이라 하고, 새로 자란 덩어리는 원강이라 부른다.

다 캤다!!

씨생강 두 덩이 잘라 심어 1년 치 생강을 얻었네!

생강은 수분이 많아 저장 중 곰팡이가 생기거나 썩을 수 있으니 바로 손질해 냉동 보관, 또는 말리거나 청을 만들어.

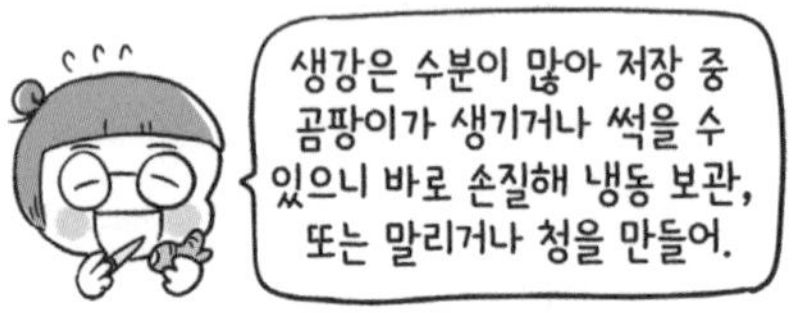

양념용으로 갈아서 또는 토막내 냉동 보관!

껍질을 벗겨 얇게 저며 설탕에 재면 생강청으로!

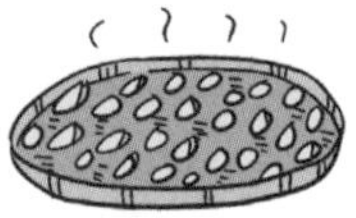

생강을 편을 썰어 바짝 말려 차나 육수 재료로!

🌱 냉장 보관은 종이에 말아 일주일 한도로 보관!

생강의 알싸한 매운맛인 **진저롤과 쇼가올** 성분은 여러 약효가 있어서 증세가 있을 때 상비약같이 차로 만들어 마시면 좋아.

감기 초기 으슬으슬하고 코 막히고 기침할 때

구토와 멀미날 때

속이 차고 소화불량 일 때도 효과 만점!

그런데 생강이 종류가 다른가? 작년 것과 색깔, 크기가 달라.

작년것!   올해것!

올해 건 우리나라에서 예로부터 재배해 온 **토종생강!**

알이 작고 껍질은 연한 갈색, 여러 갈래로 길쭉하게 자란다.

이건 작년에 기른 중국에서 종자 수입한 **개량생강!**

알이 크고 진한 노란색, 둥글고 굵게 자란다.

싱겁고 향이 적은 개량생강에 비해 토종생강은 진한 맛과 향을 갖고 있고 약효도 뛰어나!

껍질을 벗기면 개량생강은 밝은 노란색

토종생강은 푸르스름한 살색

크기가 크고 수확량이 좋은 개량생강이 시장을 거의 점유하고 있지만, 직접 기른다면 토종생강 씨종자를 구해 길러보는 것을 추천해요!

향 좋고, 맛 좋고!

193

쨍 쨍

땡볕에 잠깐 서 있기조차
힘든 한여름이면

아빠는 어스름 해 뜨기 전 이른 새벽에,

물주고   풀매고

나는 해가 스러져 가는 늦은 오후에
번갈아 가며 텃밭에 온다.

물주고   관리하고   웃거름

🌱 한여름 낮에는 물이 뜨끈해져 식물이 물을 흡수하는 게
스트레스가 되니, 이른 아침이나 저녁에 물을 준다.

애호박이 이쁘게 잘 커가네.
담에 아빠 올 때 따가시면
되겠다!

며칠 후

애호박이 크게 자랐죠?
맛은 어때요?

텅!

네? 그럴 리가!

?
애호박?
없던데?

네가 따 간 줄 알았는데,
누가 서리해 갔나 보다!

너무해~
그게 어떻게 기른 애호박인데!
맛도 못 보고 사진만 남았네!

Chapter 19

애호박 기르기
그때 그 호박은 누가 따갔나

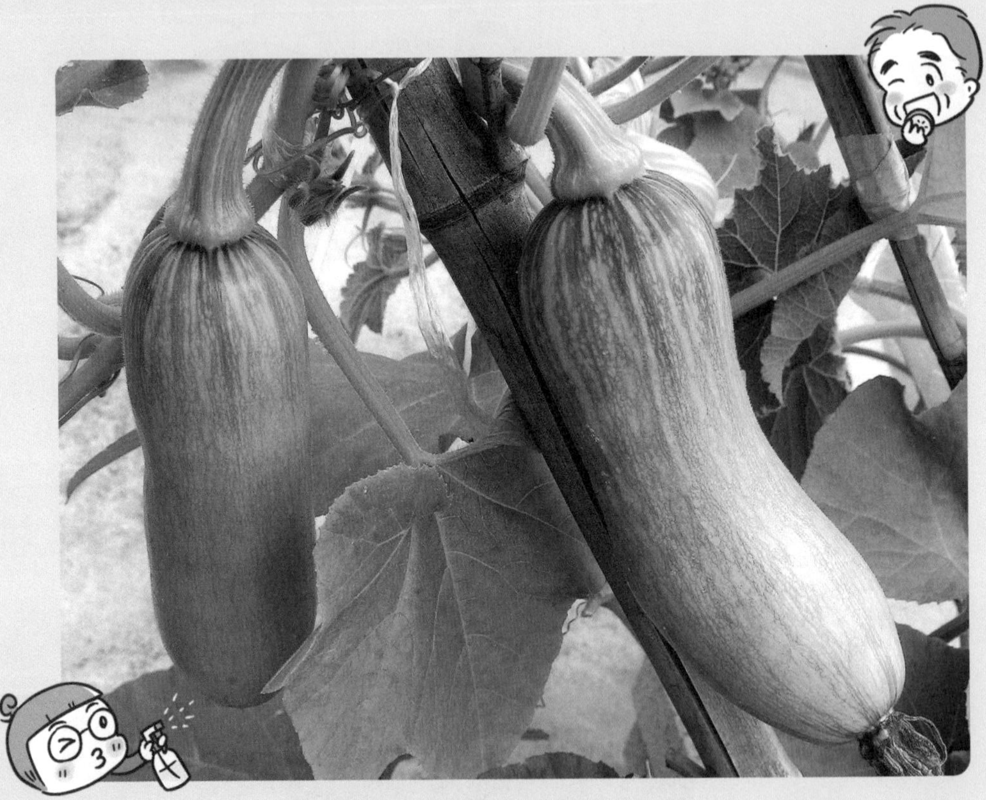

텃밭 도둑이 기승이기 전, 5월 초

여기 애호박 모종!
잘 길러서 찌개 반찬으로,
호박전으로도 부쳐 먹어요.

애호박용 모종이
따로 있구나!

우리 어릴 땐 호박죽 해 먹는
맷돌호박 어릴 때인 풋호박을
반찬으로 먹었는데.

어릴 땐
파란 풋호박

늙으면
노란 호박

맷돌호박 = 청둥호박

맷돌호박은 덩굴이 9m까지 뻗으며
크게 자라는 데, 이 애호박용으로
품종 육성한 **마디호박**은 잎이 작고
덩굴이 짧게 뻗어요.

호박 같은 열매채소류는 충분히 날이 따뜻한
5월 초에 튼튼한 모종으로 사서 심어요.

마디마다
애호박이
맺혀
마디호박!

* 좋은 모종
줄기가 굵고
마디 사이가 짧으며,
떡잎이 붙어 있다.

* 나쁜 모종
웃자라 키가 크고 허약,
누렇게 변한 잎이
있는 모종은 피한다.

🌱 모종 심기 - 5월 초.
    수확 - 6월 말~8월 중순.

모종 심기 2주 전 밑거름을
충분히 넣어준 두둑에
포기 간격 50cm 되게 심고,

50cm

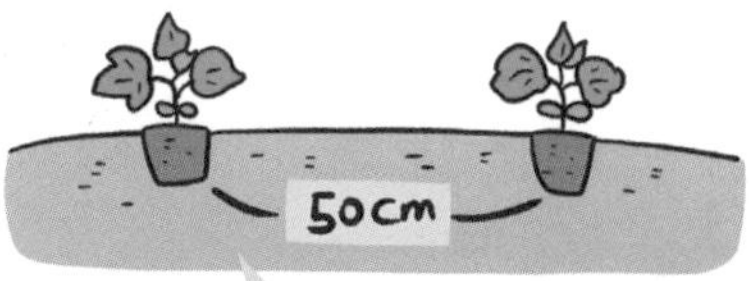

모종 흙이 조금 올라와 보일 정도로
살짝 얕게 심어야 흙 온도가 높아져
뿌리가 빨리 내리고, 토양에 있을 수
있는 병의 전염을 막을 수 있다.

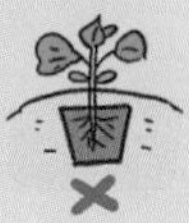

그냥 두면 기면서 자라 애호박 열매에
상처가 날 수 있으니, 덩굴을 정리하여
위로 유인해 줄 지주를 세워줘요.

5월 중순

금세 자리를 잡고
잎을 키우네.

애호박은 커가면서 줄기를
정리하며 키우는 데,
3가지 방법이 있어요.

어미

1. 원가지인 어미덩굴
   1가지만 키우고
   곁가지는 제거한다.

아들 어미

2. 원줄기인 어미덩굴과
   어미덩굴의 3~5마디에서
   나오는 곁가지인
   아들덩굴 1~2개를 기른다.

아들 어미

아들   아들

3. 어미덩굴 5~8마디에서
   순을 지르고
   그 아래 아들덩굴만
   2~3개를 기른다.

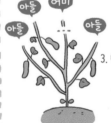

좁은 화분이나
화단 재배
시에는
1~2개의
가지로
길러요.

어미덩굴

아들덩굴

6월

아침이면 마디마다 호박꽃이 활짝 피네!

애호박 모양의 씨방을 갖고 있는 암꽃

수꽃

호박도 오이 같이 수정하지 않고도 저절로 씨방이 커져 열매가 맺히나?

필요없는 수꽃은 따줄까?

🌱 호박꽃은 대부분이 수꽃이고, 열매가 되는 암꽃은 3~4개 마디마다 핀다.

아니요, 호박은 수꽃의 꽃가루가 암꽃의 암술머리에 붙는 수분, **가루받이**가 꼭 돼야 열매가 커요.

수꽃의 꽃가루

암꽃의 암술머리

우리 벌들이 수분을 도와주지!

수분이 안 되면 작은 열매인 채로 뚝뚝 떨어지네. 아까와라!

벌과 같은 곤충의 도움을 받는 게 어려울 때는 사람이 수꽃의 수술을 따서 암술머리에 묻혀주는 **인공수분**을 해주어야 해요.

뚝

뚝

🌱 생장 초기와 후기에, 또 질소비료를 과용할 때도 낙과율이 높다.

단 하루만 새벽부터 피기 시작하는 호박 암꽃은 수정 능력이 오전 4~6시가 최고, 점점 수정 능력이 떨어지니 아무리 늦어도 오전 8시 이전엔 인공수분을 마쳐야 해요.

🌱 호박 암꽃은 오전 3~5시에 피기 시작, 오후 1시쯤 진다.

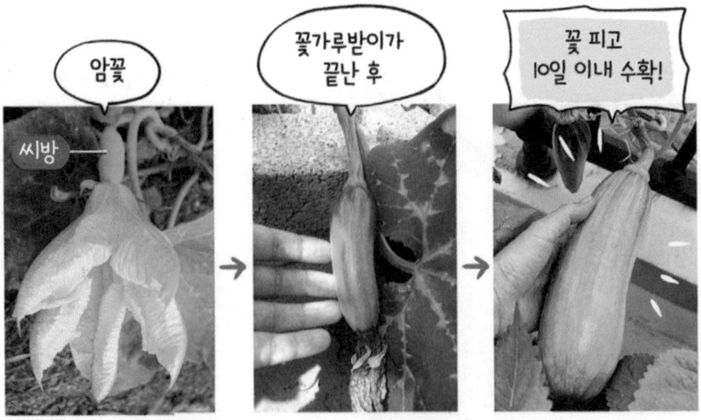

암꽃

씨방

꽃가루받이가
끝난 후

꽃 피고
10일 이내 수확!

열매를 맺으면서부터 거름기가 떨어지지 않게
웃거름을 2~3회 넣어줘야 해요.

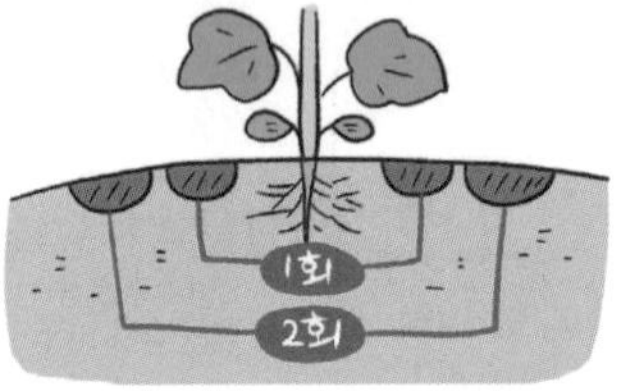

1회
2회

처음엔 포기에서 30cm가량 떨어진 곳에 주고,
점차 뿌리가 넓게 퍼지니 그 다음 회에는
포기에서 더 멀리 준다.

6월 말

이런, 한참 잘 자라다
잎에 병이 생기네!

점점이
흰가루

노란색 반점

오이와 애호박에
잘 생기는
흰가룻병과 노균병!!

식물의 잎,
줄기에
점점이
흰가루가
생기다,
전체가
흰가루
곰팡이로
덮이는
흰가룻병

잎에 엷은
노란색의
반점이
생기다,
누렇게
말라죽는
곰팡이
병인
노균병

그런데 이 병들은
친환경 방제약으로 효과적으로
예방하고 치료할 수 있는데,
바로 이 난황유!!

난황유

🌱 흰가룻병과 노균병은 밤낮의 온도차가 심하거나
통풍이 잘 되지 않는 등의 원인으로 흔히 생긴다.

난황유 만들기

난황유는 식용유와 계란노른자를 섞은 것을 물에 희석한 액으로 흰가룻병, 노균병, 진딧물, 응애 퇴치에 효과 만점!

뿌릴 때는 잎 앞면만 아니라 뒷면과 줄기에도 흘러내릴 정도로 흠뻑 뿌려주고, 심하게 병든 잎은 제거해 멀리 버려요!

식용유의 끈끈한 점액질이 곰팡이 균사를 파괴하고,

진딧물 등의 숨구멍을 막아줘!

살았다!

칙칙

예방 차원으로는 10~15일 간격으로 발생 후 치료 차원으론 5~7일 간격으로!

만들기 1

계란 노른자 1개와 식용유100ml를 믹서기로 충분히 섞은 후,

물 2l로 희석하여 뿌린다.

❧ 뿌리고 남은 것은 상할 수 있으니 꼭 냉장 보관!

만들기 2

마요네즈도 식용유와 계란 노른자로 만들어졌으니까!

작물의 수가 적은 작은 텃밭인 경우 마요네즈로 간편하게 난황유를 만들 수 있다.

마요네즈 1티스푼

물 1리터

7월

그렇게 더운 날 멀리 와 물주고 거름주고 뿌려주고 힘들게 길렀는데..

공원텃밭

누가 벌써 따갔어!

여기저기 난리에요!

텅

201

그 후로도

이 무더운 날 멀리서 힘든 몸으로 오는
아빠는 얼마나 허탈할까!

며칠 후

오히려 도둑으로
의심받은 거 있죠.
하하 저번에
나한테도
물어보더라!

음, 일단 따기 힘들게
좀 안쪽으로 해서
잎으로 가려놔야겠다.

8월
잡혔대요!!

오늘 아침에
도둑이 잡혔대요!
검은 봉다리에
이것저것 한가득 이라죠.

글쎄 저기
고급 아파트 주민이래요.
경찰서로 갔다죠?!
아빠, 여기!

여기 겨우 숨겨놓은
애호박 수확!

팔뚝보다
더 크게
자랐네!

다시 한 아름 수확하고 집으로!

지나고 보니
재밌는 경험이었네!

그래 ,
얼마나 탐스러
보여 그걸 따갔을까.
사람 욕심하곤. 하하

잡혀서 다행.

한바탕 도둑 소동,
이것도 같이 웃을 수 있는 텃밭의 소중한 추억!

🌱 앞으로도 우리 많이 만들고 🌿
같이 웃어요, 아빠. 🌿

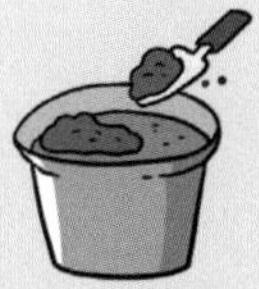

아빠는 조카가 생기고부터
집에 가면

어린이집
등 하원,

조카에게 그림 그려주기,

또는 밥상을 앞에 두고 조카와 씨름하고 있다.

어, 그래!
자!
앙!

아빠 좋아하는 회!
자!
앙!

요즘엔 먹을 게 참 다양하고
애들도 이것저것 잘 먹어.
할아버지도 드셔야지!
고모 미워!!

나 어릴 땐 무척 가난해서
배 곯는 게 다반사였는데,
미운 고모 갈거야!
아앙~ 자고가!

어느 날은 너무 먹을 게 없어 근처 강가에서
큰 땅콩 밭을 하던 구두쇠 친척에게

땅콩 몇 포기를 사정해서 겨우 얻어왔었어.

근데 집에 와 보니 꼬투리가 빈 쭉정이에
거의 상한 거드라구.

..얼마나
맘이 쓰리던지.

우리가
길러요!

아 우리가 땅콩
직접 길러서 원 없이
먹어봐요!

땅콩 조아!

Chapter 20

땅콩 기르기
땅속에서 나는 콩

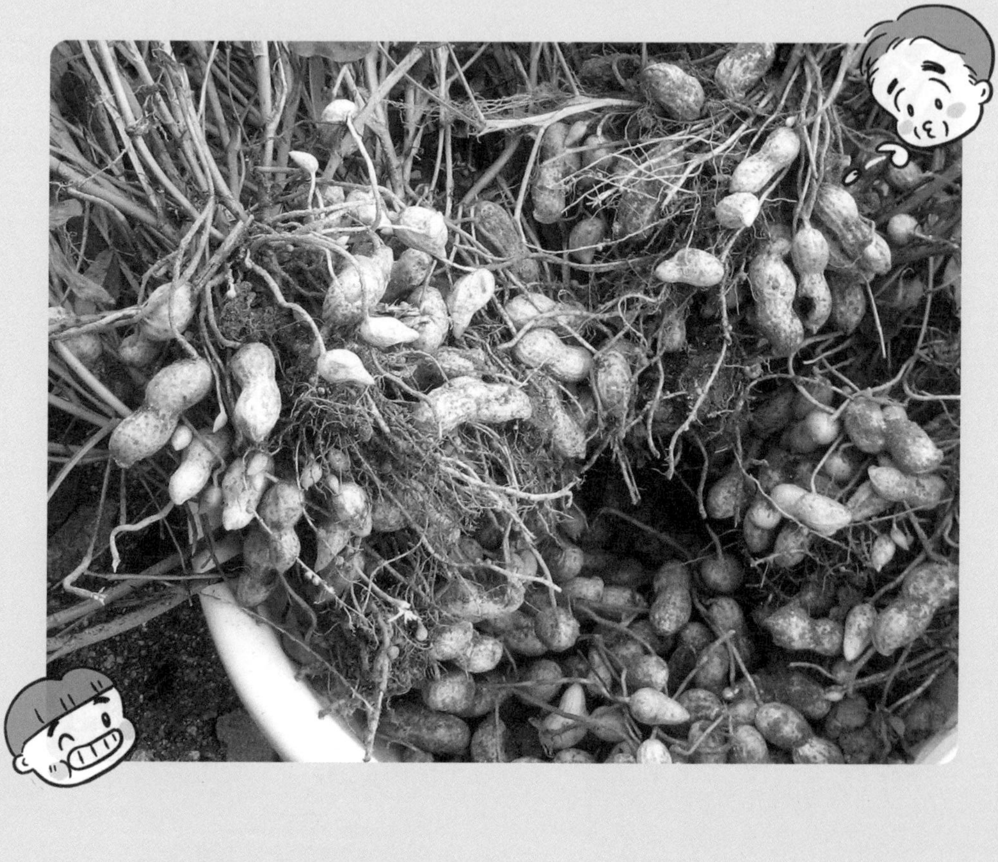

5월 초, 모종 가게

날이 따뜻하니 땅콩 모종이 나왔네!

잘 키워 아빠랑 조카에게 한 보따리 안겨 줘야지!

땅콩은 땅속에서 나는 콩이라 땅콩인가?

🌱 남미가 원산지인 땅콩은 고온에서 잘 자라는 열대성 작물.
씨뿌리기 - 4월 중순~5월 초.
모종 심기 - 5월, 수확 - 10월 초~10월 중순.

응, 아빠 어릴 땐 땅콩을 낙화생(落花生)이라고 불렀대!

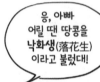

落	花	生
떨어질 낙	꽃 화	생길 생

꽃이 떨어져 생긴다? 꽃이 땅에 떨어진 밑에서 땅콩이 생기나?

아니, 꽃이 진 자리에서 씨방이 줄기처럼 땅을 향해 길게 자라 흙 속으로 콕 박혀 그 끝에 땅콩이 생기지!

뿌리에서 땅콩이 나는 게 아니었군!

이렇게 특이한 방법으로 열매를 맺는 이유는 원산지 남미의 뜨거운 태양과 동물로부터 씨를 보호하기 위해서야.

그래서 땅콩은 씨방줄기가 흙을 뚫기 쉬운 모래참흙에서 잘 자라는 데,

보통의 흙이라도 너무 단단하거나 과습하지 않으면 괜찮아!

🌱 다음 해 같은 곳에 재배하는 연작 재배 시 수량 감소가 큰 편이니, 콩을 심지 않은 곳으로 1~2년 돌려짓기를 한다.

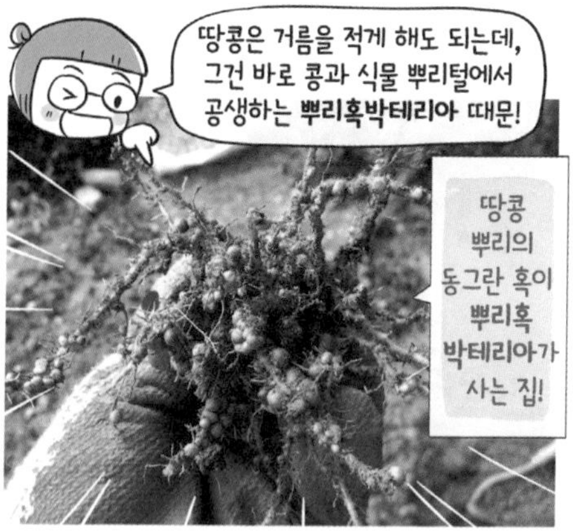

땅콩은 거름을 적게 해도 되는데, 그건 바로 콩과 식물 뿌리털에서 공생하는 **뿌리혹박테리아** 때문!

땅콩 뿌리의 동그란 혹이 뿌리혹 박테리아가 사는 집!

식물이 가장 많이 필요로 하는 영양소인 질소N, 뿌리혹박테리아는 공기 중에 있는 질소를 끌어와 콩과 식물에게 제공해주지.

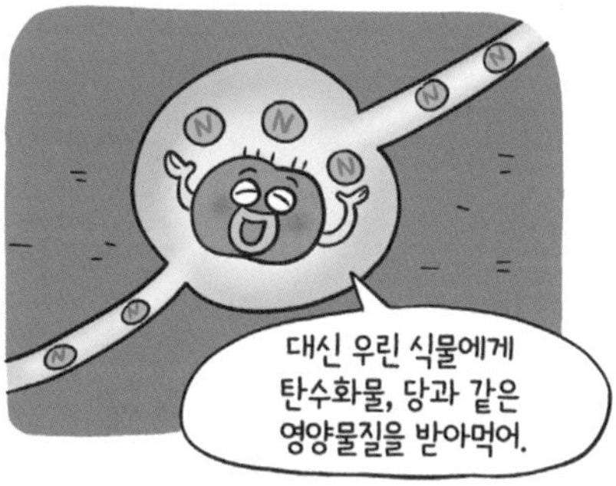

대신 우린 식물에게 탄수화물, 당과 같은 영양물질을 받아먹어.

이렇게 스스로 질소 거름을 얻을 수 있는 콩과 식물은 거름기가 없는 척박한 땅에 심어도 잘 자라고, 자라는 땅도 질소 성분을 보충해주어 거름지게 해줘.

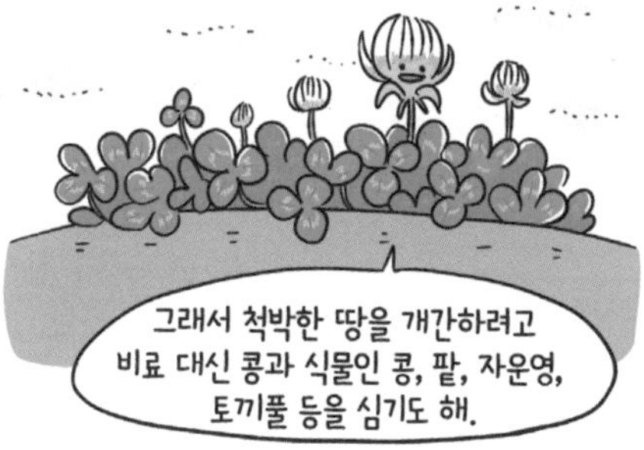

그래서 척박한 땅을 개간하려고 비료 대신 콩과 식물인 콩, 팥, 자운영, 토끼풀 등을 심기도 해.

그런 이유로 심기 2주 전 땅콩을 심을 밭에 거름은 약간만 넣어주면 되고,

땅콩은 칼륨을 많이 필요로 하니 나뭇재나 숯가루 등을 함께 넣어주면 좋아.

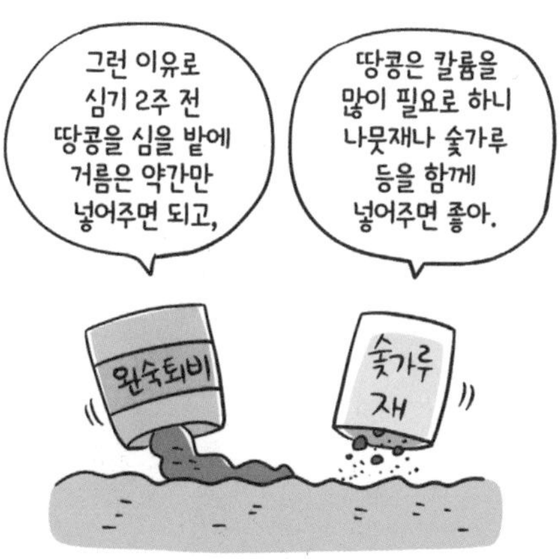

🌱 거름기가 너무 많으면 잎줄기만 무성하고 열매는 부실하니 주의!

땅콩은 4월 중순에서 5월 초에 땅콩 종자를 구입해 심을 수도 있는데,

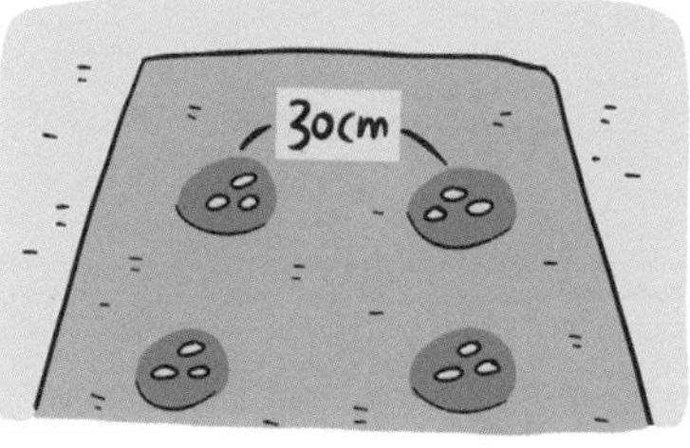

30cm

포기 간격 30cm 간격으로 씨를 3알씩 넣어 심고 싹이 나면 2대 정도만 남기고 솎아 키워.

나는 좀 더 쉽게
땅콩 모종부터 시작!

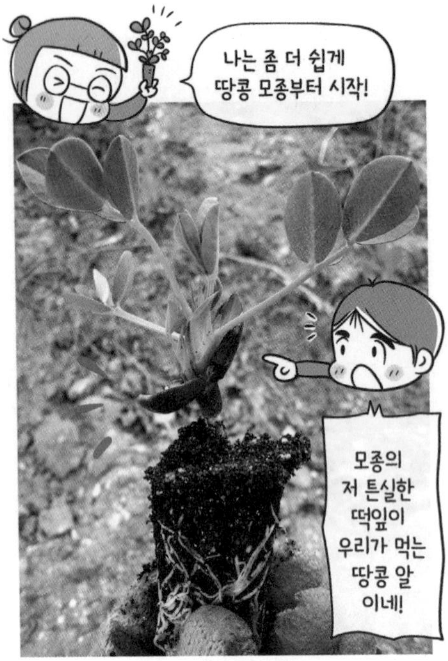

모종의
저 튼실한
떡잎이
우리가 먹는
땅콩 알
이네!

5월 중순

땅콩 모종이
자리를 잡았어!

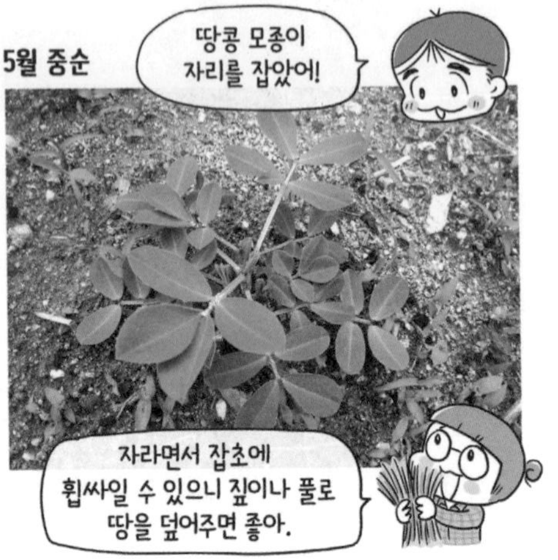

자라면서 잡초에
휩싸일 수 있으니 짚이나 풀로
땅을 덮어주면 좋아.

6월 중순

노란 땅콩꽃이
잎겨드랑이에서 피기 시작!

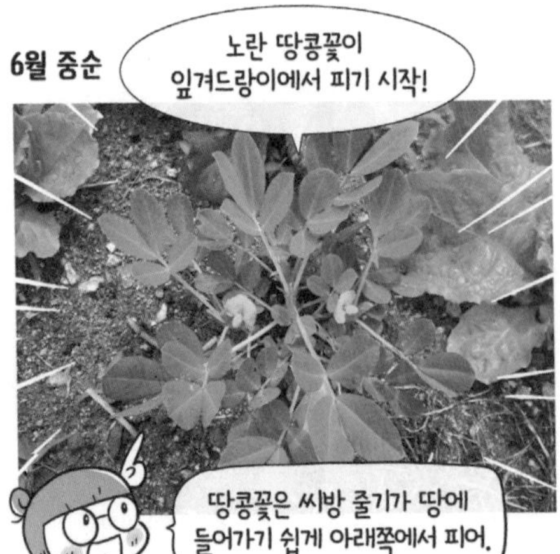

땅콩꽃은 씨방 줄기가 땅에
들어가기 쉽게 아래쪽에서 피어.

땅콩꽃 안에는 10개의 수술과
1개의 암술 구조로 되어 있고,
같은 꽃에서 자기 꽃가루를 받는
자가수정을 해.

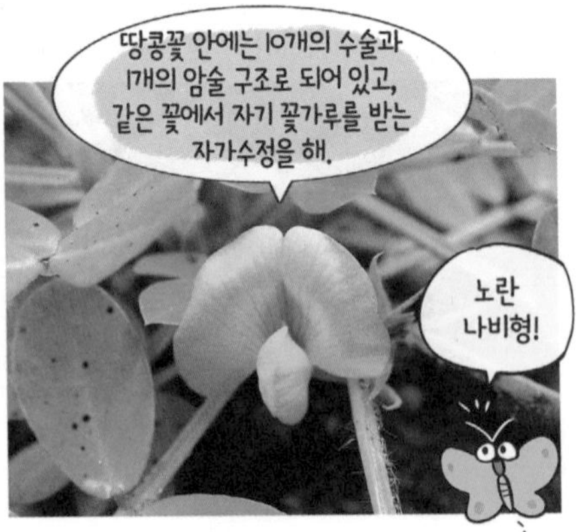

노란
나비형!

7월 초

정말 수정을 마치고 꽃이 지면 그 자리에 가는 기다란 줄기가 나오네!

씨방줄기 즉, **자방병**이 길게 자라 땅을 향해 쭉쭉!!

뽀족한 씨방줄기 끝은 땅을 뚫고 3~5cm 깊이에서 꼬투리를 형성하는 데, 지하 땅속에 도달하지 못하면 온전한 땅콩을 결실하지 못해.

바깥으로 노출되면 성장 정지!

그래서 씨방줄기가 흙 속으로 들어가기 쉽게끔 흙을 끌어올려 덮어주는 **북주기**를 꼭 해야 해.

자꾸 북주기를 해야 씨알이 많이 달려!

🌱 비닐 멀칭 시 씨방자루가 쉽게 비닐을 뚫을 수 있는 얇은 땅콩 전용 비닐이 아니라면 비닐을 꼭 제거해줘야 한다.

또 씨방줄기가 땅속으로 들어간 후 한 달 동안은 수분이 가장 필요한 시기, 충분한 물을 대줘야 하지.

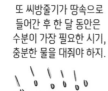

7월 → 8월

한여름 덩치가 점점 커지면서 무성해지네!

이때 땅속으로 들어간 씨방줄기 아래를 살살 파 보면,

쿡!

줄기 끝 땅콩 꼬투리가 달렸네!

꼬투리의 그물무늬가 뚜렷해지면 수확할 수 있는데,

그때가 잎이 누릇누릇하게 변하는 10월,

쑥!

첫서리가 오기 전 포기째 뽑아 수확!

흙에서 고소한 땅콩 향기!!

포기에서 떨어진 통통한 땅콩 이삭들도 많으니 호미로 흙 속을 잘 살펴 주워야 해.

수확한 땅콩은 포기째 그늘에 펴서
3일 정도 습기를 말린 후,

꼬투리를 하나씩 따 씻은 후
다시 일주일 정도 말려.

흔들어 딸그락 소리가
나면 잘 말려진 것!

딸깍!

맛과 향기가 보존되도록 꼬투리째
10도 정도의 서늘한 곳에 보관!

🌱 고온다습한 곳에 보관 시 곰팡이가 생길 수 있는데,
강한 발암물질인 아플라톡신이라는 독소를 만드니 주의!

전자레인지에 돌려
익힌 땅콩!

직접 기른 국산 땅콩!
이 고소하고 진한 맛과 향!

생땅콩을 익혀 먹는 3가지 방법

1. 겉껍질째 씻어 잠길 정도의 물을 붓고
소금을 조금 넣은 다음 20분 정도 삶아서 먹는다.

2. 속껍질째 프라이팬에 넣고 약한 불에
20분 정도 뒤적이듯 볶아서 먹는다.

3. 전자레인지에 한 움큼을 펼쳐 놓고
3~4분 정도 돌려 익혀 먹는다.

윙

중간에 위 아래를 뒤집어준다.

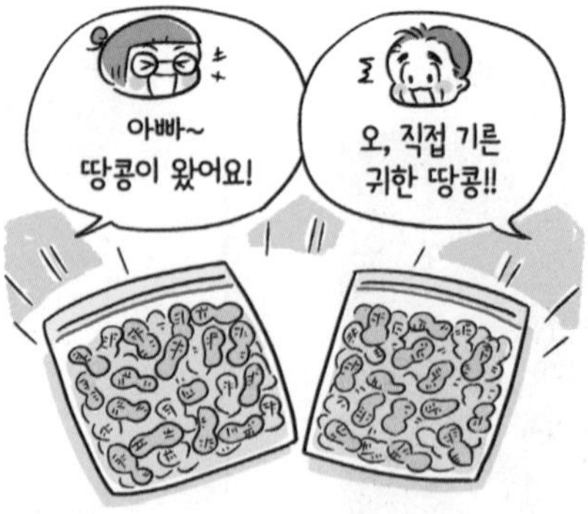

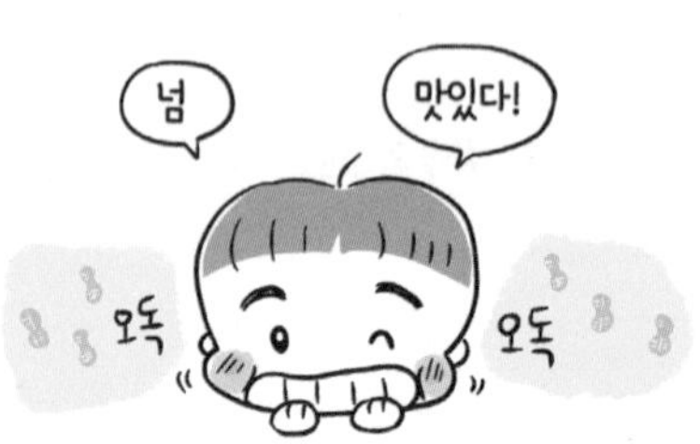

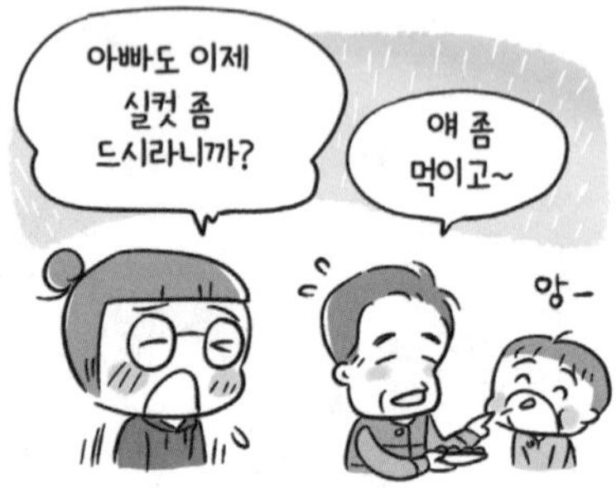

손주 먹이느라
그 맛난 땅콩
몇 알이나
드셨을까.

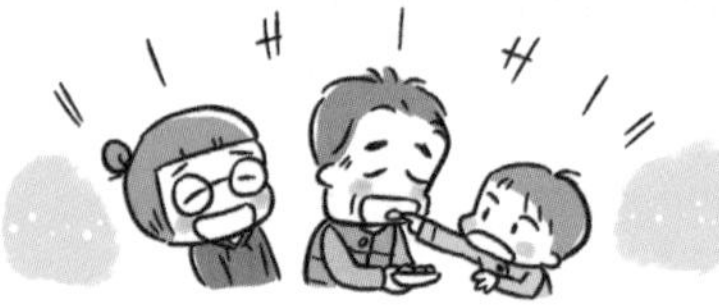

언젠가 같이
땅콩 더 많이
심어 먹어요, 꼭!

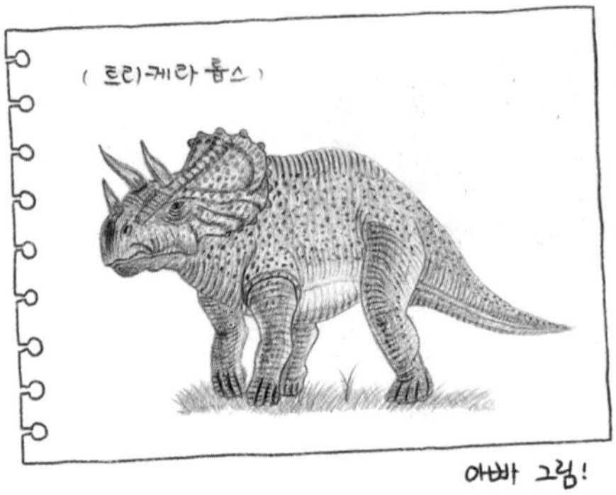

조카를 보다 보면 아이가 자라는
속도에 놀라곤 한다.

텃밭에도 심자마자
하루하루 커가는
속도가 빨라서

‖ 삐죽   삐죽 ‖

어느새!!

며칠이면 몰라볼 정도로 크는
기특한 작물이 있으니,

‖ 쭉   쭉 ‖

그게 바로
쪽파이다!

금세
키가 쭉쭉!
하나가
둘로,
둘이
셋으로!!

Chapter 21

쪽파 기르기
여름잠을 자고 다시 나는 쪽파

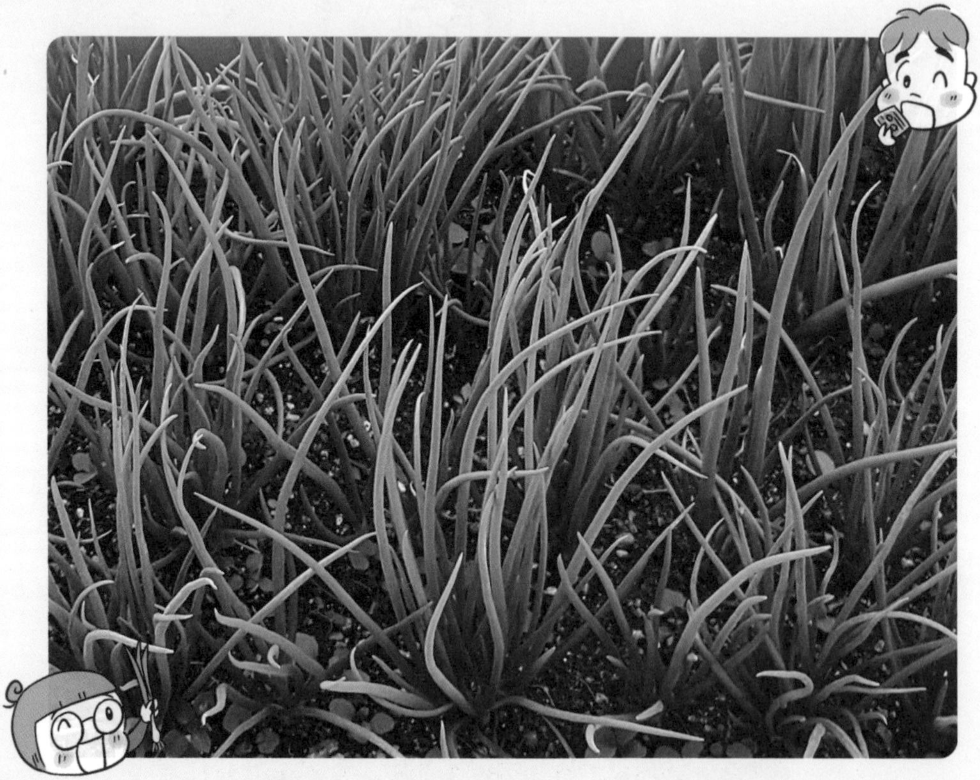

9월 초

고모!

할아버지 따라 텃밭에 왔구나!

뭐야, 텃밭 일 하러 왔더니 아무 것도 없네!

아니, 이제 가을 작물 심기 시작!

텅!!

* 가을에 심을 수 있는 작물 - 상추 등 쌈채소류, 쑥갓, 아욱, 시금치, 배추, 무, 알타리, 얼갈이, 쪽파 등.

상추, 배추 모종도 심고

이것저것 씨도 뿌리고

쑥갓

무

쌈채소

아욱

알타리무

쪽파

시금치

물도 주고 바쁘다, 바빠!

마지막으로 심을 것은 15~20도의 서늘한 기후에서 잘 자라 가을에 심어 기르는 쪽파!

시장에서 씨쪽파 한 소쿠리 사 왔구나!

🌱 쪽파 알뿌리 심기 - 8월 말~9월 중순.
수확 - 10월 말~11월.

쪽파는 꽃은 피지만 씨를 맺지 않아 이 알뿌리로 심어 길러요.

광택이 나고 무겁고 단단한 것이 좋은 씨쪽파!

꼭 작은 양파같이 생겼네!

221

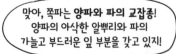
맞아, 쪽파는 **양파와 파의 교잡종**!
양파의 아삭한 알뿌리와 파의
가늘고 부드러운 잎 부분을 갖고 있지!

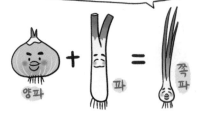

쪽파는 대파와 같이 거름을 많이 필요로 하는 작물,
심기 2주 전 밑거름을 충분히 넣어 두둑을 만들어요.

물빠짐이 좋은 사질 토양에서 잘 자란다.

심기 전 덩어리져 있는
씨쪽파를 정리해야 하는데,

→

큰 것은 하나, 작은 것은 두어 개씩
붙여 쪼개놓아요.

또 발아가 잘 되도록 바깥쪽 마른 껍질을 벗겨내고,
가위로 아래 뿌리 부분과 위의 싹 부분을
일정한 길이로 잘라주어요.

10cm 간격으로 호미로 골을 판 후
서로 간 5~10cm 띄워 씨쪽파를
꽂듯이 심고,

222

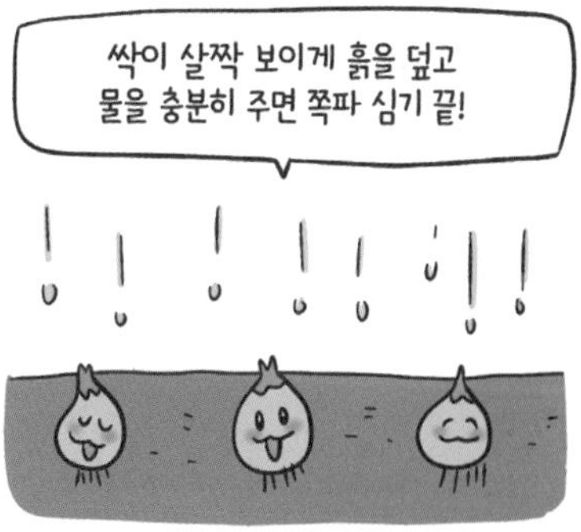

싹이 살짝 보이게 흙을 덮고 물을 충분히 주면 쪽파 심기 끝!

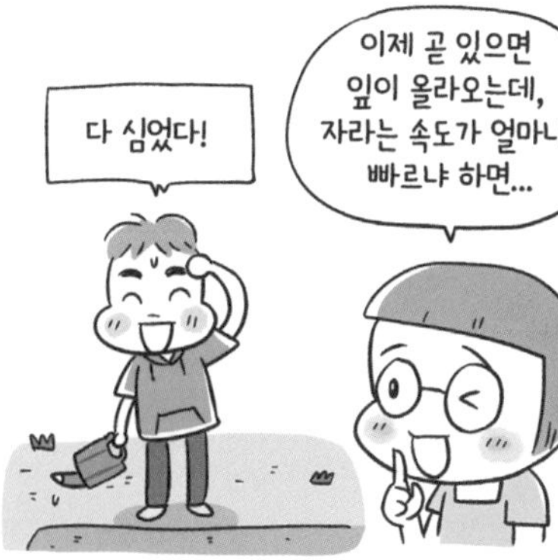

다 심었다!

이제 곧 있으면 잎이 올라오는데, 자라는 속도가 얼마나 빠르냐 하면...

9월 중순

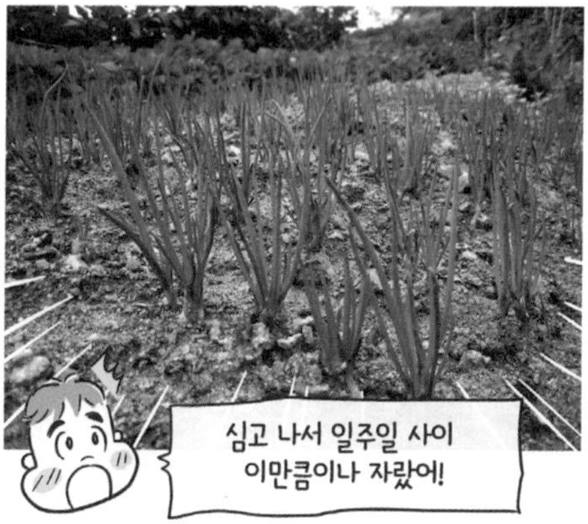

심고 나서 일주일 사이 이만큼이나 자랐어!

9월 말

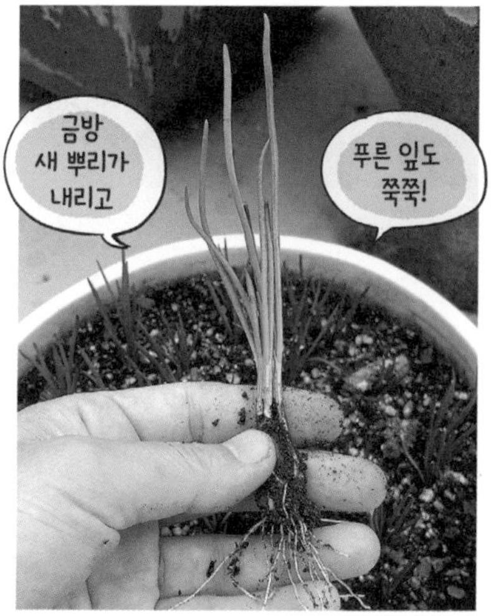

금방 새 뿌리가 내리고

푸른 잎도 쭉쭉!

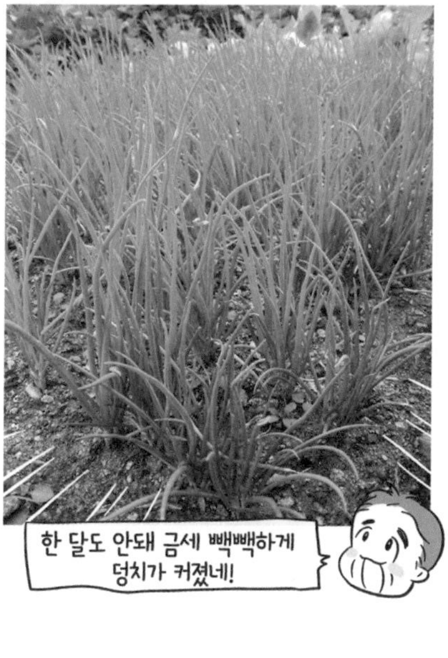

한 달도 안돼 금세 빽빽하게 덩치가 커졌네!

223

한 뼘 정도 잎이 난 이때, 작물 사이에
살짝 골을 낸 후 웃거름을 주어요.

월동 후, 이듬해 봄 3월에도
골 사이 웃거름을 넣어준다.

또 물도 충분히 주어야 알뿌리들이 옆으로 계속
번식하여 불어날 수 있어요.

쪽파 한쪽이
10여 개로 불어나!

와글 와글

10월 초

정말 알뿌리 하나가 여러 쪽으로
계속 불어나는지 줄기가 많아지네!

파종 후
1~2개월
부터
필요할
때마다
수확!

알타리무
솎아낸
것과 함께
김치
담가요!

서로 간 거리가 가까우면
포기가 작게 자라니,
포기가 크고 30~40cm로
길게 자란 것부터 차례대로
수확해 자리를 넓혀줘요.

잎
수확!

뿌리째
수확!

직접 심어 바로 뽑아 먹으니 파뿌리가 아주 싱싱하구나!

내겐 너무 귀한 파뿌리!

버리지 않고 씻어 말려 유용하게 써요!

귀한 파뿌리 사용법

파뿌리에는 각종 비타민과 칼슘, 칼륨, 유황, 철분, 마그네슘 등 우리가 필요로 하는 영양소를 다량 함유하고 있다.

주방 한편에서 말려요.

말린 파뿌리는 면역력 향상과 혈액순환, 피부 미용 등에 효과가 있어 한방에서는 말린 파뿌리를 '총백'이라는 약재로 쓴다.

특히 초기 감기와 비염에 좋아, 코 쪽 뭉친 기운을 풀어 코를 뻥 뚫어준다. 생강과 함께 끓여 먹으면 효과 만점!

또, 육수를 내거나 고기를 삶을 때 말린 파뿌리를 함께 넣어주면 잡내도 잡아주고 풍미도 살아난다.

몸에도 좋고 음식 맛도 풍부하게 해주는 파뿌리,
깨끗이 잘 닦아 바짝 말려 유용하게 쓰자!

이렇게 좋은 쪽파, 봄에는 못 심나?

쪽파는 다년생 채소로, 겨울 월동을 하고 봄에 다시 싹을 내 이듬해 4~5월에 수확할 수 있어요.

가을 10~11월 수확!

봄 4~5월 수확!

🌱 추위가 심한 지역에서는 한파에 동사하거나 생육이 불량할 수 있다.

앗, 5월이 지나 날이 더워지니 쪽파의 잎이 누렇게 변하며 시들어가네!

시 ~ 들 ~

이것이 바로 쪽파의 가장 큰 특징! 쪽파는 여름이면 발육을 정지하고 **여름잠**을 자!

아우, 더 덥기 전에 쉬어야겠어!

시들며 여름잠을 자기 시작하는 쪽파는 장마가 오기 전 모두 캐내어 하루 말린 후, 바람이 잘 통하는 그늘에 매달아 보관!

양파망

30도 이상 기온이 20일 정도 지속되면 쪽파는 잠에서 깨어나는 데, 그때가 8월 말!

아우~ 잘 잤다!

다시 새 싹이 뽀족!

휴면에서 깨어난 알뿌리들을 정리해서 가을 텃밭에 심으면, 쪽파 다시 부활!

한번 심어 한여름 잘 보관하면 몇 년을 심고 또 심겠네!

자! 이제 직접 기른 쪽파, 맛을 봐야지!

해물 파전

파김치

파강회

쪽파는 파에 비해 자극적인 향이나 점액이 적어 파김치나 무침에 알맞아요!

맛있다. 최고!

어느새 내 커를 훌쩍!

그 후 배추가 하루하루 커갈수록
끊임없이 들이닥치는 불청객으로 인해 나는,

배추흰나비 애벌레

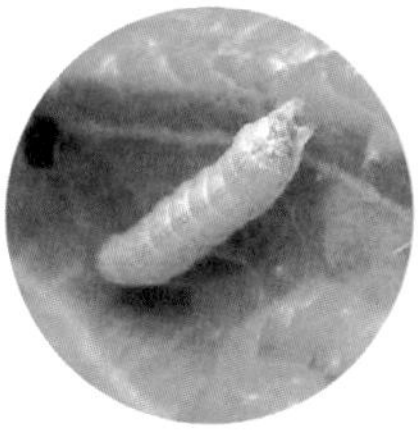

벼룩잎벌레

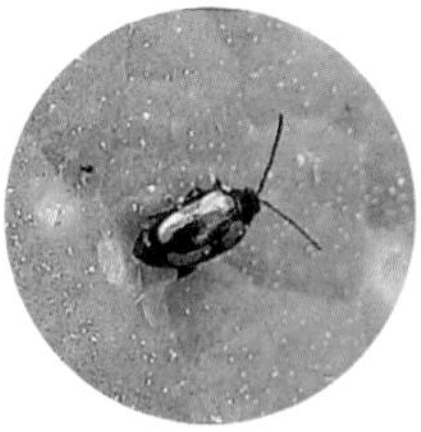

거세미나방 애벌레

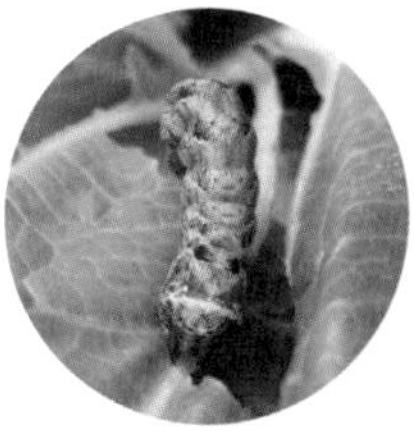

배추좀나방 애벌레

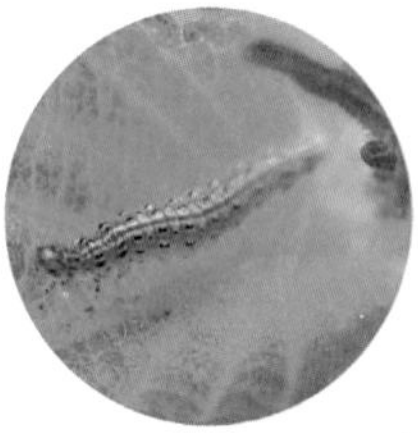

배추순나방 애벌레

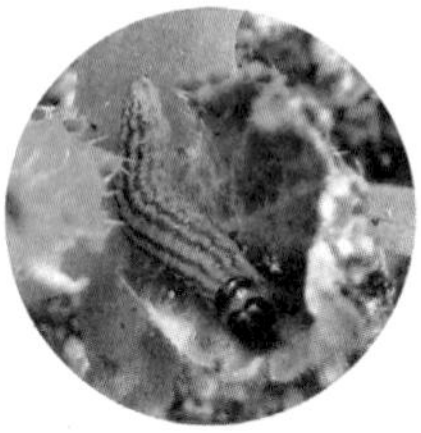

좁은가슴잎벌레 유충

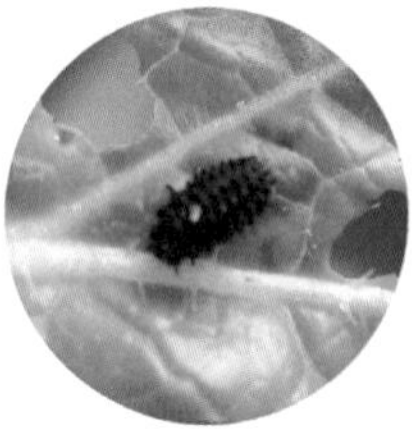

아메리카잎굴파리

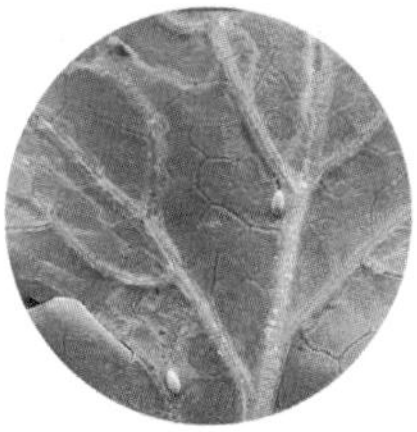

양배추가루진딧물

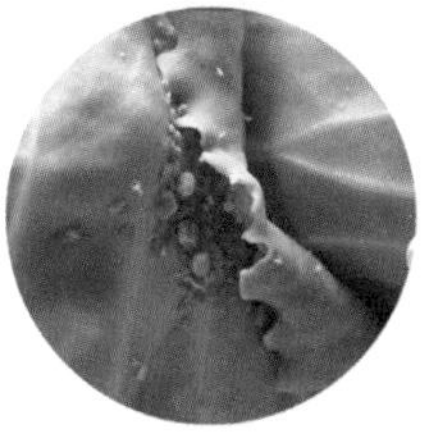

섬서구메뚜기

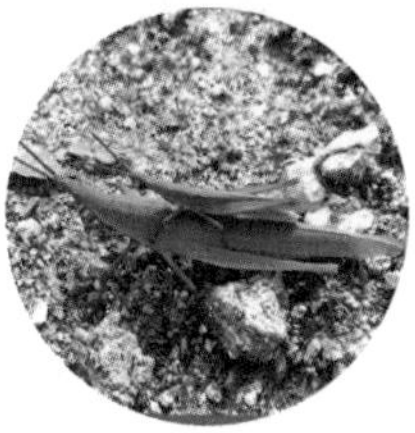

기타 등등.

...벌레 박사가 되었다!

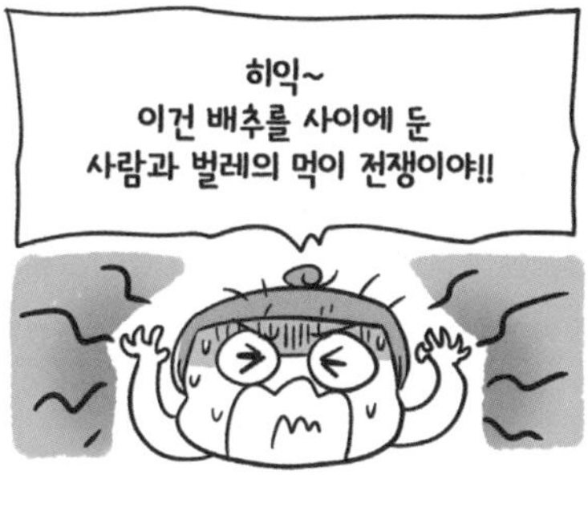

히익~
이건 배추를 사이에 둔
사람과 벌레의 먹이 전쟁이야!!

chapter 22

배추 기르기
벌레와의 먹이 전쟁

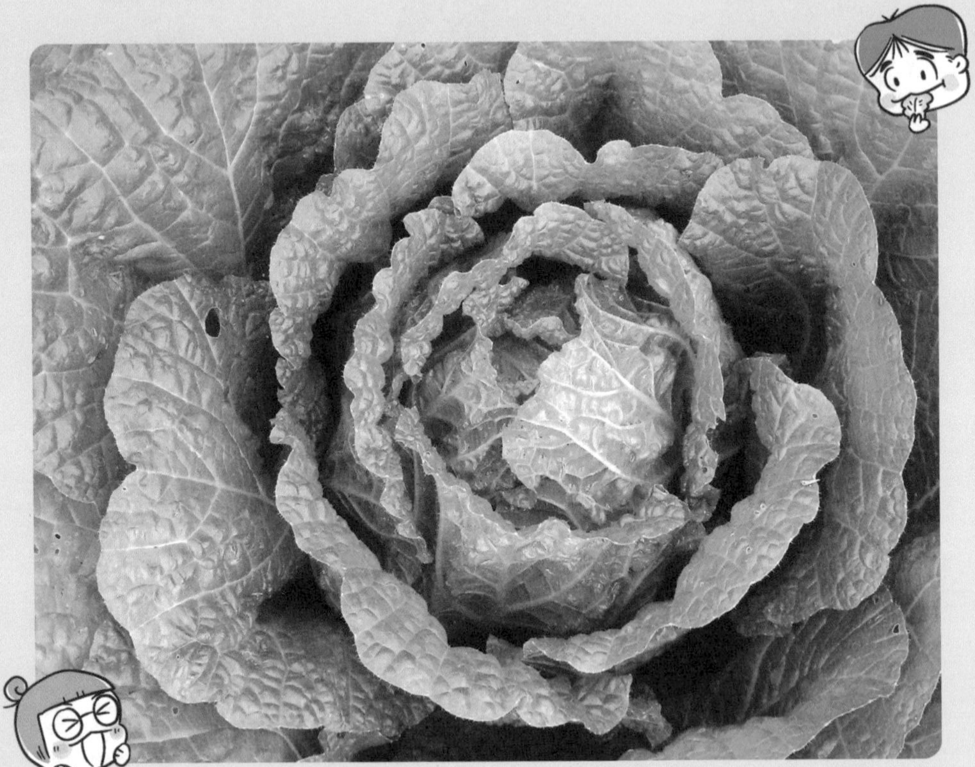

8월 말

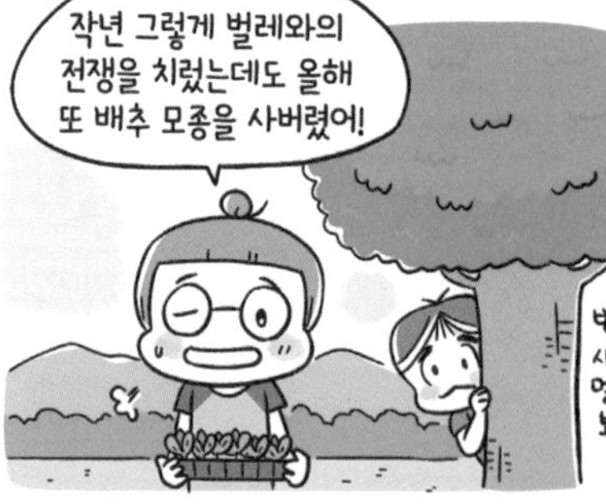

작년 그렇게 벌레와의 전쟁을 치렀는데도 올해 또 배추 모종을 사버렸어!

밭일 시킬까봐 멀리서 지켜보는 꿍!

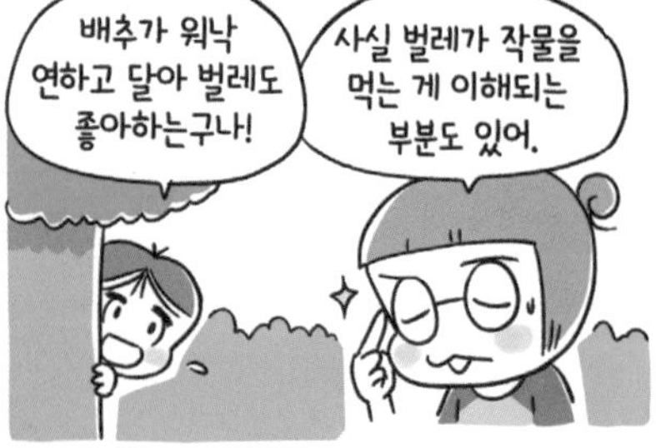

배추가 워낙 연하고 달아 벌레도 좋아하는구나!

사실 벌레가 작물을 먹는 게 이해되는 부분도 있어.

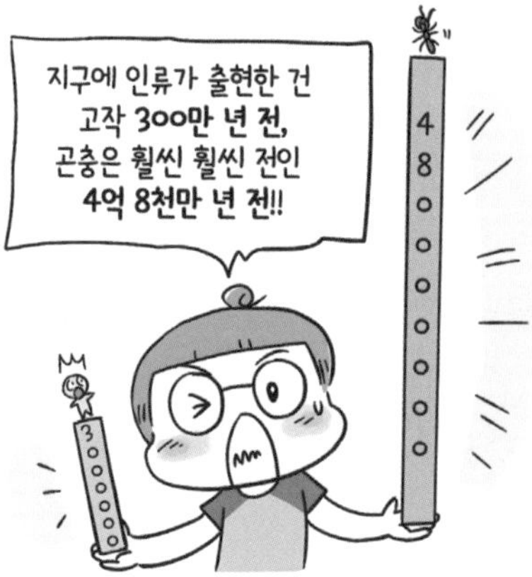

지구에 인류가 출현한 건 고작 **300만 년 전**, 곤충은 훨씬 훨씬 전인 **4억 8천만 년 전!!**

지구상 곤충의 수는 사람의 **2억 배!!**

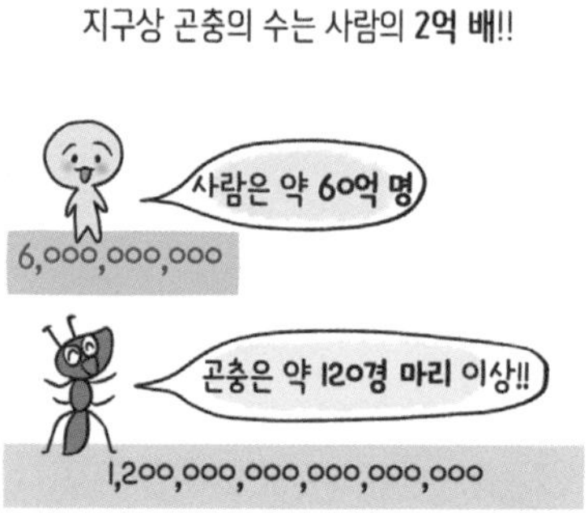

사람은 약 **60억 명**

6,000,000,000

곤충은 약 **120경 마리 이상!!**

1,200,000,000,000,000,000

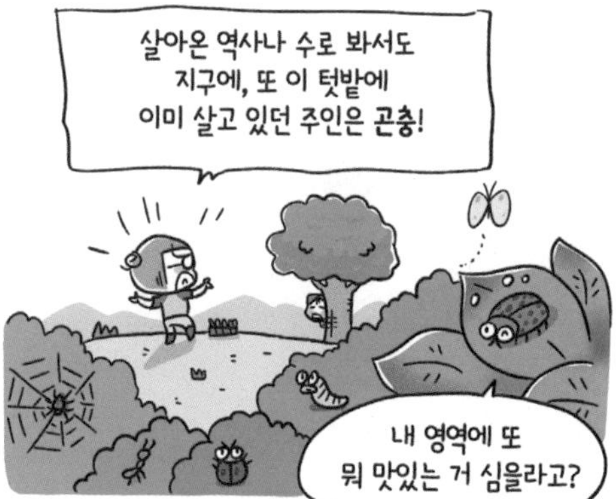

살아온 역사나 수로 봐서도 지구에, 또 이 텃밭에 이미 살고 있던 주인은 곤충!

내 영역에 또 뭐 맛있는 거 심을라고?

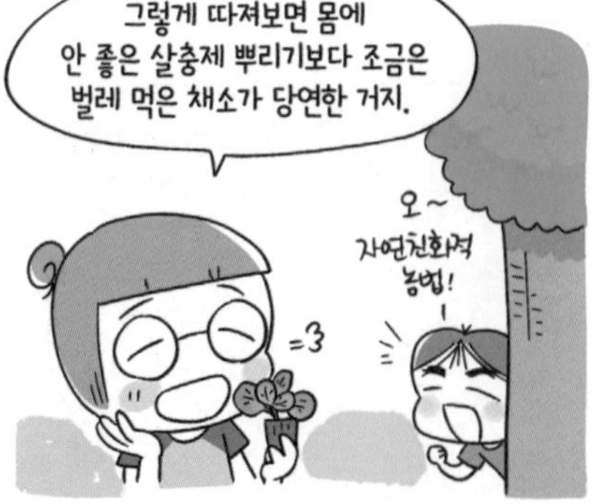

그렇게 따져보면 몸에 안 좋은 살충제 뿌리기보다 조금은 벌레 먹은 채소가 당연한 거지.

오~ 자연친화력 농법!

=3

십자화과 작물인 배추, 무, 갓 등을 갉아 먹는 대개의 벌레들은 먼 거리를 이동할 수 없어 살던 곳에 알을 낳고 해를 보내.

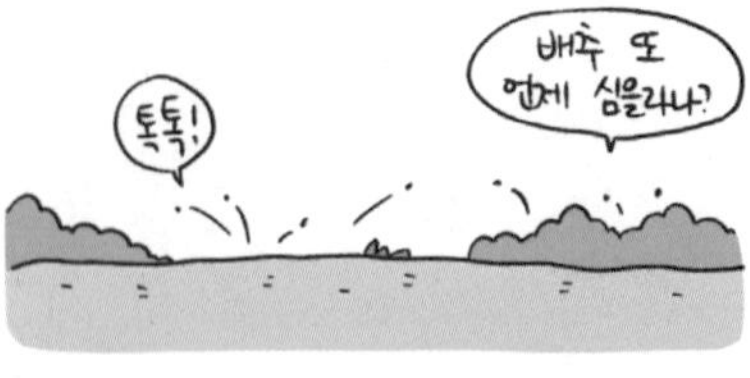

툭툭!

배추 또 언제 심을라나?

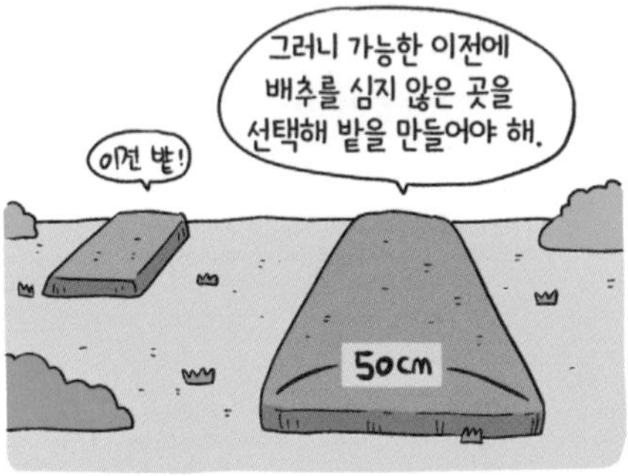

그러니 가능한 이전에 배추를 심지 않은 곳을 선택해 밭을 만들어야 해.

이전 밭!

50cm

배추는 초기에 잘 자라야 포기가 꽉 차니 심기 2주 전 밑거름을 충분히 넣어 섞어준다.

배추는 18~20도의 서늘한 기후에서 잘 자라는 데, 그래서 봄보다 가을 재배가 알맞고 맛도 더 좋아.

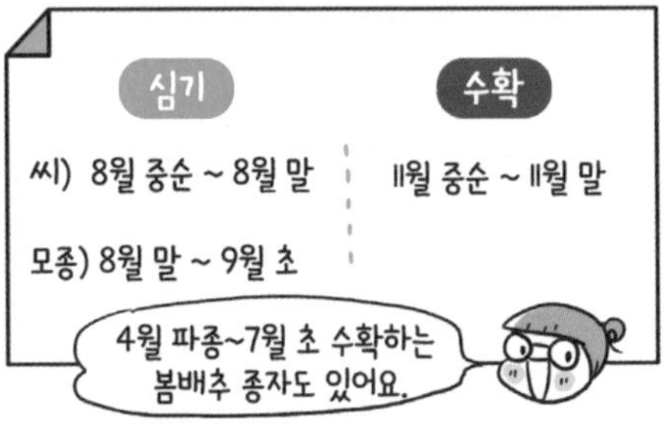

심기	수확
씨) 8월 중순 ~ 8월 말	11월 중순 ~ 11월 말
모종) 8월 말 ~ 9월 초	

4월 파종~7월 초 수확하는 봄배추 종자도 있어요.

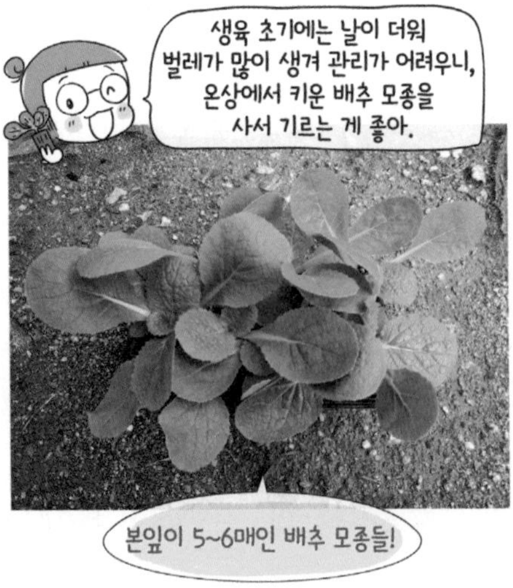

생육 초기에는 날이 더워 벌레가 많이 생겨 관리가 어려우니, 온상에서 키운 배추 모종을 사서 기르는 게 좋아.

본잎이 5~6매인 배추 모종들!

8월 말, 아직 더울 때니 흐린 날 오후에 심는 게 좋고,

건조하면 새잎이 나지 않아 작게 크니 평소 물을 충분히 주어야 해.

배추 간 간격 35cm!

자, 이제 모종을 심고 한 달 정도는 벌레 관리에 힘써야 해!

꺄! 밭이다!

심었네, 심었어!

특히 제일 자주 나타나는 **배추흰나비 애벌레!**

에게~ 이 조그만게 얼마나 먹는다고!

뿍앵!

말도 마, 점점 덩치가 커질수록 식욕도 얼마나 왕성한지!

심은 지 보름째 잘 자란 배추, 하루 사이 거의 갉아 먹혔네!

배추흰나비 애벌레는 배설물 근처에서 금방 발견되니, 잎을 잘 살펴 찾아 제거해야 해.

뒤적 뒤적

애벌레 똥!

여기는 벌레가 구멍을 뿅뿅 내놨어!

얄미운 잎벌레들!! 크기도 작고 톡톡 튀어 잡기도 어려워.

그 밖에 각종 애벌레에 진딧물, 노린재, 메뚜기, 달팽이까지, 그야말로 인기 폭발이야!

쟈 꺄!!

우르르~

한랭사

피해가 너무 심하면 미리 한랭사 같은 방충망을 씌워주거나, 친환경 식물 해충제 등을 뿌려줄 수 있어.

무엇보다 땅이 척박하거나 거름을 과용하면 작물이 허약해져 벌레 피해는 더 심해지니, 피해를 줄이기 위해선 심기 전 비옥하고 건강한 흙 상태를 만드는 게 제일 중요해!

빈틈이 없군!

흙도 튼튼!

작물도 튼튼!

다행인 것은 9월 말, 날이
서늘해지면서 벌레 피해는
급격히 줄어들어.

모종을 심고 5~6주가 되면 배추는 둥글게
속이 드는 결구가 시작되는 데, 이때 전후로 많은
수분이 필요하니 틈나는 대로 물을 줘야 해!

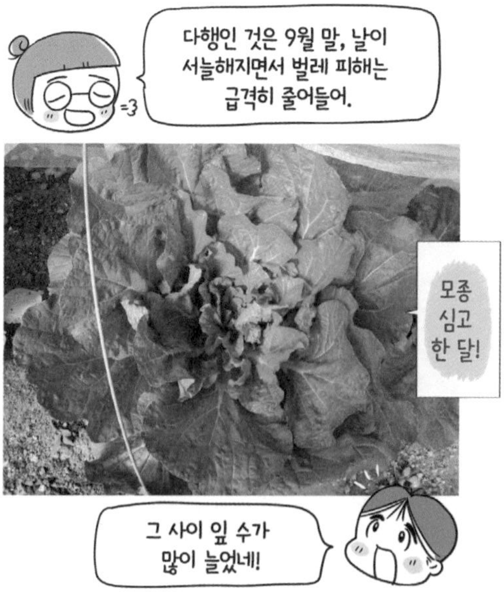

모종
심고
한 달!

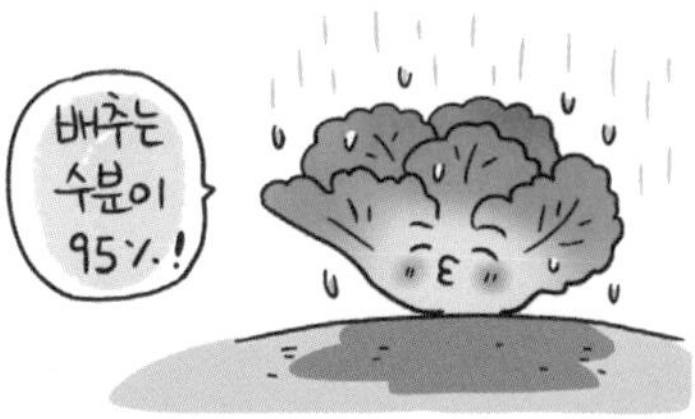

배추는
수분이
95%!

그 사이 잎 수가
많이 늘었네!

또 이 시기에는 많은 거름을 필요로하니
웃거름을 2주에 1번씩
작물 사이사이에 주면 좋아.

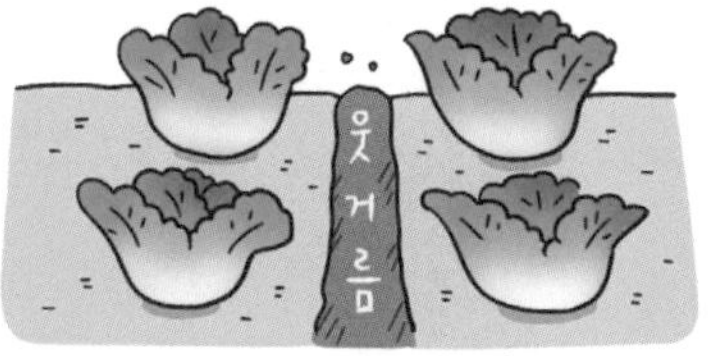

웃거름

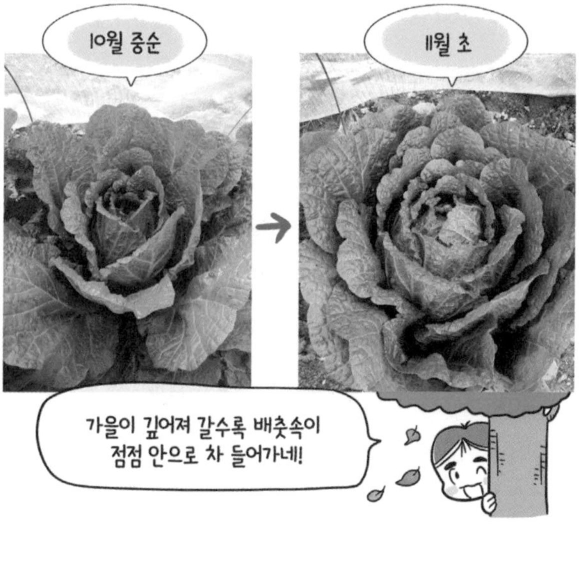

10월 중순

11월 초

가을이 깊어져 갈수록 배춧속이
점점 안으로 차 들어가네!

다른 밭은 배추 윗부분을 묶어주던데, 우리도 묶어줘야 안으로 동그랗게 차지 않을까?

예전의 토종배추는 꼭 묶어주어야 속이 찼지만, 배추와 양배추를 교잡한 요즘의 배추는 묶지 않아도 스스로 결구해.

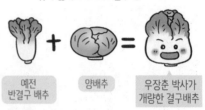

예전 반결구 배추 + 양배추 = 우장춘 박사가 개량한 결구배추

이제 묶어 주는 것은 결구를 위해서보다 늦가을 추위 속 보온이 목적이야.

일찍 묶으면 속이 썩거나 광합성 작용을 방해해 결구가 제대로 안 될 수 있으니 주의!

영하 3도까지 추위를 견디는 배추는 서리를 맞으면 섬유질이 연해지고 맛도 더 달아지니, 서리를 맞힌 후 묶어주면 좋아.

🌱 따뜻한 지역은 굳이 묶지 않아도 된다.

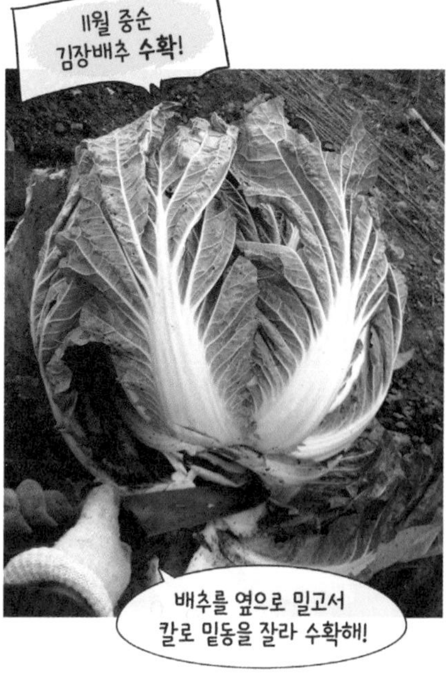

11월 중순 김장배추 수확!

배추를 옆으로 밀고서 칼로 밑둥을 잘라 수확해!

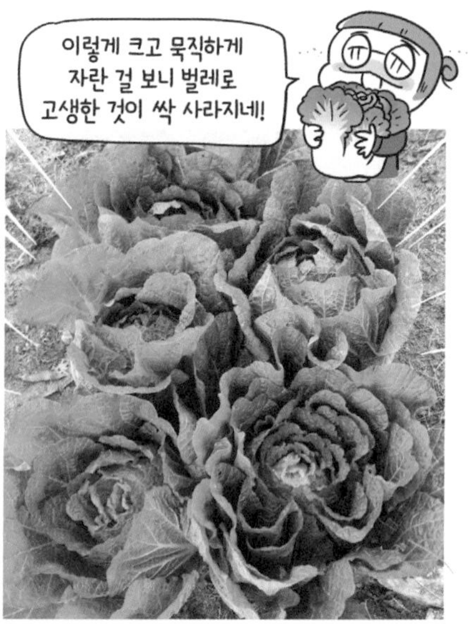

이렇게 크고 묵직하게 자란 걸 보니 벌레로 고생한 것이 싹 사라지네!

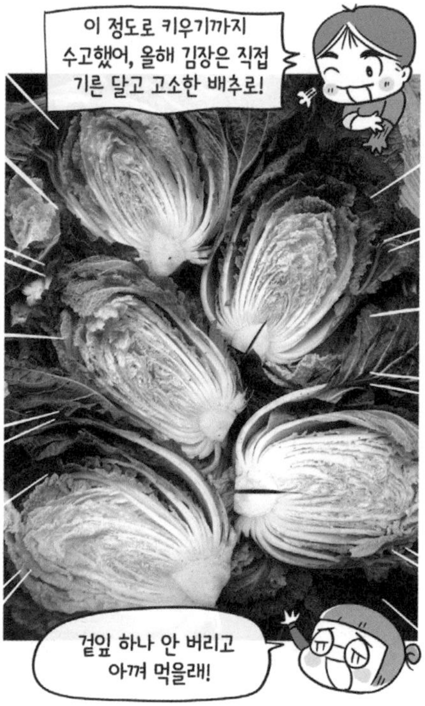

이 정도로 키우기까지 수고했어, 올해 김장은 직접 기른 달고 고소한 배추로!

겉잎 하나 안 버리고 아껴 먹을래!

화분에서 얼갈이배추 기르기

봄에는 배추를 기를 수 없나?

봄 재배용 배추 품종도 있지! 그런데 기온이 올라가면 병충해가 심해지고 꽃대가 일찍 올라와 초보자는 기르기 어려워.

그래서 봄에는 재배 기간이 30~40일로 짧고 기르기 쉬운 **얼갈이배추**를 심어 먹어!

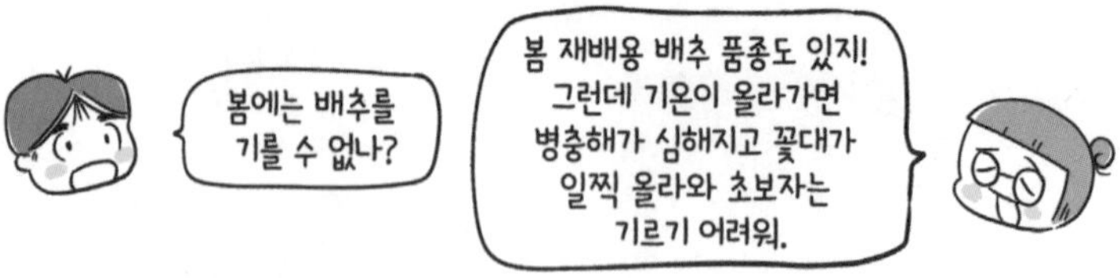

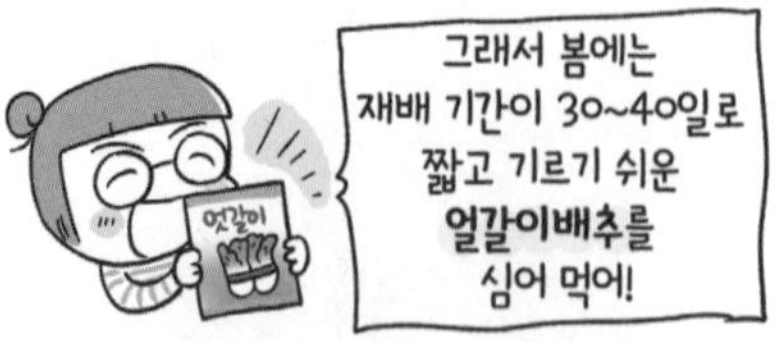

🌱 엇갈이, 또는 얼갈이배추는 잎이 성글고 연하며 속이 꽉 차지 않는 반결구형 배추로, 크기도 작고 약광에도 잘 자라 화분 재배도 용이하다.

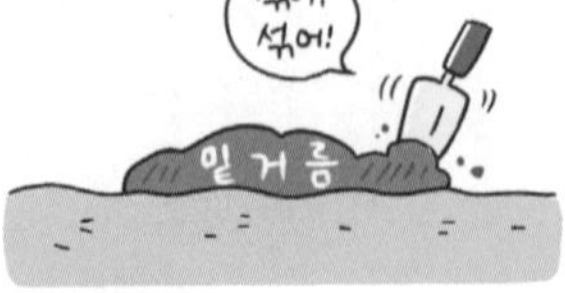

1. 벌레 피해를 막기 위해 이전 배추를 재배했던 곳은 피해 심고, 재배 기간이 짧아 밑거름만 주고 따로 웃거름을 주지 않아도 된다.

4월 초 떡잎 사이 본잎이 나오기 시작하는 얼갈이배추 싹!

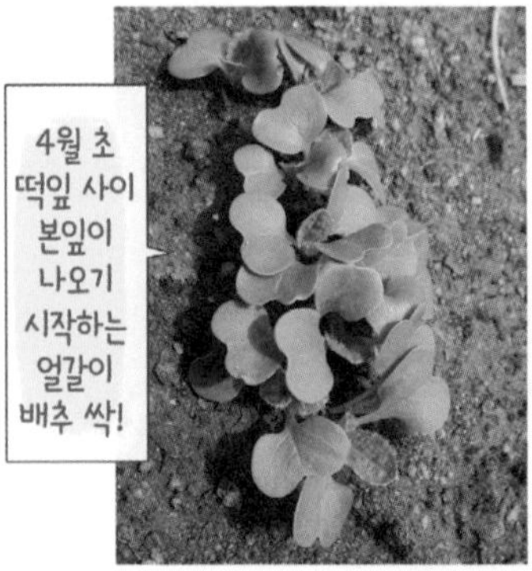

2. 간격이 넓으면 떡 벌어지고 억세지니, 촘촘히 씨를 뿌려 경쟁적으로 자라게 하면 좋다.

솎은 것은 비빔밥 등에 넣어 먹으면 넘 고소해!

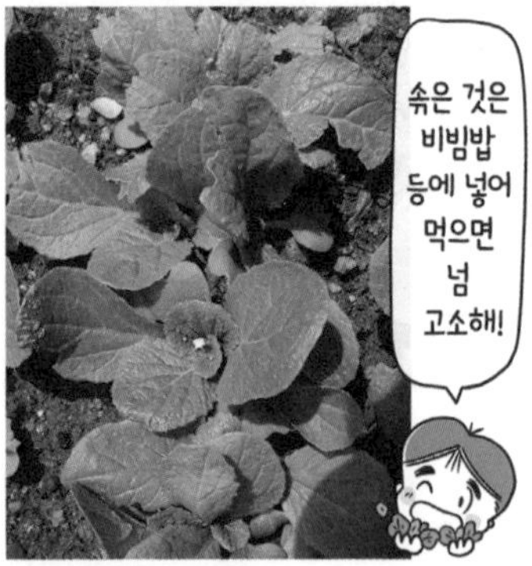

3. 중간중간 솎아내 자리를 넓혀주고, 충분히 물을 주며 기른다. 최종 포기 간격은 10cm!

5월 초, 화분 가득 잘 자란 얼갈이배추!

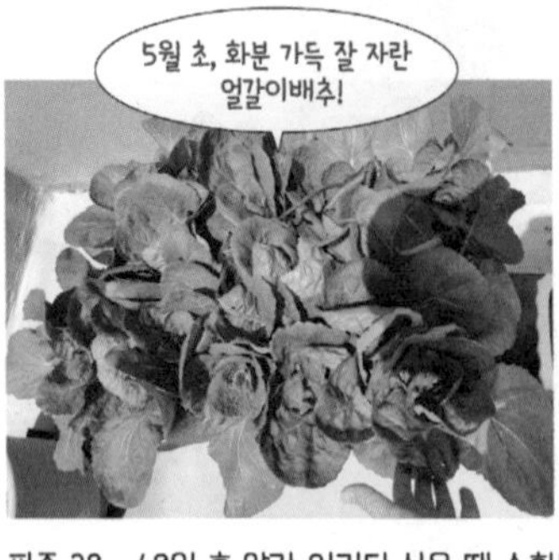

4. 파종 30 ~ 40일 후 약간 어리다 싶을 때 수확!

김치, 나물, 국으로 먹어요!

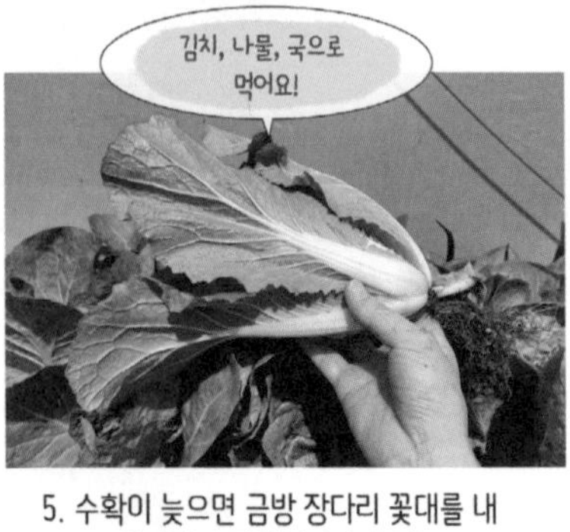

5. 수확이 늦으면 금방 장다리 꽃대를 내 억세지고 맛없어지니 주의!

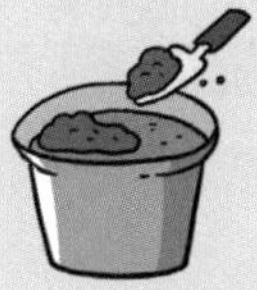

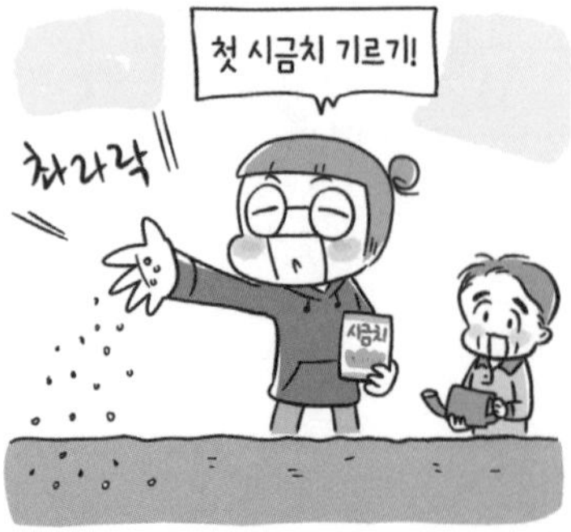
첫 시금치 기르기!
촤라락
시금치

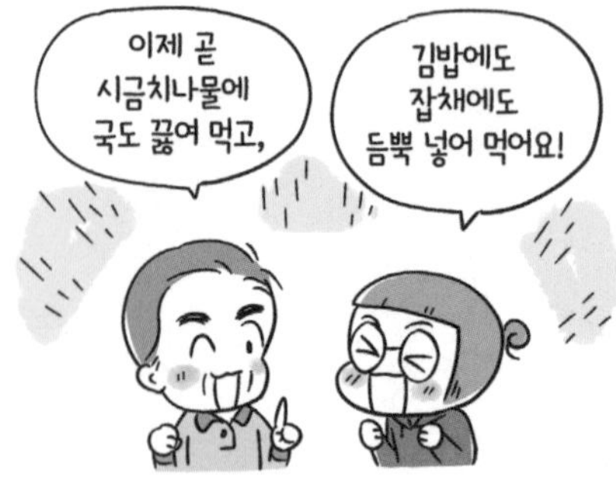
이제 곧 시금치나물에 국도 끓여 먹고,
김밥에도 잡채에도 듬뿍 넣어 먹어요!

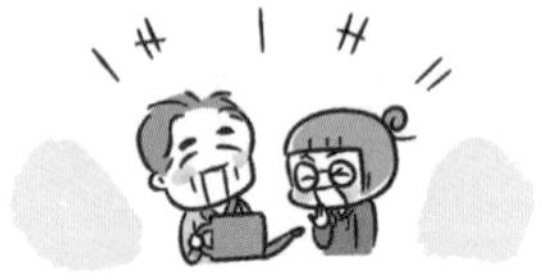

부푼 기대와는 달리

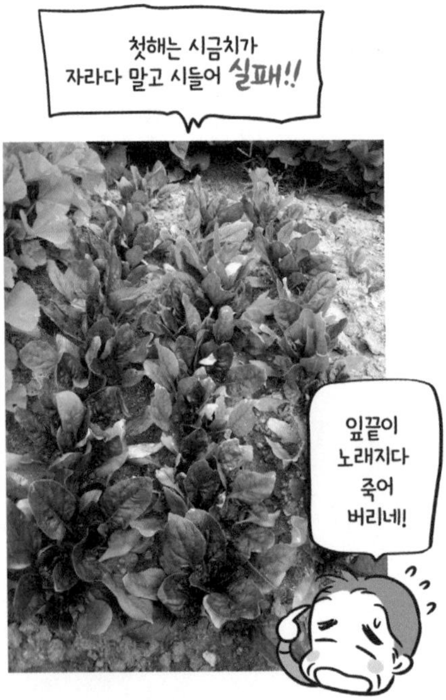
첫해는 시금치가 자라다 말고 시들어 실패!!
잎끝이 노래지다 죽어 버리네!

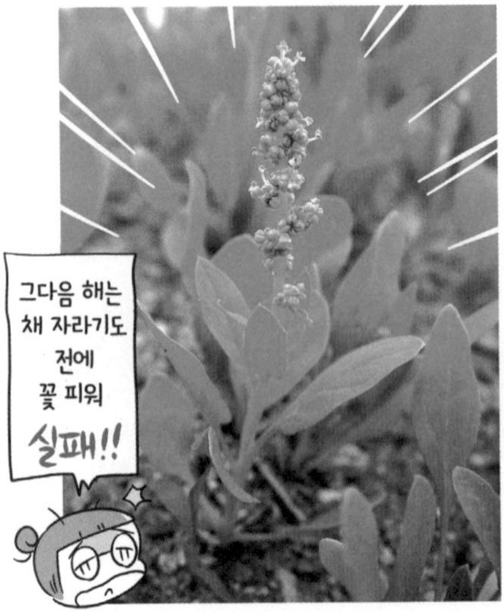
그다음 해는 채 자라기도 전에 꽃 피워 실패!!

이렇게 저렇게 몇 해 실패를 거듭한 결과,

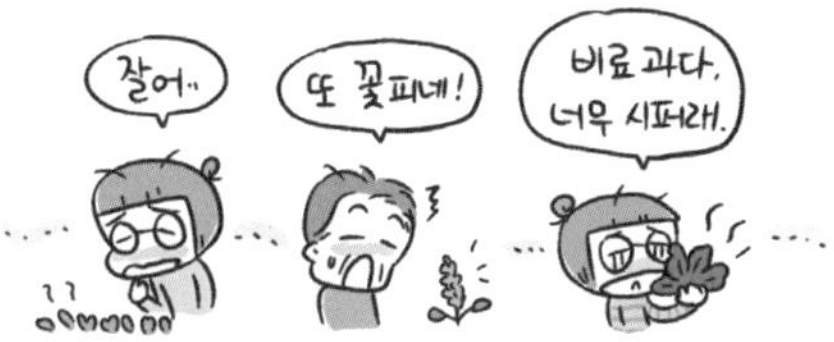

이제는
시금치 나물에도,

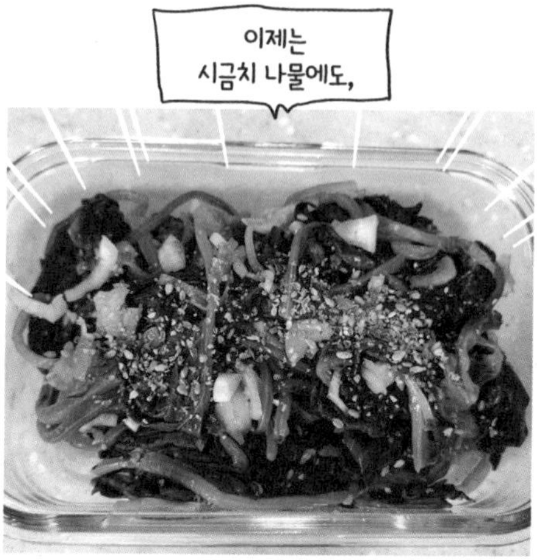

시원한
시금칫국에도,

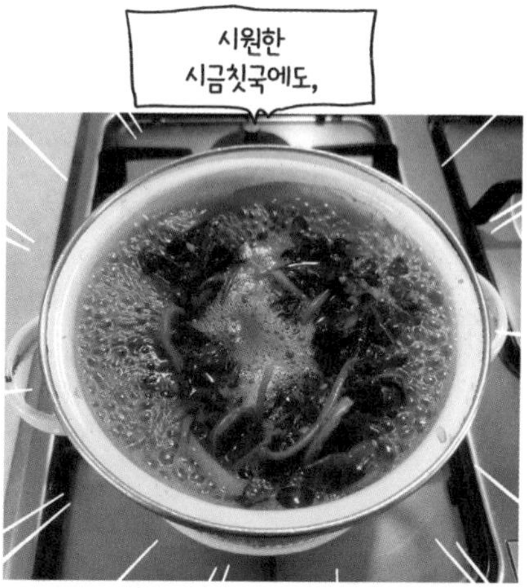

김밥에도 아낌없이 팍팍
넣어 먹는 건강한
시금치 기르기에 성공!!

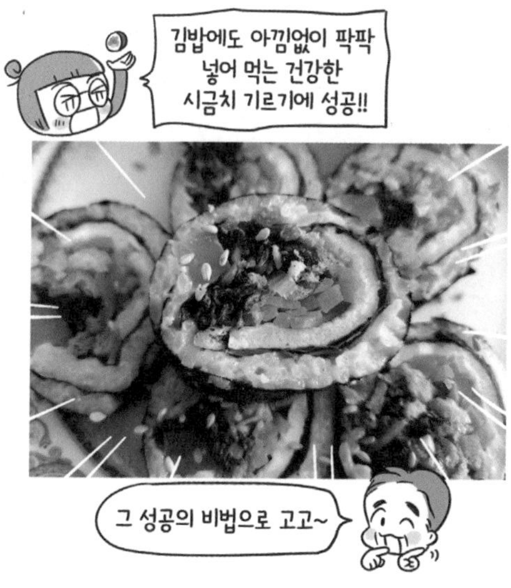

그 성공의 비법으로 고고~

chapter 23

시금치 기르기
찬바람에 더 달고 맛있는 시금치

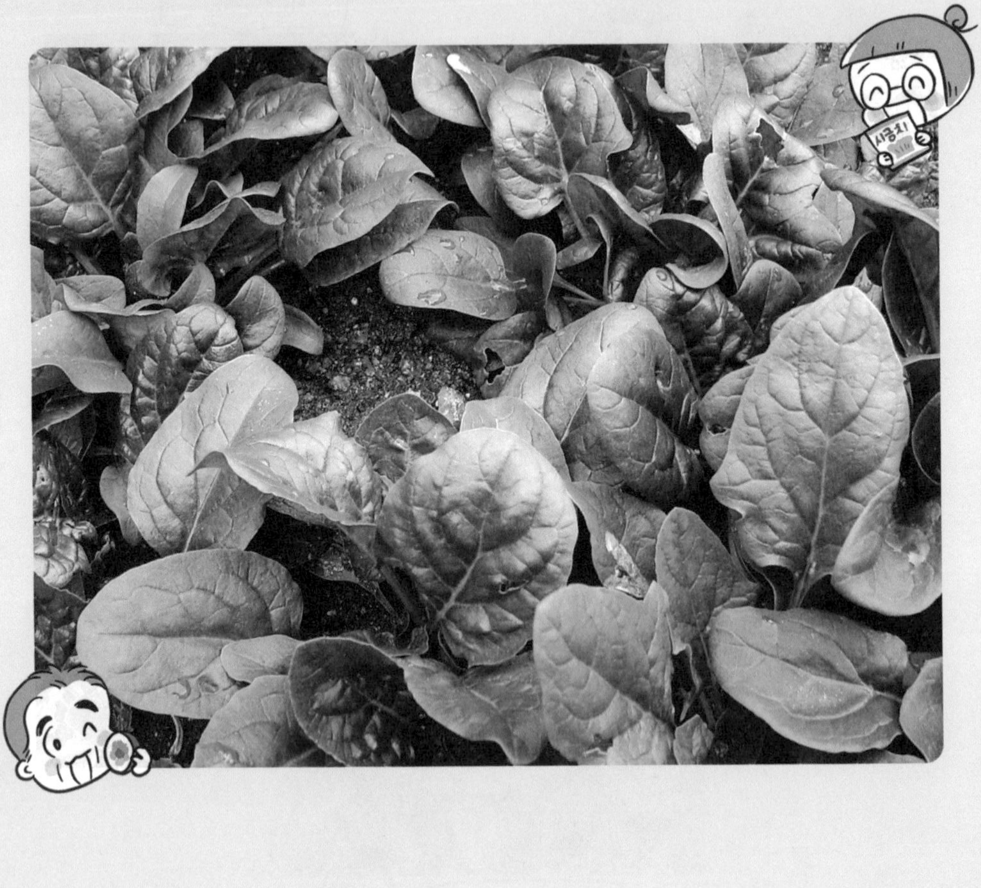

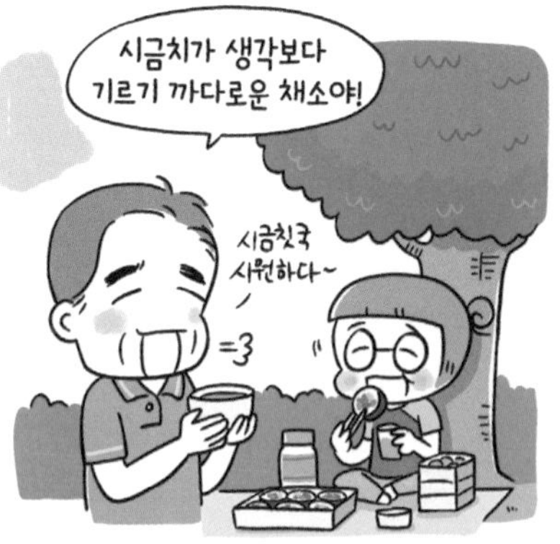

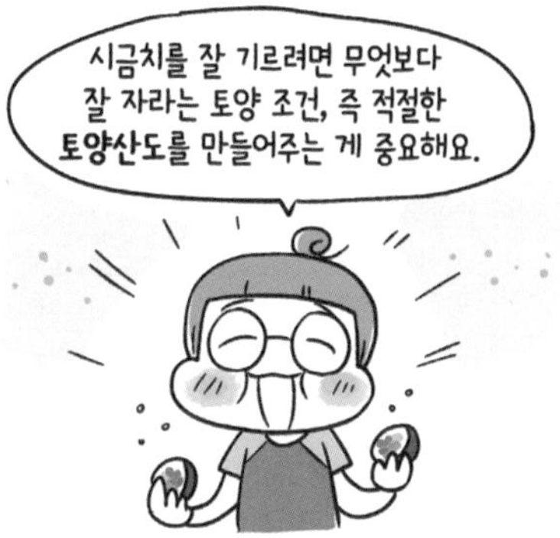

토양산도란 토양 용액 중에 수소이온농도(pH)를
측정하여 나오는 반응값으로, 토양의 산성 정도를 말해요.

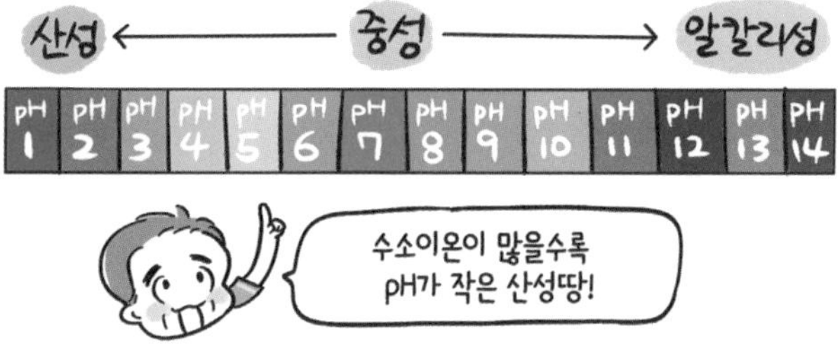

수소이온이 많을수록
pH가 작은 산성땅!

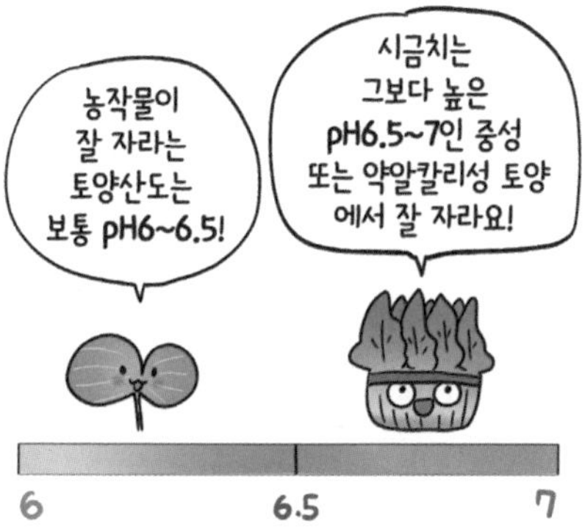

농작물이
잘 자라는
토양산도는
보통 pH6~6.5!

시금치는
그보다 높은
pH6.5~7인 중성
또는 약알칼리성 토양
에서 잘 자라요!

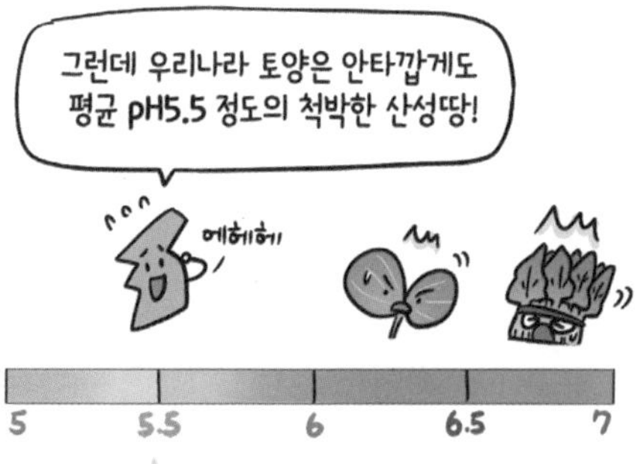

그런데 우리나라 토양은 안타깝게도
평균 pH5.5 정도의 척박한 산성땅!

* **산성땅** - 양분이 적을뿐더러, 식물의 양분 흡수력도
약하게 만들고 미생물의 활동이 억제되는 등 작물이
정상적으로 생장할 수 없는 땅.

특히 시금치는 pH5.5 이하 토양이면 뿌리 쪽에 상해를 입어 말라 죽어요.

그래서 처음 길렀던 땅이 산성땅이라 자라다 누렇게 떠 시들었구나!

메마르고 척박한 산성땅에는 농작물이 잘 자랄 수 있도록 **유기질 거름**을 충분히 사용할 뿐 아니라,

약산성이나 중성땅으로 만들어주는 토양개량제를 넣어줘야 하는데 그게 바로 알칼리성 비료인 **석회질 비료!!**

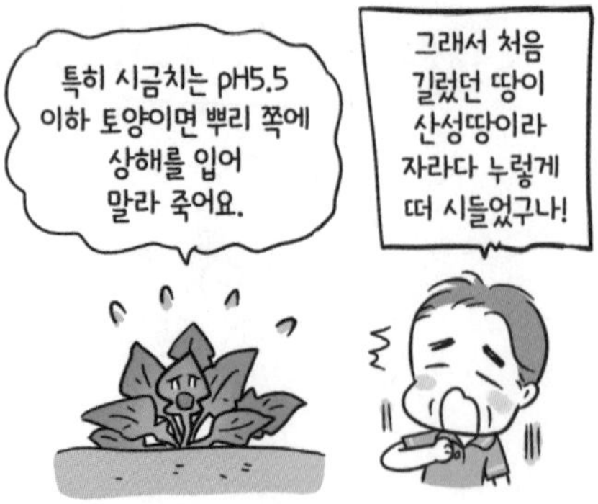

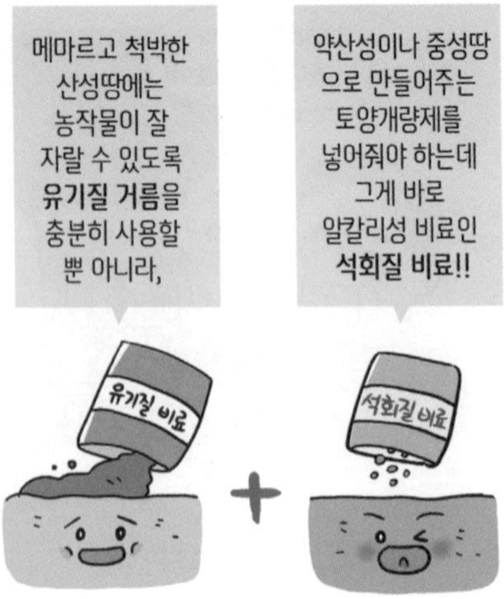

석회의 효과는 아주 천천히 나타나 보통 3년에 한 번씩 석회를 넣어주면 되고, 농가에서는 나라로부터 무상으로 석회를 제공받아요.

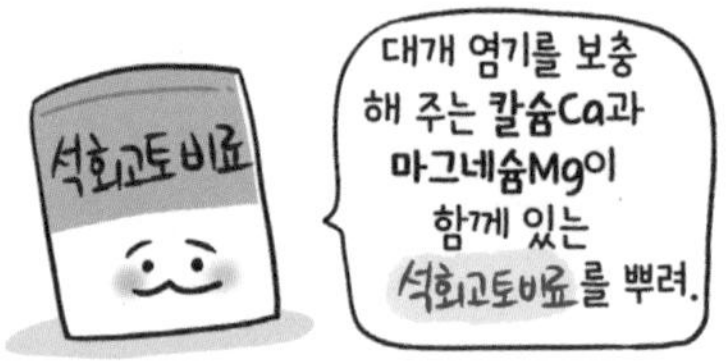

작은 화분 재배 시에는 알칼리 성분인 빻은 조개껍데기와 계란 껍질, 숯가루나 재를 넣어주면 좋아요.

대개 염기를 보충 해 주는 **칼슘Ca**과 **마그네슘Mg**이 함께 있는 **석회고토비료**를 뿌려.

조개껍데기 계란껍데기 숯가루 재

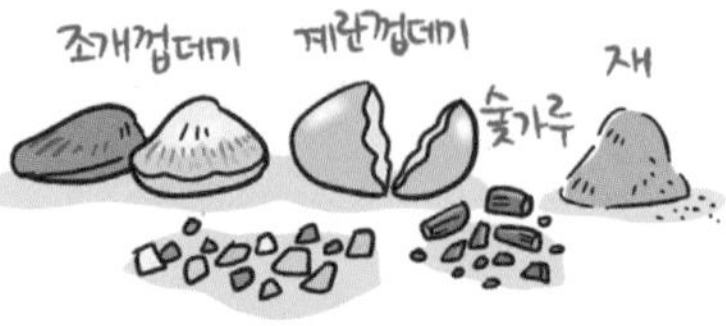

🌱 수소를 중화하고 부족한 염기를 보충하는 석회질 비료는 칼슘을 주성분으로 하고, 종류로는 생석회, 소석회, 석회석, 석회고토 등이 있다.

시금치 기르기의 2번째 핵심은 **재배 시기별 품종 골라 심기!**

땅심이 킹오브덴마크 섬초 수시로 극광

시금치 품종만 260여 종!

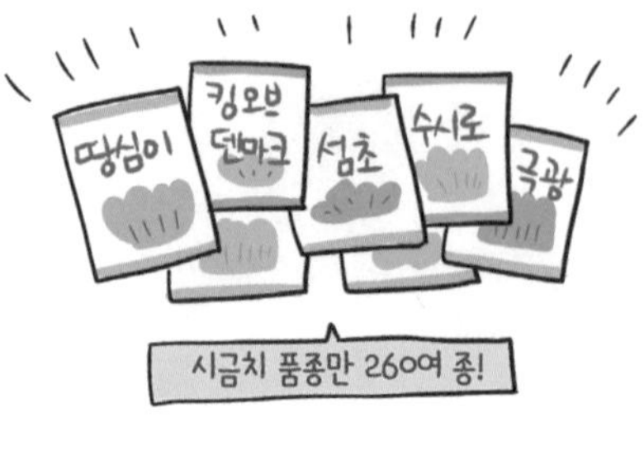

시금치 품종은 크게 **동양종**과 **서양종**으로 나누어요.

동양종은 추위를 잘 견뎌 가을 재배를 하는 겨울 시금치!

서양종은 더위에도 꽃대가 늦게 나와 봄~여름 재배에 적합한 여름 시금치!

더우면 바로 꽃대를 내고 성장을 멈춰!

시금치는 더위에 약하고 추위에 강한 호냉성 작물,
봄 재배 시 25도가 넘어가면 병해가 많이
발생하고 생육이 극히 나빠지니
좀 이른 시기에 키워야 해요.

🌱 시금치가 잘 자라는 온도는 15~20도로,
봄 재배는 3월~5월, 가을 재배는 9월~11월이 생육 적기!

봄 재배 시에는 25~40일, 짧은 기간에 길러 수확해요.

봄 재배 품종은 키가 크고, 잎이 길고 동그랗구나!

시금치는 저온에서 더 잘 자라는 데, 가을 재배 시금치는 추운 날씨에 얼지 않으려 수분은 줄이고 당도를 높여 여름 시금치보다 맛도 더 좋아요.

가을 재배 시금치는 햇빛을 받기 위해 잎이 펼쳐져 있고, 찬바람을 피해 땅에 납작 붙어 크는 로제트형!

❦ 로제트(rosette) - 햇빛을 많이 받기 위해 장미(rose)꽃 모양으로 잎을 펼치며 겨울을 나는 식물 형태.

정말 겨울 시금치는 키가 작고 옆으로 퍼져 자라네!

여름 시금치보다 잎 수도 많고 도톰해요.

추위에 강해 -10도까지 견디는 시금치는 월동 후 이듬해 봄에 수확할 수도 있는데, 이때 짚이나 비닐을 덮어 보온 유지를 해주면 좋아요.

최근엔 사계절 재배가 가능한 품종이 나왔는데, 바로 봄 재배 서양종과 가을 재배 동양종을 교집한 품종!

가을 시금치 형태

여름 시금치의 생육이 빠르고 추대가 늦은 특성

교배종

이렇게 재배 시기별 시금치 품종이 많으니
씨앗 봉투 뒷면의 재배 시기를 꼭 확인하고
구입해야 해요.

단기간에 왕성하게 자라는 시금치는
밑거름만으로 자랄 수 있어요.

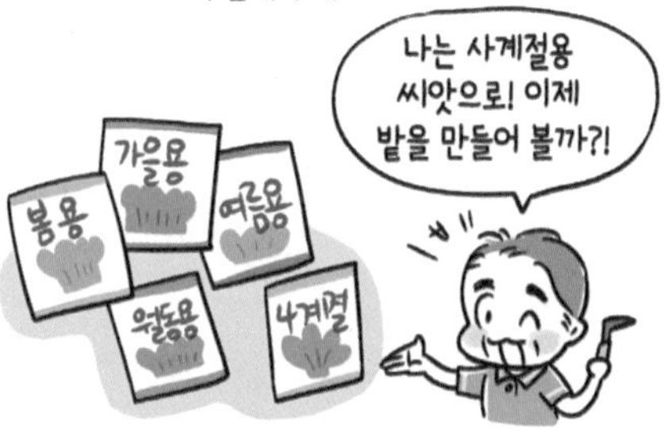

나는 사계절용
씨앗으로! 이제
밭을 만들어 볼까?!

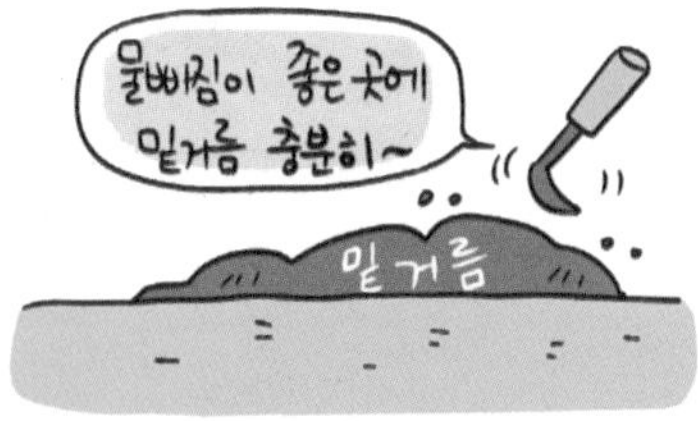

물빠짐이 좋은 곳에
밑거름 충분히~

밑거름

석회질 비료는 밑거름과 함께 주면 질소비료
효과가 떨어지므로 밑거름 넣기 2주 전에 넣는다.

시금치는 지상부에 비해 땅속 뿌리 부분이 매우
발달하여 깊은 곳까지 뿌리가 내리니, 뿌리가 잘
자라도록 땅을 깊고 부드럽게 갈아줘요.

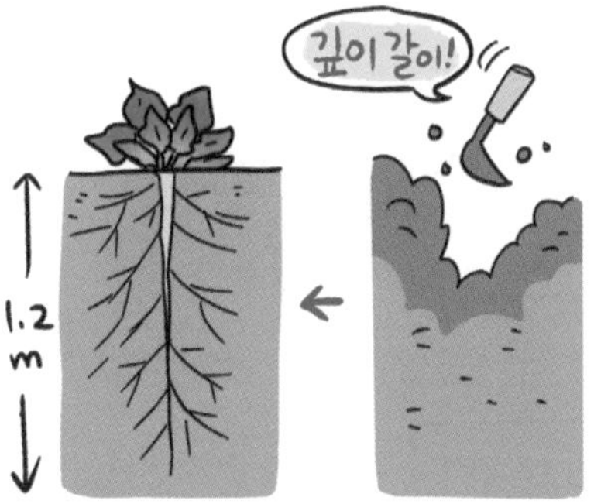

깊이 갈이!

1.2
m

시금치 씨는 씨껍질이 두꺼워
24시간 동안 물에 불렸다가
그늘에서 잠시 말린 후 뿌려요.

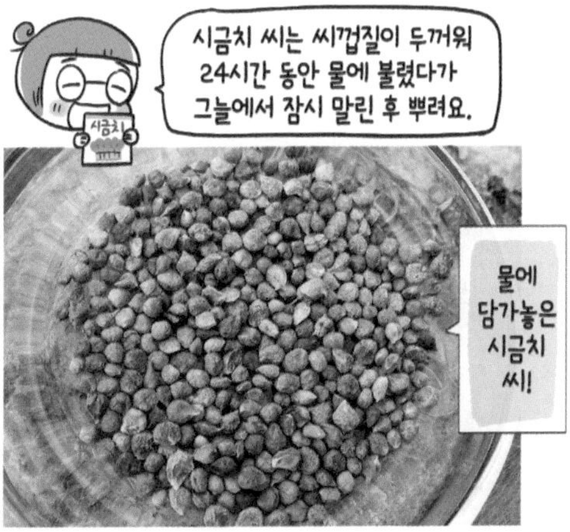

물에
담가놓은
시금치
씨

20~30cm 포기 간격으로 줄을
그은 후, 촘촘히 재배하는 편이 어릴 때
발육에 좋아 1~2cm 간격으로 줄뿌림을
한 후 흙을 덮고 물을 줘요.

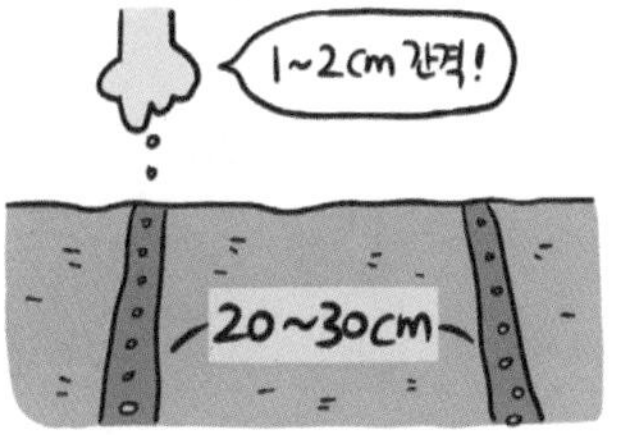

1~2cm 간격!

20~30cm

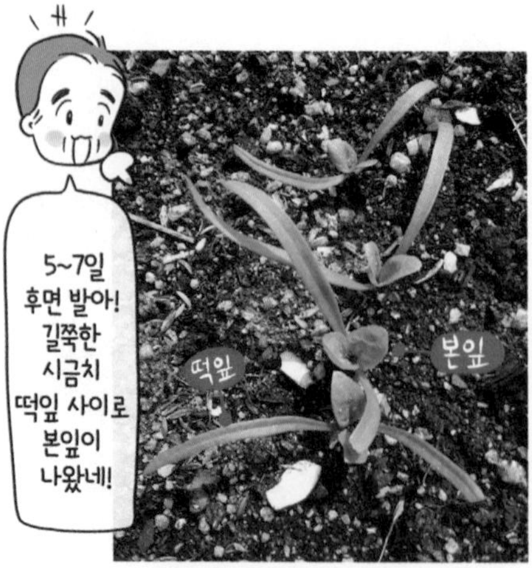

5~7일 후면 발아! 길쭉한 시금치 떡잎 사이로 본잎이 나왔네!

떡잎

본잎

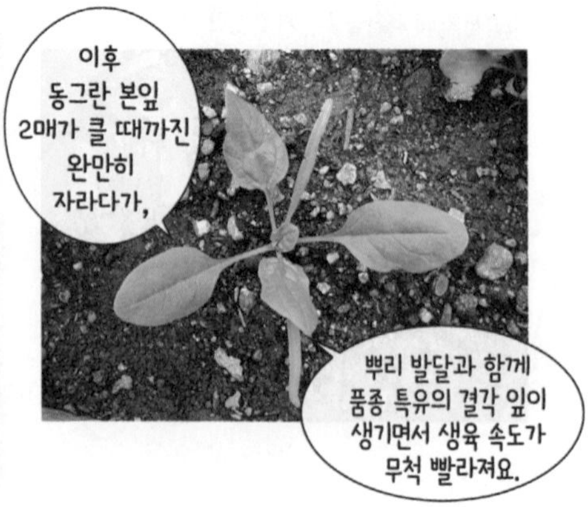

이후 동그란 본잎 2매가 클 때까진 완만히 자라다가,

뿌리 발달과 함께 품종 특유의 결각 잎이 생기면서 생육 속도가 무척 빨라져요.

본잎이 나고부터 2~3회 솎아주는 데, 이때 잎들이 땅에 닿지 않고 서로 기댈 정도의 간격을 만들어줘요.

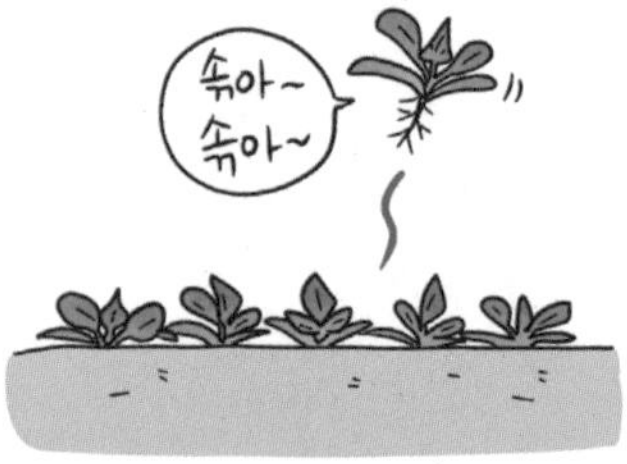

솎아~ 솎아~

시금치는 건조에 매우 약해 자라는 동안 땅속 깊이 스며들 정도로 물을 충분히 줘야 해요.

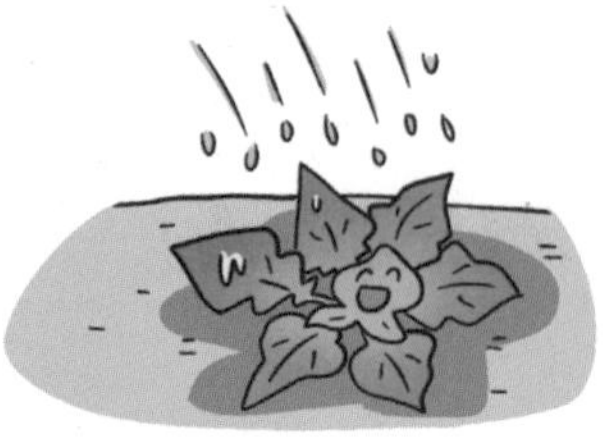

봄 재배는 40일, 가을 재배는 50~60일 이면 다 자라 수확할 수 있어요!

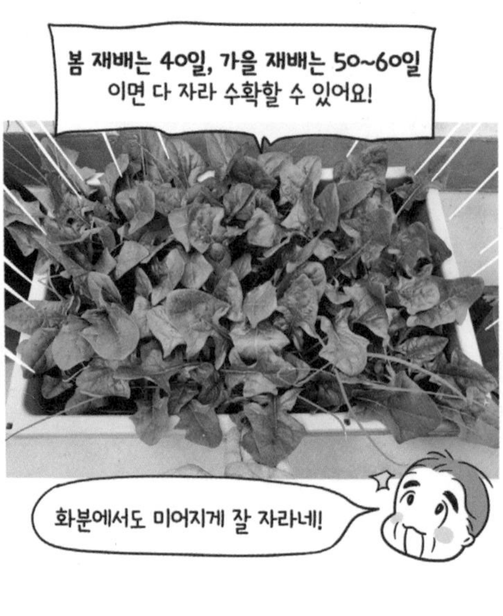

화분에서도 미어지게 잘 자라네!

길이가 길게 자란 것부터 솎듯이 수확해요.

솎듯이 수확!

크게 자란 것만 골라 1차 수확!

며칠 지나 2차 수확! 그사이 자리가 넓혀져 더 크게 자란 나머지 시금치들을 모두 수확해요!

🌱 수확이 늦어지면 추대, 줄기 마디 사이가 길어지고 잎이 단단해지니 주의!

파종은 한꺼번에 넓은 면적을 하는 것보다 2주 간격을 두고 한두 번 먹을 만큼씩 나누어 씨 뿌려 기르는 게 실속 있어요!

시간차 키우기!

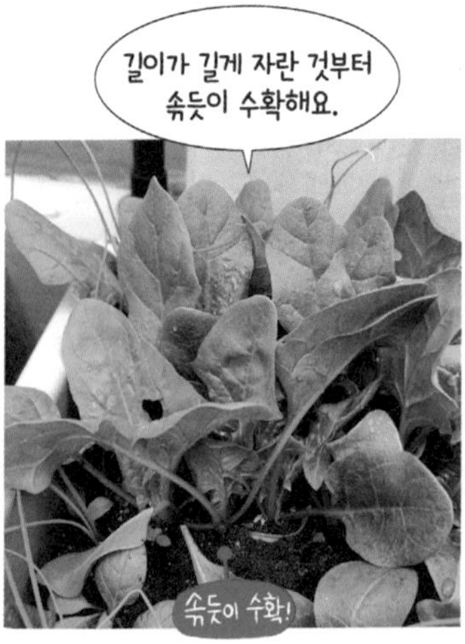

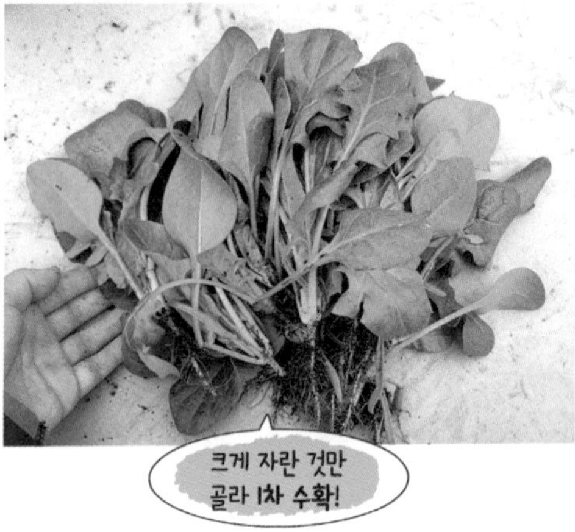

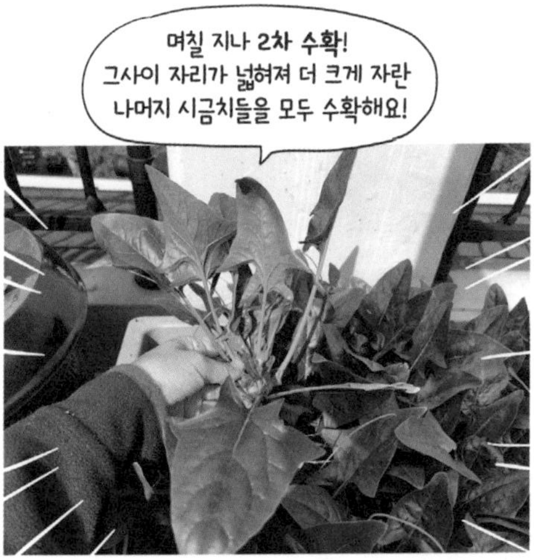

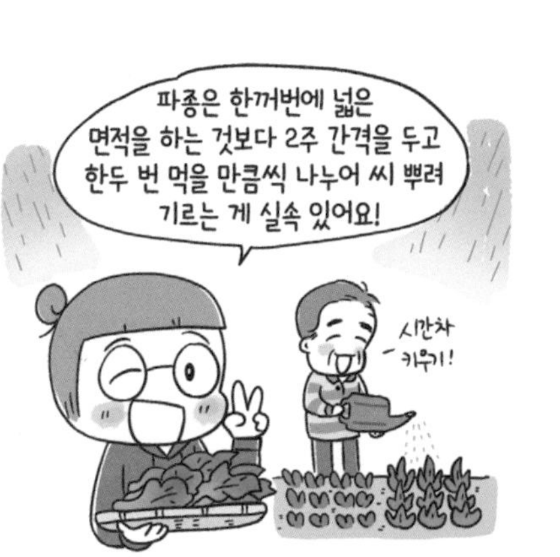

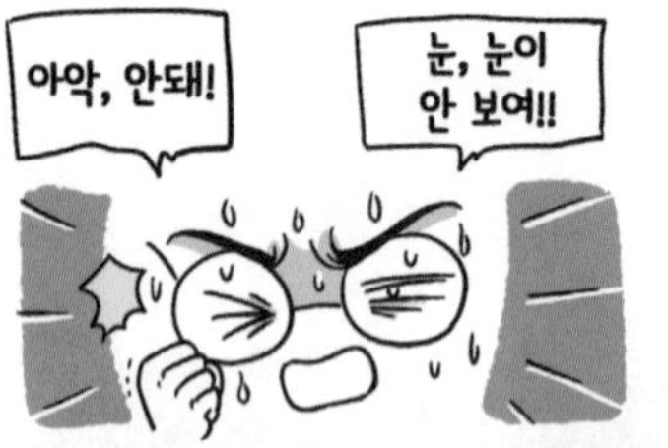

콩을 기르면서 나는 눈 못 뜰 경험들을 했는데

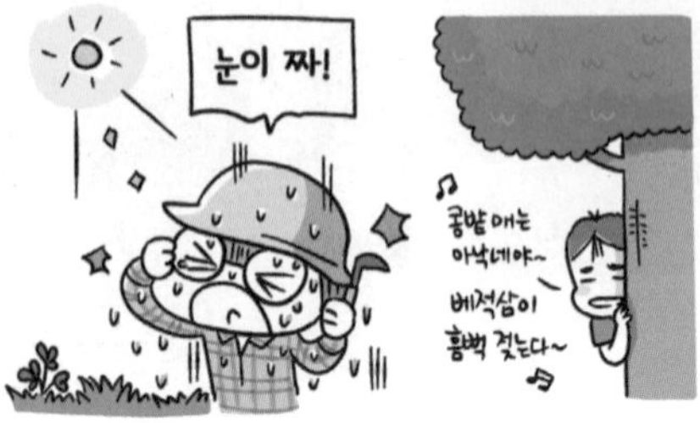

콩밭의 잡풀을 매며 폭포수같이 흘러내리는
땀방울에 눈을 못 떴던 일.

두 번째는

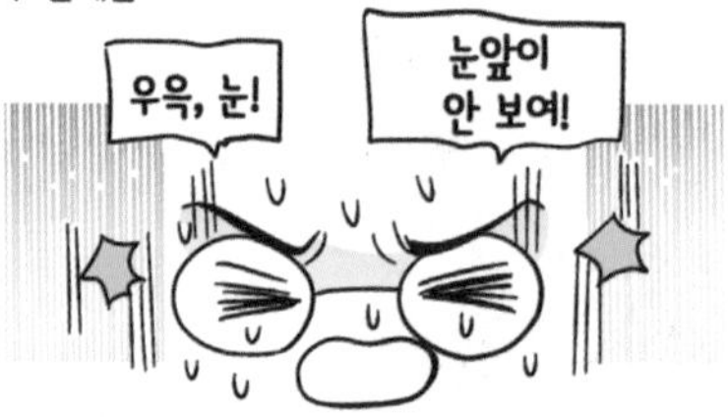

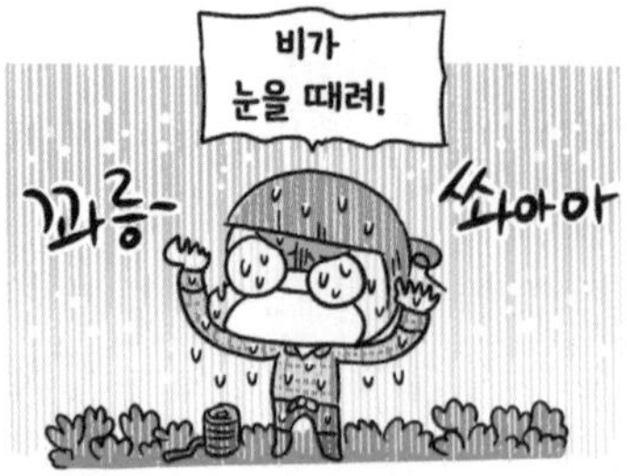

한여름 쓰러진 콩대를 세우느라
장대같은 폭우를 고스란히 맞았던 일.

그리고

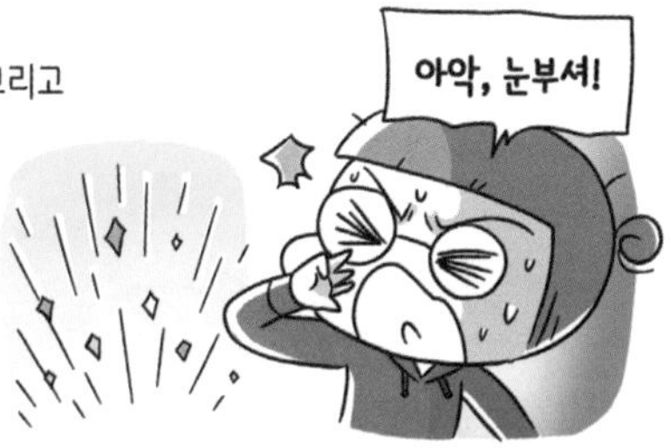

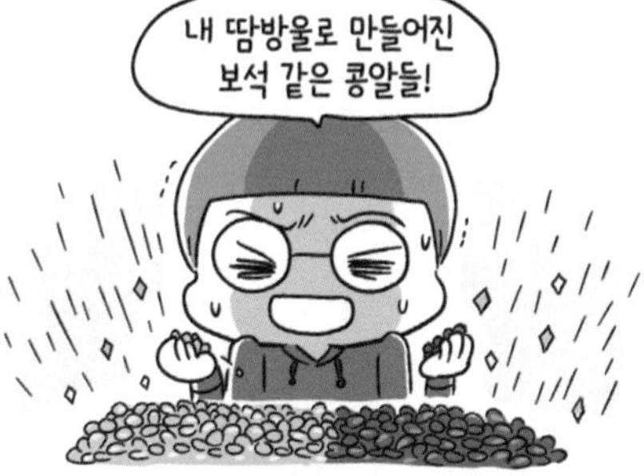

눈 못 뜰 고생도 영롱한 수확 앞에
귀한 경험이 되는 콩 기르기,

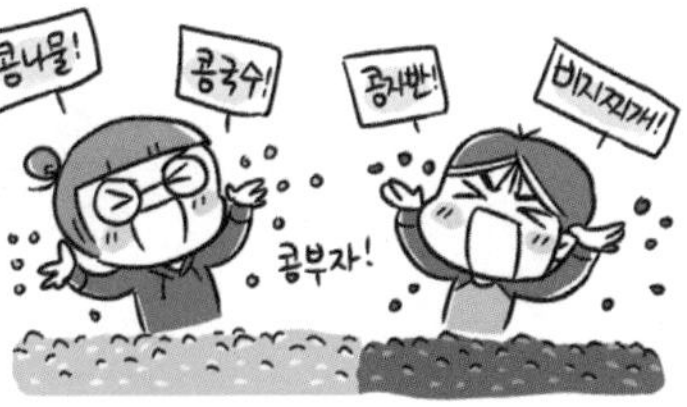

함께해 보실래요?

Chapter 24

콩 기르기
눈도 못 뜰 경험, 노란 콩 검은 콩

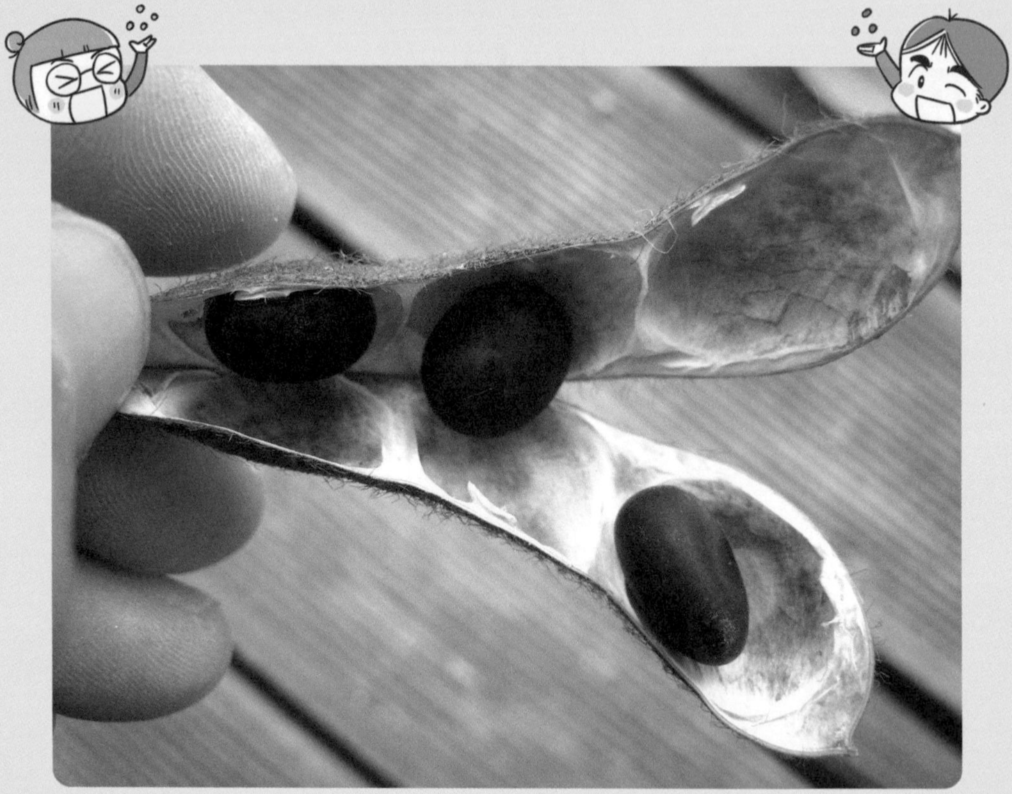

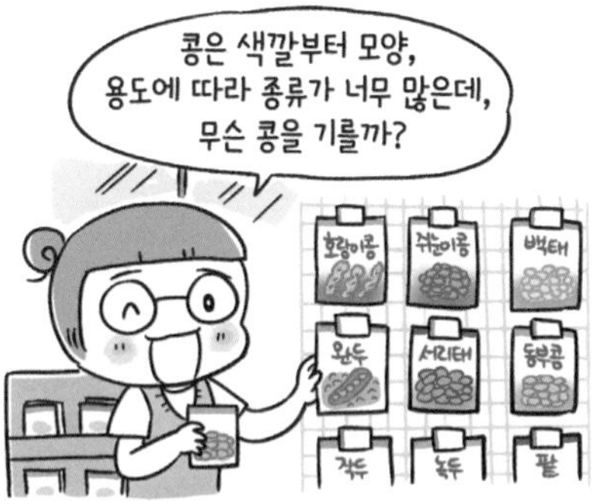

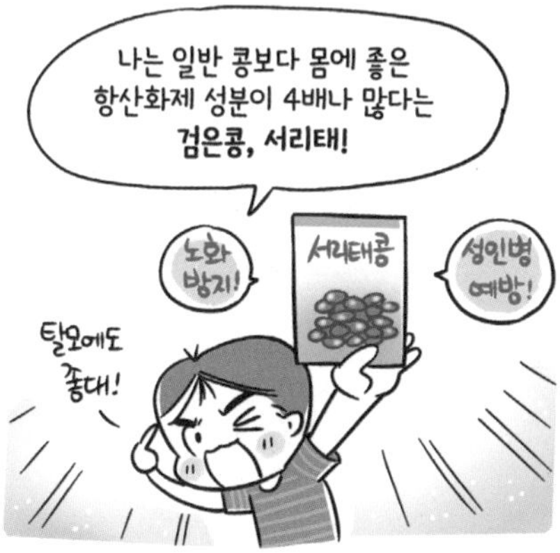

검은콩은 노란콩보다 자라는 기간이 길어 10월 하순 서리를 맞은 다음 수확해 **서리태**라 불러.

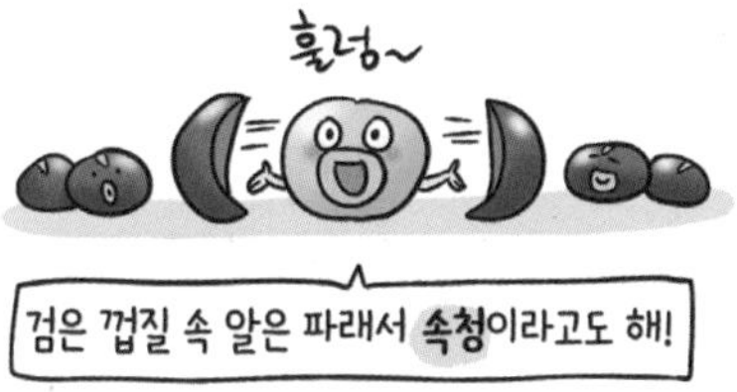

노란콩은 백태, 대두라고도 하는데, 노란콩 중 크기가 큰 대립종은 장류, 두부를 만들고, 작은 소립종은 콩나물용으로 쓰이지.

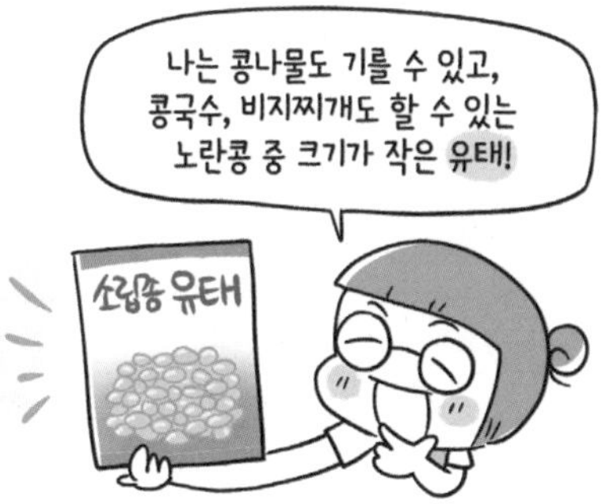

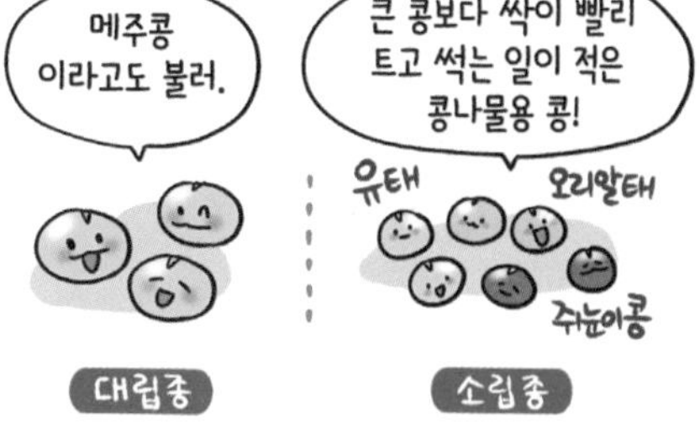

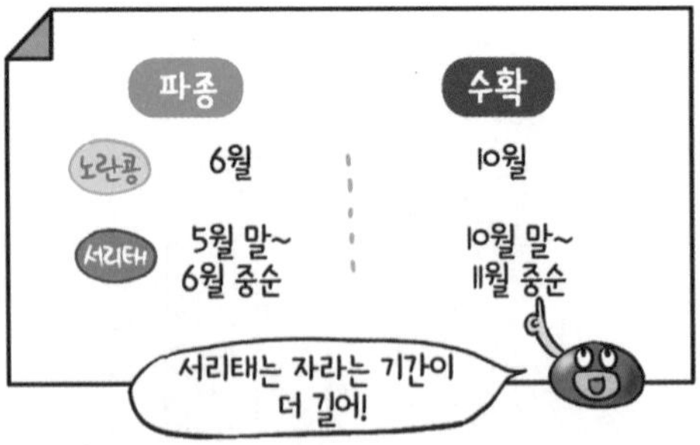

파종		수확
노란콩	6월	10월
서리태	5월 말~ 6월 중순	10월 말~ 11월 중순

서리태는 자라는 기간이
더 길어!

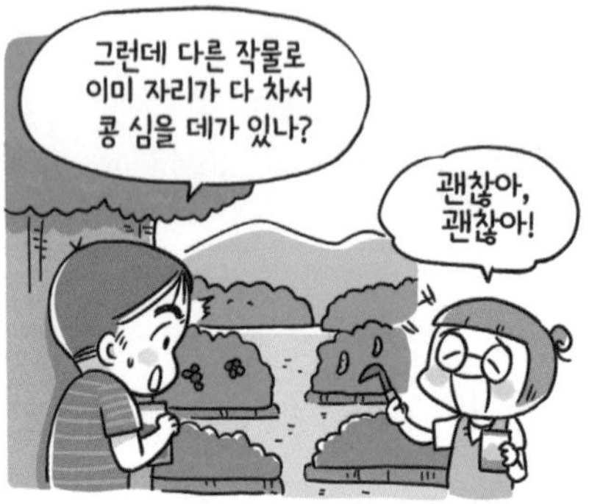

그런데 다른 작물로
이미 자리가 다 차서
콩 심을 데가 있나?

괜찮아,
괜찮아!

콩은 기르기가 까다롭지 않아서 밭둑이나
논두렁 같은 자투리 땅이나 고구마, 옥수수,
깨 같은 작물 사이에 섞어 심어도 돼!

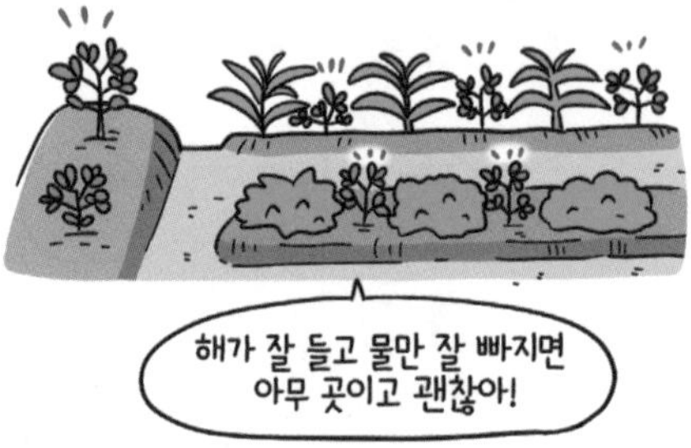

해가 잘 들고 물만 잘 빠지면
아무 곳이고 괜찮아!

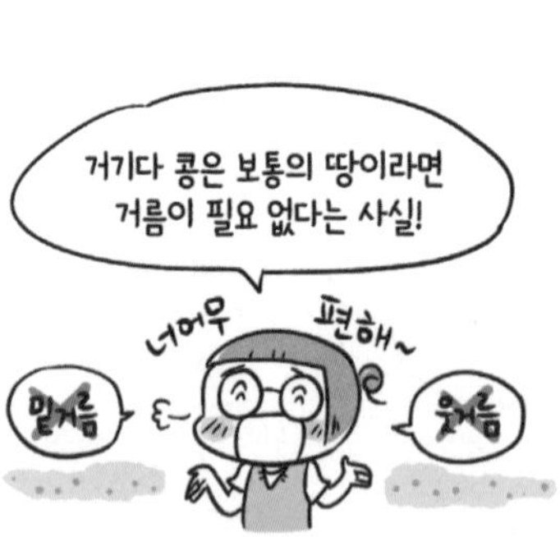

거기다 콩은 보통의 땅이라면
거름이 필요 없다는 사실!

너어무   편해~

밑거름   거름

❦ 너무 건조하거나 척박하면
약간의 밑거름을 넣어준다.

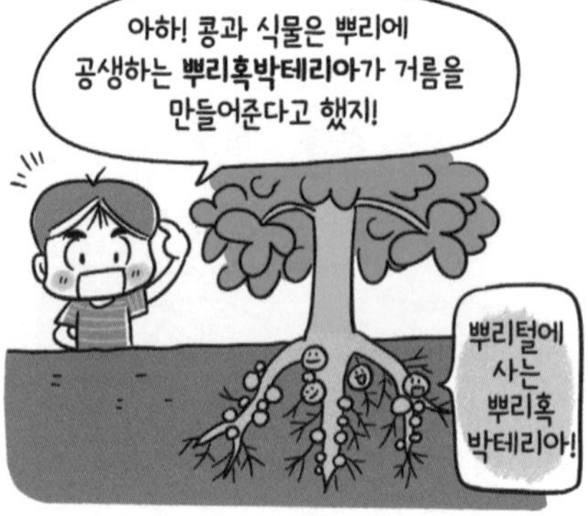

아하! 콩과 식물은 뿌리에
공생하는 뿌리혹박테리아가 거름을
만들어준다고 했지!

뿌리털에
사는
뿌리혹
박테리아!

❦ 챕터 20 땅콩 기르기 참고.

254

콩과 식물은 근류균인 뿌리혹박테리아에게 **집과 양분**을 제공하고,

근류균은 공기 중 질소를 고정해 콩과 식물에 필요한 **질소 거름 성분**을 공급하지!

뿌리혹집 탄수화물

콩과식물 ⇌ 근류균

질소화합물 NH_4^+

식물 성장에 필요한 필수 영양 원소로는 16가지가 있는데,

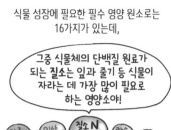

그중 식물체의 단백질 원료가 되는 질소는 잎과 줄기 등 식물이 자라는 데 가장 많이 필요로 하는 영양소야!

칼륨 K / 인산 P / 질소 N / 칼슘 Ca / 아연 Zn / 염소 Cl / 붕소 B / 마그네슘 Mg / 황 S / 망간 Mn / 니켈 Ni / 구리 Cu / 몰리브덴 Mo / 산소 O / 수소 H / 탄소 C

뿌리 혹은 그 중요한 질소비료를 만드는 공장이라 할 수 있어!

콩과 식물 땅콩 뿌리의 뿌리혹!

콩과 식물 토끼풀 뿌리의 뿌리혹!

뿌리혹박테리아는 자라는 땅 자체도 거름지게 한다지!

콩은 거름기가 많으면
되레 뿌리혹박테리아의 기능은
약해지고 줄기와 잎만 무성히
자라 쓰러져 버리니 주의해야 해!

콩이 웃자라
쓰러지면
수확량이
절반 이상 줄어!

자, 그럼 서리태
검은콩부터 심어볼까?

새들이
귀신같이
콩 냄새를
맡고
날아왔네!

그래서 콩을 심을 땐 새가 한 알, 벌레가 한 알,
사람이 한 알 먹는다고 해서 3알씩 심는다잖아.

나뭇재나 숯가루 한 줌을 같이
넣고 심어주면 좋다.

새 피해가 심하거나
아직 밭에 자리가 없다면
모종을 만들어 심으면 편해.

🌱 보통 6월 감자, 마늘 등을 수확한 후 그 자리에 심는다.

257

3장짜리 본잎이 3개 나왔을 때
옮겨 심는데,

이때 한곳에 2대씩
심으면 서로 기대어
쓰러지지 않고
열매도 잘 맺어!

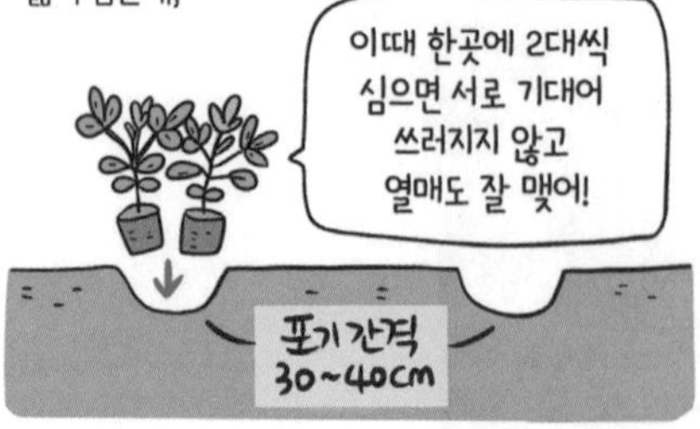

포기간격
30~40cm

6월 말

모종 심고 며칠 안 돼
곧 자리 잡았네!

콩은 자라는 초기에 2~3차례 잡초를 제거하는
풀매기와 함께 북주기를 해야 해.

떡잎 위
본잎이
달린 곳까지
북주기!

북주기를 잘해 주어야
콩대가 쓰러지지 않고
수확이 많아져!

그리고 6월 말, 3장짜리 본 잎이 6~7매 정도
나오면 콩의 다수확을 위한 순지르기도 해야 해.

순지르기!

본잎 5매 정도
남기고
맨 위의
생장점을
잘라주는
순지르기!

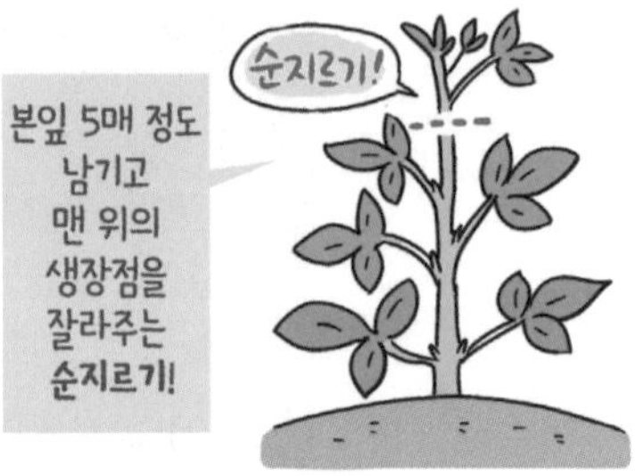

순지르기를 하면 밑에 곁가지가
많이 나와 콩 꼬투리가 더 달리고,
웃자라 쓰러짐도 방지할 수 있어.

또각!

또각!

순지르기는 꽃이 피기 전에 해야 해!

8월 초

콩꽃!

마디마다 쉴 틈 없이 콩꽃이 피고 지며 꼬투리가 달리네!

어느새 9월 초, 서리태 파란 콩깍지가 주렁주렁!

10월 초가 되니 노란콩의 통통한 콩깍지와 잎이 노랗게 익어가기 시작해!

↓

10월 중순부터 잎이 다 떨어지고 꼬투리 색이 누렇게 변한 노란콩부터 수확 시작!

11월 초부턴 서리태 콩깍지가 거무스름하게 변하고 식물체 전체가 마르면 서리태 수확 시작!!

달칵!

노랗게 바짝 말려진 콩깍지에는 노란콩이,

콩대를 거둘 땐 뽑거나 낫으로 뿌리 윗부분을 베는데, 한낮에 거두면 바짝 말려 있는 콩깍지가 터져 콩이 떨어질 수 있어.

톡!

거무스름하게 변한 콩깍지에는

몸에 좋은 안토시아닌 색소 가득한 검은콩 서리태가!

그래서 이슬이 채 마르지 않은 이른 아침에 거두어야 콩깍지가 덜 튀지.

아빠 말씀하시길

게으름뱅이나 한낮에 벤다는 말도 있어.

뽑은 콩대는 햇빛에 펴 며칠을 바짝 말려야 해.

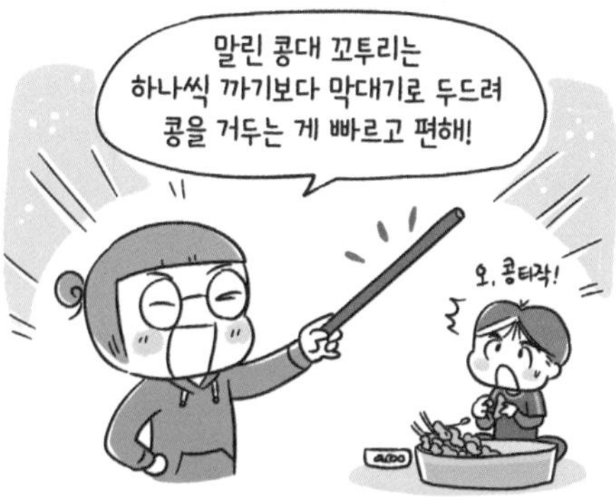

오, 콩타작!

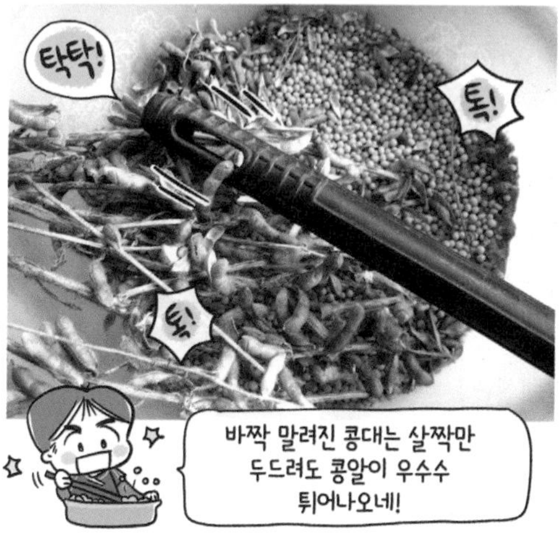

바짝 말려진 콩대는 살짝만 두드려도 콩알이 우수수 튀어나오네!

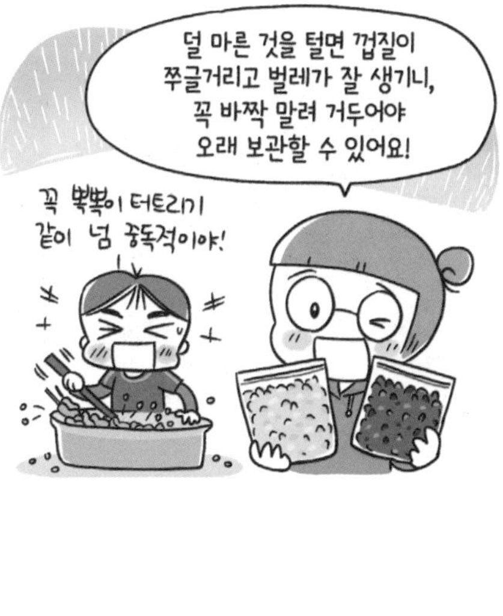

꼭 뾱뾱이 터트리기 같이 넘 꿀독적이야!

소립종 노란콩뿐 아니라
서리태도 콩나물로
기를 수 있어요.

물이 빠질 수 있는 용기에 콩을 넣고 검은 천
등으로 덮어 빛을 차단한 후 5~7일 동안
수시로 물을 주면 콩나물 기르기 완성!

🌱 더운 날씨에는 콩이 자라다 잘 상하니, 한여름은 피한다.

1. 콩을 씻은 다음
5~12시간 정도 물에 불린다.

2. 물이 빠질 수 있는 구멍 난 용기에 거즈나
키친타월을 깔고 불린 콩을 펼쳐 놓은 후
빛을 차단시킨다.

따뜻한 계절엔 짧게,
추운 계절엔 오래 불린다.

물이 빠지는
찜기 냄비 사용!

3. 하루에 5~6회 신선한 물을 헹구듯이 끼얹어
준다. 물을 너무 많이 주면 콩이 썩고,
적게 주면 잔뿌리가 많이 생기니 주의!

4. 일주일 정도 후면 수확!
기온이 높으면 더 빨리 자란다.

쏴아아~

직접 기른 콩나물은
잔뿌리가 있으니, 손질 후 요리해요!

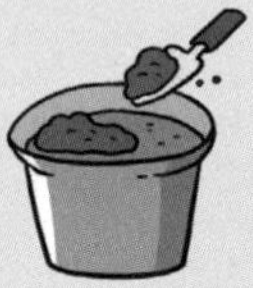

시댁 마당에 텃밭을 만들어 아욱을 심을 때
유난히 좋아하셨던 시아버지.

나 어릴 때 고향에서는 집집마다 아욱을 길러 먹었어.

쌀쌀한 날이면 밥상에
올라오는 아욱국을
매번 맛있다 하던 아빠.

속 편한 아욱국이 나는 제일 좋더라!

아욱국은 아버지들의 국이야!

보드랍고 연해 어르신들이 좋아라 하시나 봐.

올해도 아버지들을 생각하며
어김없이 아욱 씨를 뿌린다.

Chapter 25

아욱 기르기
사립문을 걸어두고 먹는다는 아욱

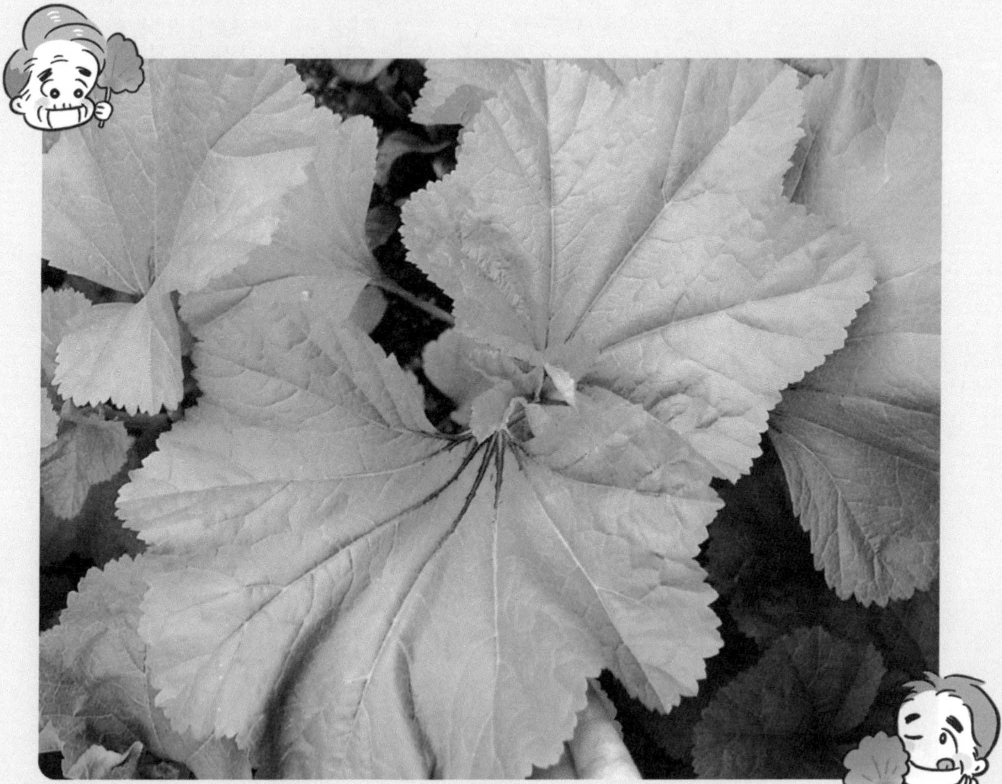

가을 텃밭에
꼭 심어야 하는 아욱,
벌써부터 맛있는 아욱국이
기대되네!

아열대성 작물인
아욱은
해가 잘 들고
습기 있는 땅에서
잘 자라요.

척박하고 건조한
땅은 꽃대가
빨리 나오고
잎이 작게
자라요.

벌써
꽃폈어.

아욱은 화분 재배로도 잘 자라는 데,
키가 60cm 이상으로 크니 덩치 큰
깻잎 기를 때처럼 넓고 깊은
화분에 심어야 해요.

아욱

화분 깊이
30cm
이상!

씨뿌리기 2주 전 밑거름을 넣고
섞어주는 데, 거름기가 많아야
대가 굵고 연한 줄기로 크니
충분히 넣어주어요.

섞어,
섞어

아욱이 잘 자라는 토양산도는 pH6~7,
중성이나 약알칼리성 토양에서 잘 자란다.

시금치랑 비슷하네!

기온이 15도 이상이면 언제든 씨를 뿌릴 수 있는데, 단 25도 이상이면 생육이 불량하면서 꽃대가 나오니 고온기는 피해서 길러요.

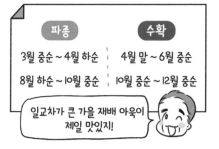

파종	수확
3월 중순 ~ 4월 하순	4월 말 ~ 6월 중순
8월 하순 ~ 10월 중순	10월 중순 ~ 12월 중순

일교차가 큰 가을 재배 아욱이 제일 맛있지!

아욱 씨는 이뇨와 배변 작용이 탁월해 '동규자'란 이름의 한약재로도 쓰인다.

잎 모양이 치마처럼 길쭉한 둥근 모양 이라 치마!

'치마상추'도 있어!

포기 간격 20cm로 줄뿌림을 하고, 좁은 화분의 경우는 흩어뿌려요.

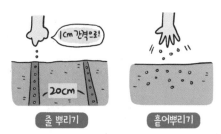

1cm 간격으로!

20cm

줄 뿌리기   흩어뿌리기

❦ 아욱은 발아율이 높지 않으므로 약간 촘촘하게 씨를 뿌린다.

9월 초

본잎

떡잎

씨뿌리고 10일 후, 하트 모양 떡잎 사이로 동그란 본잎이 나왔네!

자라는 초기에 잡초에 치이지 않도록 풀을 매주고,

건조하면 뿌리가 얕게 내려 잘 자라지 못하니 틈틈이 물을 주어 습기를 유지해줘요.

아욱은 큰 관리 없이도
잘 자라지만, 중간중간 자리를 넓혀주는
'솎아내기'만은 철저히 해줘야 해요!

과감한
솎아내기!!

최종 간격 **15~20cm** 정도가
될 때까지 2~3회 솎아
포기 사이를 넓혀주어야
정상 크기로 클 수 있어요.

9월 초

씨뿌리고 10일,
1차로 솎아내면

9월 중순

며칠 사이 덩치가
몇 배로 크네!

또 한차례 솎아내
간격을 넓혀주면,

솎아낸 것을
다른 곳에
옮겨
심어도
잘 자란다.

쏙쏙!

10월 초

씨뿌리고 35일,
아욱 완성!

화분이 안 보일 정도로 큼지막하게
자랐네! 이제부터 수확 시작!

큰 잎과 윗순 가지를 잘라
아욱 첫 수확!

파종 후
30일 정도
키가 20cm
되었을 때부터
손바닥보다
더 크게 자란
잎을 따거나,

제일
윗순
마디를
줄기째
잘라
먹어요.

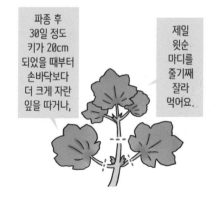

자, 그럼 직접 기른 아욱으로
아욱국을 끓여볼까?

영양 가득 아욱국 끓이기

아욱은 영양가가 높기로 유명한 알칼리 식품으로, 예전엔 미역국 대신 아욱국으로 산모들의 몸을 보했다고 한다.

젖 뭉비 축진!

산후 부기 빼 줌!

뼈 튼튼!

골다공증 예방!

특히 아욱은 **칼슘**이 풍부해 성장기 어린이와 뼈가 약해지는 어르신에게 아주 좋은 식품이다.

소변도 잘나오게 해!

아욱은 어린줄기와 잎을 이용해 국과 죽으로 먹는데, 부드러운 섬유질로 소화가 잘될 뿐 아니라 변비에도 좋다.

1. 따온 아욱은 질기지 않게 줄기 겉껍질을 벗겨내 손질한다.

이리저리 줄기를 꺾어가면 섬유질의 겉껍질을 잡고 떼어내요.

벗겨낸 겉껍질!

2. 물에 약간 적신 후 굵은 소금을 넣고, 세게 짓이기듯 바락바락 주물러 쓴맛과 풋내를 내는 녹색 풀물을 뺀다. 풀물이 나오고 숨이 죽었으면 물로 두어 번 헹군다.

풀물!

빨래하듯 세게 주무르기!

3. 멸치 육수에 된장을 체에 받쳐 풀고 끓인다. 끓어오르면 물기를 꼭 짠 아욱을 넣고 다시 끓인다.

보글~

보글~

중간에 건새우, 바지락 등을 넣으면 맛이 더욱 살아난다.

4. 어느 정도 흐물흐물 끓었을 때, 파와 마늘을 넣고 살짝 끓이면 보드라운 아욱국 완성!

가을 아욱은 너무 맛있어 사립문을 걸어두고 먹는다는 말도 있지!

아욱은 첫 수확 후 2주마다 2~3회 정도 더 수확할 수 있어요

2주일마다 맛난 아욱국을!

수확한 윗순 가지 아래로 곁가지들에서 새 아욱잎이 크게 자라면 잘라서 2차 수확해요.

곁가지

연하게 올라오는 곁가지 새잎!

2주 후 크게 자란 곁가지 잎!

얼굴만 하게 크게 자란 잎 인데도 아주 연하디연해!

수확이 늦어지면 줄기가 단단해지니 조금 어린 듯할 때 바로바로 수확해 국이나 죽으로 드세요!

아욱이 또 얼굴만큼 큼지막하게 자랐다.

그 큰 잎에 아버지들의 함박웃는 얼굴도
겹쳐 보인다.

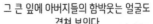

그리고

어머,
아욱이
잘 자랐네!

아랫집 할머니!

따서 드세요.
우리 먹기
너무 많아요.

이렇게
연한걸!

고마워라,
내 잘 먹을게요.

아욱은 또 다른 함박웃음을 선물로 준다.

 우리도 아욱으로
같이 웃어봐요!

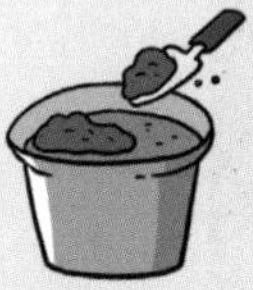

어느새 텃밭을 한 지 18년째.

그사이 기억에 남을 이런저런 에피소드들이 많은데,

그중 가장 인상적인 일 중에 하나.

아빠와 시 분양 텃밭을 하던 어느 해 봄.

안녕하세요.

아, 안녕하세요.

텃밭 이웃 부부.

무척 병약하고 창백한 아내분 얼굴.

큰 수술을 해 남편분이 건강 위해 텃밭 하자고 했대요.

우리와 같은 사연.

하지만 너무 가냘픈 한 걸음 한 걸음이 무척 조마조마했는데

시간이 지나 그해 가을.

크게 끄덕이던 아빠의 얼굴도 못지않게 건강하고
좋아 보여 왠지 감동적인 날이었다.

이렇게 건강과 생기를 주는 텃밭은
손수 생명을 돌보며 기르는 재미,

자연을 만끽하며 소소한 노동에
몰두하는 재미,

무엇보다 신선한 채소를
수확하고 먹는 재미가 크다.

그런데 풍성한 수확의 재미를 누리려면
각 작물마다 재배 방법을 아는 것이 필수!

그 재배 방법을 아빠와 함께했던
분양 텃밭과 옥상, 노지 텃밭 등에서의 에피소드를 곁들여
쉽게 풀어보았습니다.

부디 이 만화가 처음 텃밭을 망설이는 분들께
쉬운 길잡이가 되기를,
새로운 작물에 도전하시는 분들껜 알찬 정보가 되길 바랍니다.

언젠가 텃밭 이웃으로 웃으며 만나요!